2018年陕西普通高等学校优秀教材

数学实验
第三版

主　编　李继成　赵小艳

副主编　李　萍

高等教育出版社·北京

内容提要

　　本书主要是为理工科院校各专业在开设大学数学课程时，同步开设数学实验课程而编写的教材。书中实验将大学数学的部分内容、常用的计算方法、具有实际背景的应用实例与 MATLAB 数学软件进行了科学整合，目的在于培养学生应用数学知识解决实际问题的能力。全书内容编写简单易懂，相对独立，由简单到复杂，各专业可根据所安排数学实验教学时数或教学要求的不同自行删减或者选讲一部分内容。

　　教材内容分为三篇：基础实验篇主要包括如何使用 MATLAB 软件进行简单的数值运算和符号运算，以及如何使用 MATLAB 软件辅助理解高等数学、线性代数和概率论与数理统计等课程中的一些抽象内容；综合实验篇以具有实际应用背景的问题为实验示例，介绍一些常用的数值计算方法；简单建模实验篇精选几个简单的建模案例，为学生将来参加数学建模竞赛打下基础。

图书在版编目（CIP）数据

　　数学实验／李继成,赵小艳主编. --3 版. --北京：高等教育出版社,2020.8（2022.11 重印）
　　ISBN 978-7-04-054833-4

　　Ⅰ.①数… Ⅱ.①李… ②赵… Ⅲ.①高等数学-实验-高等学校-教材 Ⅳ.①O13-33

　　中国版本图书馆 CIP 数据核字（2020）第 141106 号

Shuxue Shiyan

策划编辑　杨　帆	责任编辑　杨　帆	封面设计　王　鹏	版式设计　童　丹
插图绘制　于　博	责任校对　刘丽娴	责任印制　韩　刚	

出版发行	高等教育出版社	网　　址	http://www.hep.edu.cn
社　　址	北京市西城区德外大街 4 号		http://www.hep.com.cn
邮政编码	100120	网上订购	http://www.hepmall.com.cn
印　　刷	北京印刷集团有限责任公司		http://www.hepmall.com
开　　本	787mm×1092mm　1/16		http://www.hepmall.cn
印　　张	17.75	版　　次	2006 年 10 月第 1 版
字　　数	400 千字		2020 年 8 月第 3 版
购书热线	010-58581118	印　　次	2022 年 11 月第 4 次印刷
咨询电话	400-810-0598	定　　价	43.20 元

本书如有缺页、倒页、脱页等质量问题，请到所购图书销售部门联系调换
版权所有　侵权必究
物 料 号　54833-00

数学实验
第三版

李继成

赵小艳

1   计算机访问http://abook.hep.com.cn/12292412，或手机扫描二维码、下载并安装 Abook 应用。

2   注册并登录，进入"我的课程"。

3   输入封底数字课程账号（20位密码，刮开涂层可见），或通过 Abook 应用扫描封底数字课程账号二维码，完成课程绑定。

4   单击"进入课程"按钮，开始本数字课程的学习。

    课程绑定后一年为数字课程使用有效期。受硬件限制，部分内容无法在手机端显示，请按提示通过计算机访问学习。

    如有使用问题，请发邮件至 abook@hep.com.cn。

扫描二维码
下载 Abook 应用

http://abook.hep.com.cn/12292412

前　言

　　数学教育在人才培养的整个过程中至关重要,从小学到中学,再到大学乃至更高层次的科学研究都离不开数学。

　　传统学习数学的方法是老师讲、学生练。这种模式过分强调了教师在学生学习过程中的主导地位,忽略了充分发挥学生学习的主观能动性;在教学过程中也过分注重培养学生进行严密而巧妙的逻辑推理能力,而忽略了培养学生自主思考、自主实践、自主创新的能力。在这种教学模式的引导下,学生对数学的认识也仅仅停留在记公式、背定理、做计算题和复杂的理论证明题上,与当今信息化社会对人才的要求相差甚远。

　　不断提高学生创新能力和应用能力、加强实践教学环节是当前高等学校大学数学教学改革的核心内容,也是21世纪大学数学课程教学内容和课程体系改革的亮点。飞速发展的计算机技术和智能化的计算软件为学生将所学的数学理论知识应用于实践提供了操作手段和实验平台。数学实验课程就是在这种背景下建设的,目的是使学生真正做到"学数学""用数学",从而激发学生学习数学的潜能和培养学生学习数学的兴趣。全国大部分高校都已经开设了数学实验课程,并取得了一些成功经验。

　　我们对数学实验课程教学的认识主要包括两个方面:一是将一些抽象的、难以理解的数学概念和理论结果,通过数学软件在视觉上进行形象化再现,帮助学生加深理解;二是把它理解为数学建模的基础和数学理论知识的简单应用,也就是使学生从实际问题出发,经过认真分析研究,建立简单的数学模型,借助于计算机技术,亲自动手编程、上机操作,找出解决问题的一种或者多种方案,在实验的过程中学会应用数学、体验数学。

　　基于对数学实验课程的上述认识,我们在编写本教材时不过分强调数学理论的推导,而是注重加强实验操作,强调学生自主探索、自主创新能力的培养。从实验选题到内容的编写都给学生留有一定的思考空间,由学生自主探索、自主创新、自主实践。在内容编排上则体现由简单到复杂、由具体到抽象、由线性到非线性,注重概念之间的横向衔接。内容编写深入浅出,伸缩性强,既可简单讲解,也可展开深入细究,每个问题都给学生以启发和足够的探索、创新、实践空间。每个实验内容都配有相应的练习题,供学生自己上机实践,教师通过批改实验报告来了解学生对相关内容的掌握程度。

　　教材内容分为三部分:基础实验篇、综合实验篇和简单建模实验篇。基础实验篇主要围绕高等数学、线性代数、概率论与数理统计等课程的一些基本概念,除讲解如何利用 MATLAB 软件进行一些简单的基本计算外,还将一些数学概念和数学理论通过图形化方法,使学生容易理解其内涵。综合实验篇主要介绍一些简单的计算方法,并用这些方法解决一些简单的实际问题。这些数学方法主要包括迭代法、最优化方法、数据拟合、数据插值、数值积分和微分方程的数值解方法等。简单建模实验篇主要通过几个简单的建模案例,讲解如何针对实际问题进行数学建模和模型求解,为学生进一步学习数学建模课程或者参加数学建模竞赛打下基础。

　　考虑到各个专业对数学教学的要求不同以及能够安排的数学实验教学时数不等,

本教材的各实验内容相对独立,教师可以根据各专业的不同要求任意选做某一个或者某一部分实验。教材中使用的数学软件 MATLAB 以 R2018b 版本为准,书中程序均在个人计算机上调试通过。在编写教材过程中,为了便于初学者容易读懂程序,没有考虑程序的优化设计问题。

本教材第一版于 2006 年出版,第二版于 2014 年出版,在连续多年的使用中,我们也发现了不少问题。在总结和征求部分使用该教材师生的意见和建议的基础上,对教材全部内容进行了再次修订。由于数学实验教学内容到目前为止还没有一个统一的标准,各个高校都在探索,都有各自的风格和特点,因此,本教材编写的内容与各位专家、同仁们的看法肯定有所不同,敬请提出宝贵意见。同时,由于时间仓促,书中定有许多不足之处,恳请各位读者多提宝贵意见,给予指正,编者在此表示感谢!

本次教材修订由李继成负责统稿,赵小艳、李萍分别参与实验五至七,十一至十四和实验一至四,八至十的修订工作。

本教材编写得到西安交通大学"名教材"建设经费资助,在此表示感谢! 同时也感谢在教材编写过程中给予帮助和建议的部分同事。

编 者

2020 年 5 月

目　录

基础实验篇

综合实验篇

简单建模实验篇

主要参考文献

基础实验篇

实验一　MATLAB 软件基本操作

实验目的

1. 了解 MATLAB 软件,学会 MATLAB 软件的一些基本操作.
2. 熟悉 MATLAB 软件的一些数值计算功能.
3. 掌握用 MATLAB 软件对数组进行操作.
4. 学会使用 MATLAB 软件帮助系统.

实验内容

MATLAB 软件是一个功能强大的常用数学软件,其名字由 Matrix 和 Laboratory 的前三个字母组合而成.它是 MathWorks 公司于 1984 年推向市场的,其内核采用 C 语言编写,已经推出了很多版本,现已成为世界流行的科学计算软件之一.它不但可以解决数值计算问题,而且还可以解决符号演算问题;不但可以进行矩阵运算、求解微分方程、优化问题和统计问题等,而且还可以方便地绘制各种函数图形和进行图像处理、信号处理等.它具有功能强大、简单易学、界面友好、使用方便等特点.现在的 MATLAB 软件包含 30 多个学科工具箱,应用范围非常广泛.用户可以根据自己的需要建立新的库函数,提高 MATLAB 软件的使用效率.

本次实验主要介绍 MATLAB 软件的一些基本操作与常用命令,包括数值运算、逻辑运算、矩阵操作、帮助等.

本书编程基于 MATLAB R2018b 版本.

1. MATLAB 软件的启动

用户安装 MATLAB 软件后,桌面就会出现 MATLAB R2018b 图标 .用鼠标双击此图标,就可进入 MATLAB 软件的界面,如图 1.1 所示.界面包括主页(HOME)、绘图(PLOTS)、APPS、工具栏和常用窗口.

主页(HOME)选项主要包括:

(1)文件(FILE)选项

New Script	新建脚本
New Live Script	新建实时脚本
New	新建脚本/实时脚本/函数/图窗等
Open	打开已有的 M 文件
Find Files	查找已有的 M 文件
Compare	比较

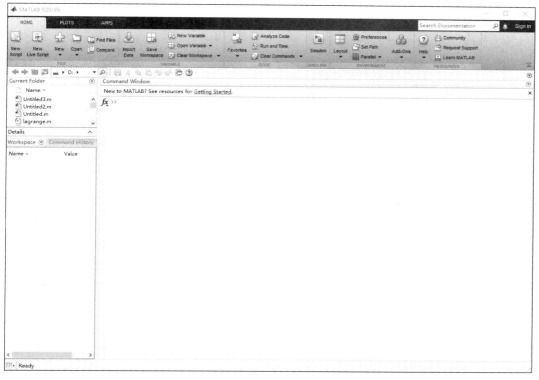

图 1.1　MATLAB 软件界面

（2）变量（VARIABLE）选项

Import Data	导入数据
Save Workspace	将 MATLAB 软件工作内存中的所有变量存为 MAT 文件
New Variable	新建变量
Open Variable	打开变量
Clear Workspace	清除工作区

（3）代码（CODE）选项

Favorites	收藏夹
Analyze Code	分析代码
Run and Time	运行并计时
Clear Commands	清除命令

（4）SIMULINK　　　　　　可视化仿真工具,实现动态系统建模、仿真与分析

（5）环境（ENVIRONMENT）选项

Laycot	布局
Preferences	预设
Set Path	设置路径
Add-Ons	附加功能

（6）资源（RESOURCES）选项

Help	帮助
Community	社区
Request Support	请求支持
Learn MATLAB	了解 MATLAB

常用的窗口有：

（1）命令行窗口（Command Window）

该窗口是 MATLAB 软件操作的主窗口.窗口中"≫"为提示符,在其后面可以输入运算命令和运行程序,按回车键即可执行,并显示运算结果.若所写程序不符合要求,则会出现错误提示信息.

（2）当前文件夹（Current Folder）

该窗口列出 work 文件夹（MATLAB 软件默认的当前路径）中的所有程序文件（＊.m）和数据文件（＊.dat）,用户可使用鼠标选中该文件,进行编辑及运行等操作.

（3）工作区（Workspace）

它是 MATLAB 软件提供的一个工作环境,可列出所有变量的名称（Name）、值（Value）、类型（Class）等,用户可对其编辑、保存、修改等.

（4）命令历史记录（Command History）

该窗口记录已经运行过的函数及表达式,允许用户对其进行复制、删除及再运行等操作.

此外,MATLAB 软件还有 M 文件编辑/调试器（Editor/Debugger）、帮助窗口、图形窗口等,读者可自行学习.

2. 命令行窗口的操作

示例 1 计算表达式 $1.369^2+\sin\left(\dfrac{7}{10}\pi\right)\sqrt{26.48}\div2.9$ 的值.

实验过程 在 MATLAB 软件命令行窗口中键入下面的命令

```
1.369^2+sin(7/10*pi)*sqrt(26.48)/2.9
```

回车即得结果

```
ans=3.3097
```

ans 是英文"answer"的简写,是 MATLAB 软件定义的默认变量,用于存储当前指令运行后的结果.若要将计算结果赋值给变量 fzbl,则输入

```
fzbl=1.369^2+sin(7/10*pi)*sqrt(26.48)/2.9
```

回车后得

```
fzbl=3.3097
```

MATLAB 软件变量赋值的格式为"变量＝表达式"：

（1）表达式可以由函数、变量等构成.

（2）若在表达式后面输入";",则不显示该表达式运行结果,但其结果仍保存在 MATLAB 软件内存中.

（3）若一个表达式太长,一行写不下,则可以在行末使用续行符号"..."（三个英文

小数点),将其余部分延续到下一行.

（4）一行中可以写多个语句,它们之间需要用逗号或分号隔开,但建议初学者一行只写一个语句,这样使程序易读.

（5）"%"是 MATLAB 软件的注释符号,该符号后面直至行尾的内容是注释,不作为命令执行.

3. 变量的命名规则

MATLAB 软件语言并不需要对变量进行事先说明,也不需要指定变量类型,它会根据变量的值或对变量的操作来自动确定变量的类型.在赋值过程中,若变量已存在,则以新值代替旧值,以新的变量类型代替旧的变量类型,因此,在使用变量时要尽量避免重复.

MATLAB 软件变量命名规则是:

（1）变量名的第一个字符必须是英文字母,之后可以是字母、下划线或者数字,但是不能包含空格和标点符号.变量名最多可包含 63 个字符.

（2）变量名和函数名区分字母的大小写,如 myfile 和 Myfile 表示两个不同的变量.

（3）MATLAB 软件预留了几个固定变量（称为预定义变量）,在软件启动时就驻留在工作内存中,用户在定义变量时应尽量避免使用,见表 1.1.

表 1.1 MATLAB 软件的预定义变量

变量	含义
ans	存放当前计算结果的缺省变量名
eps	机器零阈值
flops	浮点运算次数
Inf 或 inf	无穷大
pi	圆周率 π
NaN 或 nan	不是一个数（Not a Number 的缩写）
i 或者 j	虚数单位
nargin(nargout)	函数输入（出）变量数目
realmax(realmin)	最大（小）正实数

4. 命令行窗口中常用的命令

```
clf           % 清除图形窗口
clc           % 清除命令行窗口中显示内容
clear         % 清除 MATLAB 软件工作内存中的变量
who           % 列出 MATLAB 软件工作内存中驻留的变量名清单
whos          % 列出 MATLAB 软件工作内存中驻留的变量名清单以及变
```

量属性

help	% 帮助指令
edit	% 打开 M 文件编辑器
save	% 有选择地保存工作内存中的变量
load	% 有选择地把保存过的变量调入工作内存中
↑（↓）	% 向前（后）调出已输入过的指令
format	% 定义输出格式（默认值），相当于 format short
format short	% 保证小数点后有 4 位有效数字
format long	% 保证小数点后有 15 位有效数字
format short e	% 用 5 位有效数字的科学计数法表示
format long e	% 用 15 位有效数字的科学计数法表示
format short g	% 从 format short 和 format short e 中选择最佳输出方式
format rat	% 用近似的有理数表示
format compact	% 显示变量之间不加空行（紧凑格式）
format loose	% 显示变量之间加空行
demo	% 浏览 MATLAB 软件的基本功能
funtool	% 打开对函数进行简单操作的可视化交互界面，执行后显示图 1.2 所示的三个可操作图形窗口
taylortool	% 打开可视化函数图形器，用于观察用不同次数的泰勒（Taylor）多项式逼近函数本身的状态，执行后显示图 1.3 所示的操作界面

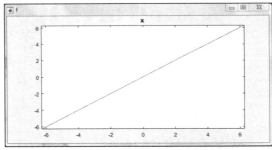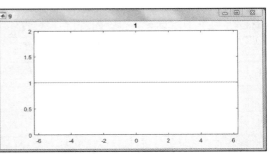

图 1.2　函数可视化交互界面

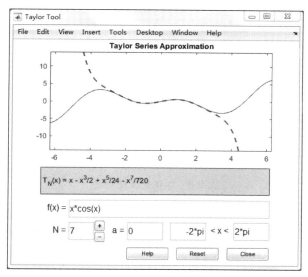

图 1.3　泰勒展开式操作界面

5. 基本运算符

表 1.2　MATLAB 软件基本运算符

	数学表达式	MATLAB 软件运算符	MATLAB 软件表达式
加	$a+b$	+	a+b
减	$a-b$	−	a−b
乘	$a\times b$	*	a＊b
除	$a\div b$	／或 ＼	a／b 或 b＼a
幂	a^{b}	^	a^b

6. 逻辑与判断操作

MATLAB 软件的逻辑运算有三种:"&"表示与、和运算,"丨"表示或运算,"～"表示否、非运算.逻辑运算值只有 1 和 0,分别表示真、假.运算结果非零即表示逻辑真,运算结果是零即表示逻辑假.和运算"&"表示只有当两个逻辑值都为真时,结果才是真,理解为逻辑值相乘;或运算"丨"表示至少有一个逻辑值为真时结果为真,理解为逻辑值相加;否运算"～"表示求反运算.逻辑运算也可以复合使用.表 1.3 给出了一些例子以供读者理解逻辑运算.

双等号"=="表示逻辑判断等号.例如:"a==b"表示判断变量 a 与变量 b 是否相等,若相等,则该判断表达式的逻辑值为 1,否则为 0.也可将判断表达式的逻辑值赋给某一变量,如 c=(3==4),执行后变量 c 的值等于 logical 0.表 1.4 给出判断表达式常用的几个符号和举例,以帮助读者理解.

表 1.3　逻辑运算表

执行操作命令	执行结果	执行操作命令	执行结果
3&0	logical 0	0|0	logical 0
3&4	logical 1	~1	logical 0
0&0	logical 0	~0	logical 1
0|1	logical 1	(3&2)|(0&1)	logical 1
2|1	logical 1		

表 1.4　逻辑判断运算符

数学符号	逻辑判断符	举例	运算结果
>	>	C=(2>3)	C=logical 0
<	<	C=2<3	C=logical 1
=	==	C=4==5	C=logical 0
≠	~=	C=4~=4	C=logical 0
≥	>=	C=5>=4	C=logical 1
≤	<=	C=5<=4	C=logical 0

　　注意　MATLAB 软件约定逻辑运算优先于赋值运算,从表 1.4 中的运算结果读者不难看出.

　　示例 2　在 MATLAB 软件命令行窗口中依次执行下面的命令,分析各种运算的优先次序.

```
x=(sqrt(3)+2) & 4|0
a=(2>3)|(5==4)
c=~((16/8)-1)
d=(pi>2)
```

MATLAB 软件还提供了一些逻辑关系函数,如表 1.5.用户可以通过 help 查询它们的调用格式.

表 1.5　逻辑关系函数

指令	含义
xor	逻辑值不相同就取 1,否则取 0
any	只要有非 0 就取 1,否则取 0
all	全为非 0 取 1,否则取 0
isnan	为 NaN 取 1,否则取 0
isinf	为 inf 取 1,否则取 0
isfinite	为有限大小元素取 1,否则取 0

指令	含义
ischar	为字符串取 1,否则取 0
isequal	相等取 1,否则取 0
ismember	两个矩阵是属于关系取 1,否则取 0
isempty	矩阵为空取 1,否则取 0
isletter	为字母取 1,否则取 0(可以是字符串)
isstudent	学生版取 1
isprime	素数取 1,否则取 0
isreal	实数取 1,否则取 0
isspace	空格字符取 1,否则取 0

示例 3　在 MATLAB 软件命令行窗口中执行下面的命令,分析执行结果.

```
a=1;
b=2;
x=xor(a,b)
y=isprime(129)
z=isreal(b)
```

7. 命令行中的标点符号

表 1.6　标点符号定义

名称	标点	功能
空格		数组元素之间的分隔符
逗号	,	数组元素之间的分隔符
句点	.	数值运算中的小数点
分号	;	(1) 不显示计算结果命令的"结尾"标志; (2) 用作数组行与行之间的分隔符
冒号	:	(1) 生成一维数值数组; (2) 单下标索引时,表示全部元素构成的长列; (3) 多下标索引时,表示所在维上的全部元素
注释号	%	命令行中由它"启首"的部分被看做注释,不被执行
单引号对	''	字符串标记符
方括号	[]	数组输入标记符

8. 一些常用函数

表 1.7　常用函数

命令	含义	命令	含义
exp(x)	指数函数 e^x	sec(x)	正割函数
log(x)	自然对数函数 ln x	csc(x)	余割函数
log10(x)	以 10 为底的对数函数	asin(x)	反正弦函数
abs(x)	x 的绝对值	acos(x)	反余弦函数
sqrt(x)	x 的算术平方根	atan(x)	反正切函数
sign(x)	符号函数	acot(x)	反余切函数
sin(x)	正弦函数,其中 x 是弧度,其他三角函数类似	sinh(x)	双曲正弦函数
cos(x)	余弦函数	cosh(x)	双曲余弦函数
tan(x)	正切函数	tanh(x)	双曲正切函数
cot(x)	余切函数	coth(x)	双曲余切函数

9. 特殊函数

表 1.8　特殊函数

指令	含义	指令	含义
mod(m,n)	计算 m 除以 n 的余数	ceil(x)	取不小于 x 的最小整数
round(x)	取距离 x 最近的整数	fix(x)	取 x 的整数部分
floor(x)	取不大于 x 的最大整数		

10. 矩阵输入法

MATLAB 软件以矩阵作为基本运算对象. 数值可看作 $1×1$ 矩阵, 向量或者一维数组可看作 $1×n$ 或者 $n×1$ 矩阵. MATLAB 软件对一维数组是按单下标存储的, 如 a(n) 就表示数组 a 的第 n 个元素. 而对于一般矩阵, 元素的标识分为"全下标"和"单下标"两种标识方式."全下标"标识由两个下标组成, 即行下标和列下标. 如 A(3,5) 就表示二维数组 A 的"第 3 行第 5 列"的元素."单下标"标识就是只用一个下标来指明元素在数组中的位置."全下标"与"单下标"之间的转换方式为: 若 A 是一个 $m×n$ 的二维数组(矩阵), 则对于"全下标"位置在"第 r 行, 第 c 列"的元素, 它的"单下标"为 $(c-1)×m+r$, 即 A(r,c) 和 A((c-1)×m+r) 表示同一个位置的元素.

MATLAB 软件生成矩阵常用的方法有以下四种:

（1）直接输入法

将矩阵元素逐个输入, 但必须遵循如下要求:

（a）整个输入数组必须以方括号"[ ]"为其首尾；

（b）按行输入每个元素,同行元素之间必须用逗号","或者空格分隔；

（c）行与行之间必须用分号";"或回车键分开；

（d）矩阵元素可以是数,也可以是有实际值的算术表达式.

对于元素数较少且简单的矩阵直接输入是最佳方法.

示例 4　在 MATLAB 软件命令行窗口中实践下面的操作：

x = [2 pi sqrt(3)3+5i 4+6]

执行结果为

x = 2.0000 + 0.0000i 3.1416 + 0.0000i 1.7321 + 0.0000i 3.0000 +
    5.0000i 10.0000 + 0.0000i

y = [2,pi,sqrt(3);3,4+6,exp(1)]

执行结果为

y = 2.0000   3.1416   1.7321
    3.0000   10.0000   2.7183

（2）命令生成法

该方法用于生成元素服从某一特定规律的一维数组或向量,仅举两种方法.

方法一:利用冒号表达式生成数组,其调用格式为

变量=初值:步长:终值

其中,初值是数组的第一个元素,步长是两个元素之间的间隔距离.当步长为 1 时可以缺省.若终值与初值之差是步长的整数倍,则所生成数组的最后一个元素等于终值.当步长大于 0 时,数组的最后一个元素小于或等于终值;当步长小于 0 时,数组的最后一个元素大于或等于终值.

示例 5　在 MATLAB 软件命令行窗口中执行下面的操作,并分析执行结果.

x = 1:5   % 生成从 1 到 5,步长为 1 的行数组,并赋值给 x

y = 0:0.2:1

z = 0:0.3:1

a = 1:-0.3:-1

方法二:线性采样法,利用 linspace 函数,在指定的数据长度内,均匀生成一维数组,其调用格式为

x = linspace(a,b,n)

其中 a 和 b 分别表示数组的第一个元素和最后一个元素,n 是数组元素的总个数,n 缺省时为 100.执行该命令将生成一维数组(n 维行向量),数组第一个元素是 a,最后一个元素是 b,相邻元素的间距为 $\dfrac{b-a}{n-1}$.

示例 6　在 MATLAB 软件的命令行窗口运行以下命令：

x = linspace(0,1,8)

执行结果为

x = 0 0.1429 0.2857 0.4286 0.5714 0.7143   0.8571 1.0000

（3）利用函数创建矩阵

对于一些特殊矩阵，MATLAB 软件提供了一些函数命令可以直接调用．表 1.9 给出常用的一些生成特殊矩阵的函数，请读者在命令行窗口自行实践．

表 1.9　特殊矩阵生成函数

函数	含义
[ ]	空矩阵
diag(a)	当 a 为矩阵时，提取矩阵 a 的对角元生成一个向量；当 a 为向量时，用向量的元素作为对角元生成阶数等于向量维数的对角矩阵
eye(n)	生成 n 阶单位矩阵
ones(m,n)	生成元素全为 1 的 m 行 n 列矩阵
zeros(m,n)	生成元素全为零的 m 行 n 列矩阵
rand(m,n)	产生服从 [0,1] 上的均匀分布的 m 行 n 列随机矩阵
randn(m,n)	产生服从标准正态分布的 m 行 n 列随机矩阵
reshape(a,m,n)	在总元素数不变的前提下，将矩阵 a 改变成 m 行 n 列的矩阵
magic(n)	n 阶魔方矩阵

（4）利用矩阵编辑器创建和修改矩阵

当矩阵阶数较大，不便于手工直接输入时，MATLAB 软件提供了矩阵编辑器（Array Editor）可以进行输入与修改．如图 1.4 所示，在 MATLAB 软件中的工作区（Workspace）窗口中，点击鼠标右键，选择"新建（New）"，即可定义一个变量，输入变量名称，双击该变量，即可出现矩阵编辑器（Array Editor）．在矩阵编辑器窗口中输入或者修改元素，完毕后按编辑器右上角的关闭按钮，变量就定义并保存了．这个变量可以是数值，也可以是矩阵．矩阵编辑器可以方便地"裁剪"和"扩展"矩阵，对于扩展的部分，系统自动设置对应的元素为 0．

示例 7　在 MATLAB 软件命令行窗口中执行下面的操作，并观察执行结果．

```
x=rand(1,10)          % 产生 1×10 的均匀分布随机数组
y=x(3)                % 将数组 x 的第三个元素赋值于变量 y
x(1:3)=[2,4,5]        % 将数组 x 的前三个元素分别赋值为 2,4,5
a=x(3:-1:1)           % 将数组 x 的前三个元素倒排序后构成一个子数组并赋值给
                      %   变量 a
find(x>0.5)           % 找出数组 x 的值大于 0.5 的元素的下标
x(find(x>0.5))        % 由数组 x 的大于 0.5 的元素构成一个子数组，并保持原来
                      %   的次序
x([1 4])=[1 1]        % 把数组 x 的第一、四个元素都赋值为 1
```

示例 8　在 MATLAB 软件命令行窗口中生成一个 5×6 矩阵 A，执行下面的操作：

```
c=A(2,3)             % 将矩阵 A 的第 2 行第 3 列元素赋值给变量 c
d=A(3,:)             % 将矩阵 A 的第 3 行的全部元素赋值给变量 d
f=A(24)              % 将矩阵 A 的第 24 个元素 A(4,5) 赋值给变量 f
A(4,6)=2             % 将矩阵 A 的第 4 行第 6 列元素重新赋值为 2
```

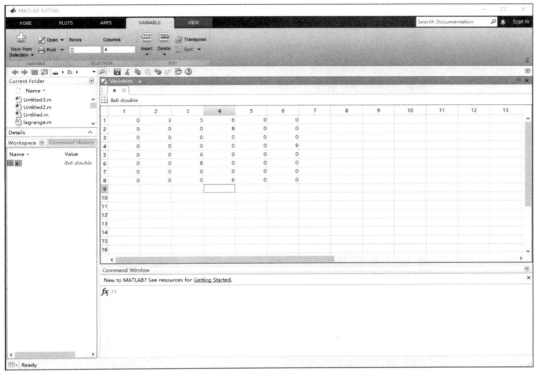

图 1.4　MATLAB 软件的矩阵编辑器

示例 9　MATLAB 软件还提供了许多数组的函数运算. 请读者自行定义一个数组 x, 并在命令行窗口中实践下面的操作:

```
max(x)          % 求数组 x 中的最大元素
min(x)          % 求数组 x 中的最小元素
mean(x)         % 求数组 x 中元素的平均值
median(x)       % 求数组 x 中元素的中位数
sum(x)          % 求数组 x 中元素的和
prod(x)         % 求数组 x 中元素的积
length(x)       % 求数组 x 的维数
std(x)          % 求数组 x 中的元素关于均值的标准差
sort(x)         % 将数组 x 中的元素从小到大排列
```

11. 矩阵与数组的运算

MATLAB 软件提供了丰富的数组运算命令和矩阵运算命令. 但是, 二者的运算有很大的差别.

例如, 两个 2×3 矩阵 A, B, 作为矩阵运算不能相乘, 因为左边矩阵的列数不等于右边矩阵的行数, 但是将它们看作数组时可以相乘, 其乘积也是 2×3 矩阵, 且每一个元素是 A, B 的对应元素相乘, 此时不能写作 A * B, 而应写作 A . * B, 这就是通常所说的数组运算的"**点运算**". 表 1.10 列出常用的数组与矩阵运算命令.

表 1.10   数组与矩阵运算对比表

数组运算		矩阵运算	
指令	含义	指令	含义
s+B	标量 s 分别与 B 的每个元素相加		
s-B,B-s	标量 s 分别与 B 的每个元素相减		
s.*A	标量 s 分别与 A 的每个元素相乘	s*A	标量 s 分别与 A 的每个元素相乘
s./B,B.\s	s 分别被 B 的元素除	s*inv(B)	B 的逆乘 s
A.^n	A 的每个元素的 n 次幂	A^n	A 的 n 次幂
A+B	对应元素相加	A+B	矩阵相加
A-B	对应元素相减	A-B	矩阵相减
A.*B	对应元素相乘	A*B	矩阵相乘
A./B	A 的元素除以 B 的对应元素	A/B	A 乘 B 的逆（AB^{-1}）
B.\A	A 的元素除以 B 的对应元素	B\A	B 的逆乘 A（$B^{-1}A$）
exp(A)	以自然数 e 为底,分别以 A 的元素为指数求幂	expm(A)	A 的矩阵指数函数
log(A)	对 A 的各元素求自然对数	logm(A)	A 的矩阵自然对数函数
sqrt(A)	对 A 的各元素求算术平方根	sqrtm(A)	A 的矩阵算术平方根函数

示例 10   在 MATLAB 软件命令行窗口中执行下面的命令,并分析执行结果.

```
a=2;
A=[2 1 3;-1 0 4];
B=[1 4 -2;3 2 1];
x=a+A                    % a 与 A 的每个元素相加
b=A.*B                   % 数组 A 与 B 的对应元素相乘
c=A.^2
d=A./B
y=1./B
```

12. 文件的编辑、存储、执行和个性化路径添加

MATLAB 软件命令行窗口能进行各种命令的运行,但是不能修改已经执行的命令,如果需要修改,那么必须修改后重新执行.如果执行的命令比较多,那么在命令行窗口操作就比较麻烦了.因此,MATLAB 软件还有程序编辑窗口,可以随时添加、修改程序,程序运行结果或错误信息显示在命令行窗口中.

（1）文件编辑

点击 MATLAB 软件主页（Home）菜单下选项新建脚本（New Script），即打开一个可与 MATLAB 软件交互使用的 M 文件编辑器（也可在 MATLAB 软件命令行窗口中执行 edit），如图 1.5 所示.

图 1.5 M 文件编辑器

在文件编辑器窗口内，将自己要做的事依顺序逐行写成 MATLAB 程序，以后缀为.m 的文件格式保存在 MATLAB 默认的路径下. 若要存放在其他文件夹中，需要添加该路径到路径设置中，否则程序不能执行.

（2）文件存储

选择文件编辑器菜单行中编辑器（EDITOR）子菜单中的保存（Save），或者点击工具行中的存盘标记 ![存盘图标]（快捷存盘图标），可将编好的程序存在一个后缀为.m 的文件中.文件名命名规则类同变量名命名规则.

（3）程序执行

MATLAB 软件程序的执行有多种方法，这里仅介绍两种程序存放在 MATLAB 软件默认路径下的运行方法.

方法一：点击文件编辑器上面的菜单编辑器（EDITOR）（不同的版本可能有所不同），点击选项运行（Run），此时在 MATLAB 软件命令行窗口中将会出现该程序执行的结果.或者点击快捷图标 ▷，或者键盘上的 F5，就可以运行程序.程序运行结果或错误信息显示在命令窗口中.

方法二:直接在 MATLAB 软件命令行窗口中输入所要执行的文件名后回车即可.

(4) 个性化路径添加

可以将预先设定专门存放 M 文件的文件夹(路径)添加到 MATLAB 软件默认的路径序列中.假设在计算机的 C 盘上有一个自己喜欢存放 M 文件的名为 wdwjj 的文件夹,点击 MATLAB 软件菜单行中选项设置路径(Set Path),出现图 1.6 所示对话窗,点击添加文件夹(Add Folder)按钮,出现图 1.7 对话窗,选择存放 MATLAB 软件程序的文件夹,点击图 1.7 的"选择文件夹"按钮,该路径就出现在 MATLAB 软件默认的路径序列中,点击保存(Save)按钮,此时你的个性化路径就添加到了 MATLAB 软件默认的路径序列中.应当注意:低版本的 MATLAB 软件(比如 6.5,7.0)需要设置路径,高版本的 MATLAB 软件更人性化一些,不需要设置路径.

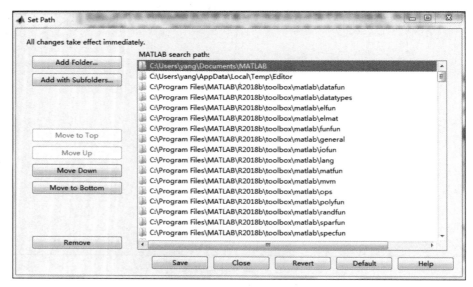

图 1.6　文件夹选择窗口一

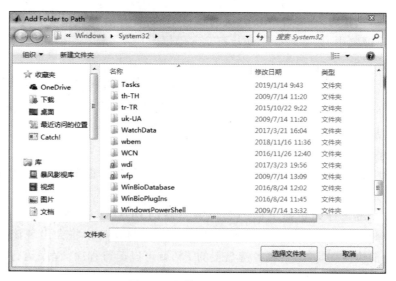

图 1.7　文件夹选择窗口二

13. MATLAB 软件帮助

MATLAB 软件提供了强大的帮助系统,初学者应该充分地利用帮助功能. MATLAB 软件提供的帮助方式包括:

(1) help 命令

只要在命令行窗口键入 help+查询的对象,回车就可以获得 MATLAB 软件的帮助信息. 例如

```
≫ help  sin
sin    Sine of argument in radians.
    sin(X) is the sine of the elements of X.
    See also asin, sind, sinpi.
    Reference page for sin
    Other functions named sin
```

帮助信息常用大写字母来突出函数名,在使用时,应该用小写字母. help 命令只能查找用户知道的命令.

(2) lookfor 命令

当用户不能确定命令的拼写或命令是否存在时,可使用 lookfor 命令获取帮助. 例如,要查找指数函数的命令时,可在命令行窗口键入

```
lookfor  exponent
```

命令行窗口显示如下内容:

```
exp          -Exponential.
expm         -Matrix exponential.
expint       -Exponential integral function.
expmdemo1    -Matrix exponential via Pade approximation.
expmdemo2    -Matrix exponential via Taylor series.
expmdemo3    -Matrix exponential via eigenvec-
                tors.
```

......

通过学习上述内容,读者可以知道,指数函数的命令为 exp(x).

此外,MATLAB 软件的帮助菜单文档允许用户搜索主题、函数、注释及打印帮助屏幕.

练习 1

1. 上机实践示例 2,3,5,7,8,9,10.

2. 计算 $\sin(|x|+y)/\sqrt{\cos(|x+y|)}$,其中 $x=-7.5°$,$y=18°$.

3. 设 $y=(x^3+e^{-x}+\tan(x)+[x])/x$,分别计算 $x=1$,3,5.8,7.2 时 y 的值,其中 $[x]$ 表示对 x 取整.

4. 设 $y_1=\dfrac{1}{1+x^2}$,$y_2=2^{-\frac{x^2}{2}}$,$y_3=\sin 2x$,$y_4=\sqrt{10-x^2}$,在区间 $[-2,3]$ 上用两种方法产生 100 个 x,分

别计算 y_1+y_2 , y_2y_3 , $\dfrac{y_3}{y_1}$, $\dfrac{5y_4-y_2y_3+2.6}{y_1^2}$.

5. 在区间[1,11]上产生步长为 2 的数组 a,在区间[3,8]上产生步长为 1 的数组 b,执行以下操作：

(1) (a<2)|(b>6)

(2) c=a+(a>3)|(b<6)

(3) x=a>b

(4) y=a==b

(5) z=isequal(a,b)

(6) v=a~=b

(7) w=a+b>8

6. 读者自己定义数组 x,并求

(1) 数组 x 的最大值及所在位置的下标；

(2) x 的最小值及所在位置的下标；

(3) x 的维数；

(4) x 的各元素之和.

7. 读者自己定义矩阵 A,并在命令行窗口中实践下面的操作,并观察执行结果.

max(A)

min(A)

mean(A)

sum(A)

size(A)

sort(A)

实验二　MATLAB 软件绘图

实验目的

1. 学会使用 MATLAB 软件绘制二维曲线、三维曲线和空间曲面.
2. 学会使用 MATLAB 软件图形标识与图形修饰等命令.
3. 通过绘制一些特殊函数的图形,加深理解相关函数的性质,了解函数的性态.

实验内容

1. 绘制二维曲线

MATLAB 软件提供绘制二维曲线的命令有 plot,polar,plotyy 等,其中 plot,plotyy 是直角坐标绘图命令,polar 是极坐标绘图命令.

（1）直角坐标绘图

绘制二维曲线 plot 命令有下面三种常用格式:

1）plot(X,'s')

若 X 是实向量,则以向量元素的下标为横坐标、元素值为相应的纵坐标画出一条曲线.

若 X 是实矩阵,则按该矩阵的列向量绘制曲线,绘制的曲线数等于矩阵 X 的列数.

若 X 是复矩阵,则按该矩阵的列向量绘制曲线,此时元素的实部和虚部分别为曲线上点的横坐标和纵坐标,绘制的曲线数等于矩阵 X 的列数.

命令中 s 是可选参数,按顺序用来指定绘制曲线的颜色、数据点形状、线型等.具体可选参数类型如表 2.1 至表 2.3 所示.

表 2.1　曲线线型参数

线型参数	-	--	-.	:
含义	实线	虚线	点划线	点线

表 2.2　曲线颜色参数

颜色参数	r	b	g	y	m	c	k	w
颜色	红	蓝	绿	黄	紫	青	黑	白

表 2.3　数据点形状参数

形状参数	.	○	*	s	p	+	x	d	h	v(^)	<(>)
含义	圆点	圆圈	星号	方形	五角星	加号	叉号	菱形	六角星	下(上)三角	左(右)三角

示例1 任给实向量 X,以向量元素的下标为横坐标、元素值为相应的纵坐标画出一条曲线.

实验过程　编写如下的程序:

```
x = [ 1 3.8 2.3 5 3.2 4.1 1.3 2.5 1.9];
plot(x)
```

执行该程序后,显示如图 2.1 所示图形.

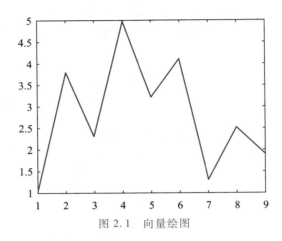

图 2.1　向量绘图

示例2 矩阵 $X = \begin{pmatrix} 12 & 13 & 15 & 16 & 20 & 25 & 30 & 50 & 36 \\ 10 & 20 & 32 & 40 & 48 & 65 & 72 & 86 & 90 \\ 10 & 8 & 14 & 10 & 40 & 40 & 60 & 70 & 40 \end{pmatrix}^{T}$,以矩阵 X 的列向量

元素的行标为横坐标、元素值为纵坐标绘制三条曲线.

实验过程　编写如下的程序:

```
x = [ 12 10 10;13 20 8;15 32 14;16 40 10;20 48 40;25 65 40;30 72 60;50
86 70;36 90 40];
plot(x)
```

执行该程序后,显示如图 2.2 所示图形.

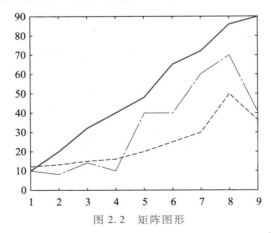

图 2.2　矩阵图形

2）plot（X,Y,'s'）

当 X,Y 是同维向量时,以向量 X 和 Y 元素分别为横、纵坐标绘制曲线.

当 X,Y 是同阶矩阵时,以矩阵 X 和 Y 的对应列上的元素分别为横、纵坐标绘制多条曲线,曲线数等于矩阵的列数.

命令中 s 是可选参数,用来指定绘制曲线的线型、颜色、数据点形状等.

示例 3 绘制半径为 1 的上半圆.

实验过程 编写如下的程序：

```
x = -1:0.01:1;           % 生成自变量数组 x
y = sqrt(1-x.^2);        % 分别计算对应 x 处的 y,注意"点运算"
plot(x,y)                % 分别以 x,y 为横、纵坐标绘制上半圆的曲线
axis equal               % 将横、纵坐标显示比例设为相同
```

执行该程序后,显示如图 2.3(a)所示图形.

读者也可以执行下列程序,显示如图 2.3(b)所示图形.

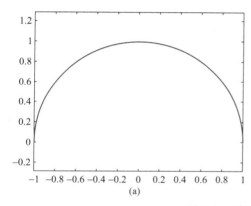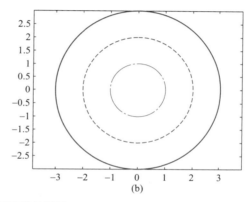

图 2.3 利用复矩阵绘制圆

```
t = 0:0.01:2*pi;
x = exp(i*t);            % 运用欧拉公式 e^{it}=cos(t)+isin(t)
y = [x;2*x;3*x]';        % 对里面的矩阵进行转置,变成 3 列的复矩阵
plot(y)                  % 按 y 的列分别绘制半径为 1,2,3 的圆
axis equal
```

3）plot（X1,Y1,'s',X2,Y2,'s',...）

每三项为一组,绘制多条曲线,用法同 plot（X,Y,'s'）.

示例 4 在同一个坐标系下画出 $y = 0.2e^{0.1x}\sin(0.5x)$ 和 $y = 0.2e^{0.1x}\cos(0.5x)$ 在区间 $[0,4\pi]$ 上的曲线图.

实验过程 编写如下的程序：

```
x = 0:0.1:4*pi;
y1 = 0.2*exp(0.1*x).*sin(0.5*x);
y2 = 0.2*exp(0.1*x).*cos(0.5*x);
plot(x,y1,'--',x,y2)
```

执行该程序后,显示如图 2.4 所示图形.

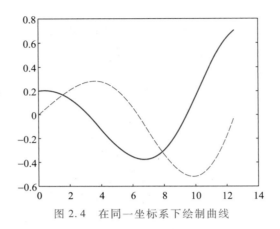

图 2.4　在同一坐标系下绘制曲线

在同一个坐标系下画出两条或两条以上的曲线也可使用命令 hold on. 对示例 4 可编写如下的程序：

```
x = 0 :0.1:4 * pi;
y1 = 0.2 * exp ( 0.1 * x ).* sin ( 0.5 * x );
y2 = 0.2 * exp ( 0.1 * x ).* cos ( 0.5 * x );
plot ( x,y1,'--')
hold on
plot ( x,y2 )
```

注意　该示例程序中使用了命令 hold on,读者可通过用 help 命令自学.

MATLAB 软件提供了在一个图形窗口布置几幅独立的子图的命令 subplot (m,n,p),该命令将图形窗口分成 m×n 个小图形区域,指定在第 p 个区域绘制图形,各小区域按照行编号.

示例 5　在同一个窗口画出函数 $y = \sin (x)$,$y = \cos (x)$,$y = 0.2e^{0.1x}\sin (0.5x)$ 和 $y = 0.2e^{0.1x}\cos (0.5x)$ 在区间 $[0,4\pi]$ 上的曲线图.

实验过程　编写下面的程序：

```
x = 0 :0.3:4 * pi;
y1 = sin ( x );
subplot ( 2,2,1 )
plot ( x,y1,'m * -')
y2 = cos ( x );
subplot ( 2,2,2 )
plot ( x,y2,'m+-')
y3 = 0.2 * exp ( 0.1 * x ).* sin ( 0.5 * x );
subplot ( 2,2,3 )
plot ( x,y3,'m>-')
y4 = 0.2 * exp ( 0.1 * x ).* cos ( 0.5 * x );
subplot ( 2,2,4 )
```

```
plot(x,y4,'mp-')
```

执行该程序后,显示如图 2.5 所示图形.

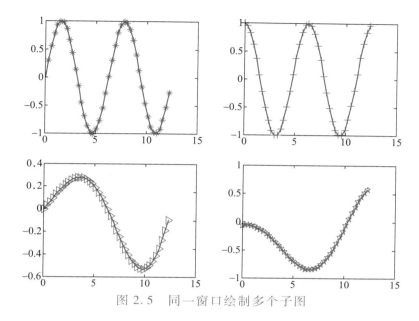

图 2.5　同一窗口绘制多个子图

读者通过阅读程序,对比图形,不难发现命令 subplot(m,n,p)中 p 指图形的排列次序.另外,值得一提的是 MATLAB 软件还提供了多窗口绘图,其命令为 figure(n),n 为窗口顺序号,具体用法读者可通过 help 命令查询学习.

（2）极坐标绘图

MATLAB 软件中极坐标绘图命令为 polar,具体使用格式为

```
polar(theta,rho)
```

命令中参数 theta 是所要描绘点的极角向量,rho 是所要描绘点的极径向量.rho 也可以是关于 theta 的函数表达式.

示例 6　在极坐标系下绘制心形线 $\rho = 4(1+\cos\theta)$, $0 \le \theta \le 2\pi$,对数螺线 $\rho = \mathrm{e}^{0.1\theta}$, $0 \le \theta \le 8\pi$.

实验过程　编写程序如下:

```
theta1=0:0.1:2*pi;
rho1=4*(1+cos(theta1));
theta2=0:0.1:8*pi;
rho2=exp(0.1*theta2);
figure(1);                % 新建图形窗口 1,用于显示后面绘制的图形
polar(theta1,rho1)        % 绘制心形线
figure(2);                % 新建图形窗口 2
polar(theta2,rho2)        % 绘制对数螺线
```

执行该程序后,会出现两个图形窗口 figure 1 和 figure 2,分别显示如图 2.6 所示图形.

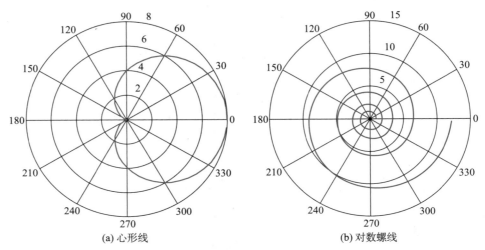

(a) 心形线　　　　　　　　　(b) 对数螺线

图 2.6　极坐标绘图

（3）参数绘图

当曲线的方程为参数形式 $\begin{cases} x=x(t), \\ y=y(t), \end{cases} t\in[\alpha,\beta]$ 时，可以用 plot 命令绘图.

示例 7　把一条没有弹性的细绳绕在一个定圆上，拉开绳子的一端并拉直，使绳子与圆周始终相切，绳子端点的轨迹是一条曲线，这条曲线叫作圆的渐开线. 这个定圆叫作渐开线的基圆. 圆的渐开线方程为 $\begin{cases} x=a(\cos t+t\sin t), \\ y=a(\sin t-t\cos t), \end{cases} t\in[0,2\pi]$，$a$ 为基圆的半径. 试绘制圆的渐开线.

实验过程　取 $a=1$，编写程序如下：

```
t=linspace(0,2*pi,1000);
x=cos(t)+t.*sin(t);
y=sin(t)-t.*cos(t);
plot(x,y)
```

执行该程序后，显示如图 2.7 所示图形.

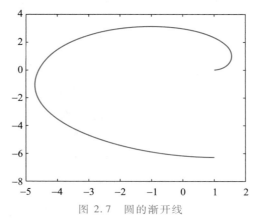

图 2.7　圆的渐开线

（4）二维曲线的简捷绘制命令

MATLAB 软件提供了一些绘制二维曲线的简捷命令，如 `fplot`,`ezplot`,`ezpolar` 等．

`fplot('f',[a,b])`

该命令表示绘制函数 `f` 在区间 `[a,b]` 上的图形，其中函数 `f` 是以 `x` 为定义变量的可计算字符串，也可以是以 **M** 文件定义的函数．

示例 8 画出函数 $y = x\sin x$ 在 $[-10, 10]$ 上的图形．

实验过程 在命令行窗口键入命令

`fplot('x*sin(x)',[-10,10])`

执行后显示如图 2.8 所示图形．

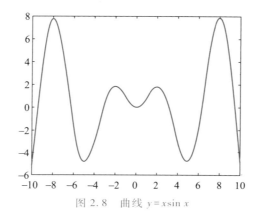

图 2.8 曲线 $y = x\sin x$

`ezplot('f',[a,b])`

该命令表示绘制函数 `f` 在区间 `[a,b]` 上的图形，其中 `f` 是字符串或符号表达式，区间 `[a,b]` 缺省时，默认区间是 $[-2\pi,2\pi]$．

示例 9 画出 $y = \cos x$ 在区间 $[0,20]$ 上的图形．

实验过程 在命令行窗口键入命令

`ezplot('cos(x)',[0,20])`

执行后显示如图 2.9 所示图形．

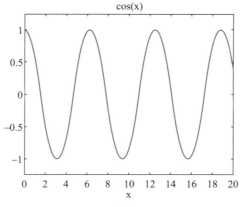

图 2.9 曲线 $y = \cos x$

ezplot 命令除可以绘制显函数曲线,还可以绘制隐函数曲线,具体使用格式为

ezplot('f',[xmin,xmax,ymin,ymax])

该命令执行后绘制出由方程 $f(x,y)=0$ 所确定的隐函数在区域 xmin<x<xmax, ymin<y<ymax 内的图形.当第二项缺省时,默认变量 x 与 y 的范围都是 $[-2\pi,2\pi]$.

示例 10 画出椭圆 $\dfrac{x^2}{4}+\dfrac{y^2}{5}=1$ 的图形,图形窗口区域为 $\Omega=\{(x,y)\mid -3\leqslant x\leqslant 3,$ $-4\leqslant y\leqslant 4\}$.

实验过程 在命令行窗口键入命令

ezplot('x^2/4+y^2/5-1',[-3,3,-4,4])

执行后显示如图 2.10 所示图形.

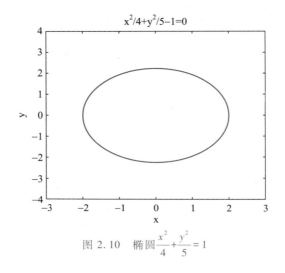

图 2.10 椭圆 $\dfrac{x^2}{4}+\dfrac{y^2}{5}=1$

ezplot 命令也可以实现参数形式函数绘图,在此仅举一例,读者可通过用 help 命令自己获得详细解释.

示例 11 分别画出参数曲线 $x=\sin(at)\cos t, y=\sin(at)\sin t, t\in[0,\pi]$ 在 $a=1,2,3,4$ 时的图形,注意观察参数 a 的取值与图形的关系.

实验过程 在命令行窗口键入命令

```
subplot(2,2,1)
ezplot('sin(t)*cos(t)','sin(t)*sin(t)',[0,pi])
subplot(2,2,2)
ezplot('sin(2*t)*cos(t)','sin(2*t)*sin(t)',[0,pi])
subplot(2,2,3)
ezplot('sin(3*t)*cos(t)','sin(3*t)*sin(t)',[0,pi])
subplot(2,2,4)
ezplot('sin(4*t)*cos(t)','sin(4*t)*sin(t)',[0,pi])
```

执行后显示如图 2.11 所示图形.

```
ezpolar('r',[a,b])
```

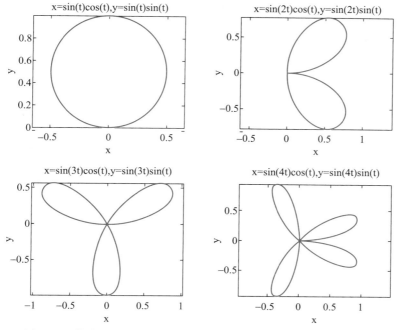

图 2.11　曲线 $x = \sin(at)\cos t, y = \sin(at)\sin t, t \in [0,\pi], a = 1,2,3,4$

　　该命令表示在极坐标系下绘制曲线 r 在[a,b]上的图形,当[a,b]缺省时,默认区间是[0,2π].

　　示例 12　画出八叶玫瑰线图形.

　　实验过程　八叶玫瑰线的极坐标表达式为 $r = \sin(4t), t \in [0,2\pi]$,编写程序如下:

```
ezpolar('sin(4*t)')
```

程序执行后,显示如图 2.12 所示图形.

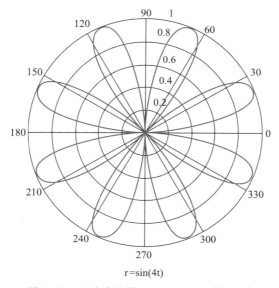

图 2.12　八叶玫瑰线 $r = \sin(4t), t \in [0,2\pi]$

（5）双纵坐标绘图

MATLAB 软件中双纵坐标绘图命令为 plotyy,具体使用格式为

plotyy(x1,y1,x2,y2)

该命令表示以 x1 为横坐标,以左侧纵轴的单位为纵坐标绘制函数 y1 的图形,以 x2 为横坐标,以右侧纵轴的单位为纵坐标绘制函数 y2 的图形.

示例 13   在同一直角坐标系下绘制 $y = 200\mathrm{e}^{-0.05x}\sin x$ 与 $y = 0.8\mathrm{e}^{-0.5x}\sin(10x)$ 的图形.

实验过程   编写程序如下:

x = 0:0.01:20;
y1 = 200 * exp(-0.05 * x). * sin(x);
y2 = 0.8 * exp(-0.5 * x). * sin(10 * x);
plotyy(x,y1,x,y2)

程序执行后,显示如图 2.13 所示图形.

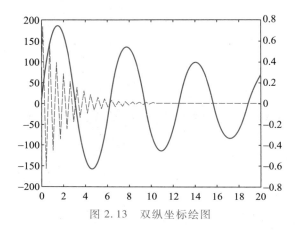

图 2.13   双纵坐标绘图

注意   读者可以用 plot 命令在同一直角坐标系下绘制上述图形,并与 plotyy 命令进行比较,观察二者的区别.

练习 1

1. 在同一坐标系下绘制不同的指数曲线、幂函数曲线与对数曲线,观察这些函数对应曲线的特点.这些曲线分别必过哪些特殊的点? 哪些曲线关于直线 $y = x$ 对称?

2. 分别写出 $y = \mathrm{e}^x$ 在 $x = 0$ 处的 1 次、2 次、3 次直至 10 次泰勒多项式,在同一坐标系下绘出这些多项式曲线和曲线 $y = \mathrm{e}^x$,观察这些多项式曲线跟曲线 $y = \mathrm{e}^x$ 的逼近程度与多项式的次数关系.

3. 对于数列 $\left\{\left(1 + \dfrac{1}{n}\right)^n\right\}_{n=1}^{+\infty}$,已知 $\lim\limits_{n \to +\infty}\left(1 + \dfrac{1}{n}\right)^n = \mathrm{e}$. 自己设计程序,观察该数列的收敛性,体验判定数列收敛 $\varepsilon\text{-}N$ 定义的内涵.

4. 已知调和级数

$$1 + \frac{1}{2} + \frac{1}{3} + \cdots + \frac{1}{n} + \cdots$$

是发散的,即调和级数的部分和数列

$$S_n = 1 + \frac{1}{2} + \frac{1}{3} + \cdots + \frac{1}{n}, \quad n = 1, 2, 3, \cdots$$

是发散的,绘制该调和级数的部分和数列图形,观察它的发散性,体验数列发散 ε-N 否定形式的内涵.

5. 绘制下面的著名曲线:

(1) 蔓叶线:$\begin{cases} x = 2a\,\sin^2 t, \\ y = 2a\,\sin^2 t\,\tan t. \end{cases}$

(2) 笛卡儿曲线:$\begin{cases} x = \dfrac{3at}{1+t^3}, \\ y = \dfrac{3at^2}{1+t^3}. \end{cases}$

(3) 奈尔抛物线:$y = x^{\frac{2}{3}}$.

(4) 曳物线:$x = \ln \dfrac{1 \pm \sqrt{1-y^2}}{y} \mp \sqrt{1-y^2}$.

6. 取不同的数值 a 及数值 k,分别绘制曲线 $\rho = a\sin k\theta$ 和 $\rho = a\cos k\theta$,观察两个参数的几何意义.

7. 关于 "0^0" 型未定式:

(1) 对函数 $y_1 = x^x$,计算当 $x = 0.1, 0.01, 0.001, 0.0001, \cdots$ 逐渐趋于 0 时的函数值,并在 $x \in (0,1]$ 上绘制该函数的图形.如果要求函数 y_1 在 $x = 0$ 处连续,那么 y_1 在 $x = 0$ 处应该取何值?

(2) 对函数 $y_2 = x^{2/\ln x}$,计算当 $x = 0.1, 0.01, 0.001, 0.0001, \cdots$ 逐渐趋于 0 时的函数值,并绘图.如果要求函数 y_2 在 $x = 0$ 处连续,那么 y_2 在 $x = 0$ 处应该取何值?

(3) 对函数 $y_3 = (x - \sin x)^{1/\ln(\tan x - x)}$,计算当 $x \to 0$ 时的函数值,并绘图.如果要求函数 y_3 在 $x = 0$ 处连续,那么 y_3 在 $x = 0$ 处应该取何值?

(4) 对任意的常数 c(比如 $1/2$),能否构造以 c 为极限的 "0^0" 型未定式?请给出一个例子.

(5) 从(1)—(4)的结论中你能得出什么结果?请说明理由.

8. 计算函数 $f(x) = \dfrac{1}{x} \sin \dfrac{1}{x}$ 当 $x = 0.1, 0.01, 0.001, 0.0001, \cdots$ 逐渐趋于 0 时的函数值,并绘制相应图形,说明当 $x \to 0$ 时它是无界量,不是无穷大量.

2. 绘制特殊的二维图形

MATLAB 软件提供了一些绘制特殊二维图形的命令,具体见表 2.4,读者可用 help 命令获得具体使用格式,在此不一一解释.

表 2.4　一些特殊二维图形绘制命令

函数	含义	函数	含义
bar	绘制条形图	pie	绘制饼图
stairs	绘制阶梯状图	area	绘制面积图
stem	绘制火柴杆图	fill	绘制填充图
compass	绘制向量图	rectangle	创建矩形对象

示例 14　绘制饼图、向量图、条形图、填充图、阶梯状图、火柴杆图、面积图及圆角矩形.

实验过程　编写程序如下:

```
subplot(2,4,1);
x = [ 3 10 20 25 35];
```

```
explode = [ 0 0 0 0 1 ];
pie ( x , explode )          % 绘制饼图,并将 explode 中值为 1 的部分分离
x = 0 : 0.35 : 7;
y = 2 * exp ( -0.5 * x );
subplot ( 2 , 4 , 2 );
compass ( [ 3+2i , 4.5-i , -1.5+5i ] );
                    % 绘制以坐标原点为起点,分别以复数的实部、虚
                    部为横坐标、纵坐标的向量
subplot ( 2 , 4 , 3 ); bar ( x , y , 'm' );
axis ( [ 0 , 7 , 0 , 2 ] );
subplot ( 2 , 4 , 4 ); fill ( x , y , 'm' );
axis ( [ 0 , 7 , 0 , 2 ] );
subplot ( 2 , 4 , 5 ); stairs ( x , y , 'm' );
axis ( [ 0 , 7 , 0 , 2 ] );
subplot ( 2 , 4 , 6 ); stem ( x , y , 'm' );
axis ( [ 0 , 7 , 0 , 2 ] );
subplot ( 2 , 4 , 7 ); area ( x , y );
subplot ( 2 , 4 , 8 );
rectangle ( 'Position', [1,1,8,18] , 'Curvature', 0.4 , 'LineWidth', 2 )
                    % 绘制以 ( 1,1 )为顶点,长为 18 宽为 8 的圆角矩形
```

程序执行后,显示如图 2.14 所示图形.

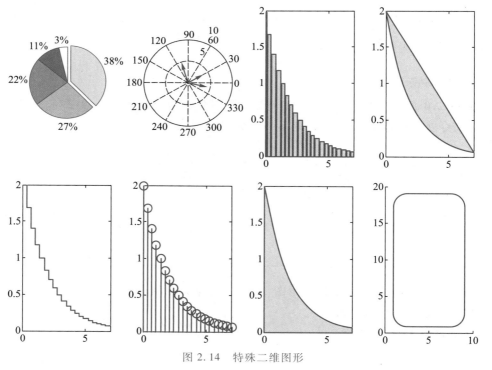

图 2.14　特殊二维图形

3. 绘制三维曲线

MATLAB 软件绘制三维曲线的指令是 plot3,它的使用格式与 plot 完全相似.

(1) plot3(X,Y,Z,'s')

当 X,Y,Z 是同维向量时,分别以 X,Y,Z 的元素为横、纵、竖坐标绘制三维曲线;当 X,Y,Z 是同型矩阵时,分别以 X,Y,Z 对应的列元素为横、纵、竖坐标绘制三维曲线,绘制曲线的条数等于矩阵的列数;参数 s 是可选项,与命令 plot 中的用法完全相同,缺省则为默认类型.

示例 15　绘制空间曲线 $\begin{cases} x^2+y^2+z^2=64, \\ y+z=0. \end{cases}$

实验过程　容易求得,空间曲线 $\begin{cases} x^2+y^2+z^2=64, \\ y+z=0 \end{cases}$ 的参数方程为 $x=8\cos t, y=4\sqrt{2}\sin t,$ $z=-4\sqrt{2}\sin t, t\in[0,2\pi]$. 编写程序如下:

```
t=0:pi/20:2*pi;
x=8*cos(t);
y=4*sqrt(2)*sin(t);
z=-4*sqrt(2)*sin(t);
plot3(x,y,z,'mp')
```

执行程序后,显示如图 2.15 所示的图形.

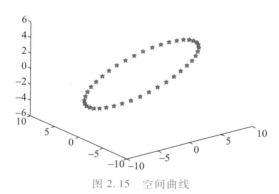

图 2.15　空间曲线

(2) plot3(X1,Y1,Z1,'s1',X2,Y2,Z2,'s2',...)

每四项为一组,绘制多条三维曲线.

(3) 简捷绘制命令

同绘制二维曲线类似,MATLAB 软件也提供了绘制三维曲线的简捷命令 ezplot3,具体使用方法同 ezplot 类似.

示例 16　绘制螺旋线 $x=2\cos t, y=2\sin t, z=0.5t, t\in[0,10\pi]$.

实验过程　在命令行窗口键入

```
ezplot3('2*cos(t)','2*sin(t)','0.5*t',[0,10*pi])
```

执行后,显示如图 2.16 所示图形.

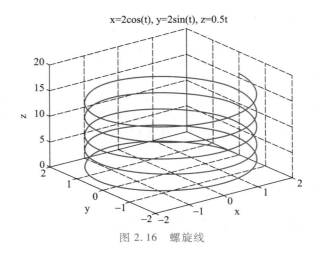

图 2.16   螺旋线

4. 绘制曲面图

MATLAB 软件绘制曲面图要比绘制曲线图相对复杂一些,熟练掌握相关命令,可以绘制出想要的各种图形,这里仅作简单的介绍.

在绘制网线图与曲面图时,首先要做好数据准备,产生一个"网格点"矩阵.产生"网格点"矩阵的命令是 meshgrid,其使用格式为

```
[X,Y]=meshgrid(x,y)
```

该命令表示用向量 x 和 y 的分量产生"网格点"矩阵[X,Y].

示例 17   产生"网格点"矩阵.

实验过程   编写下面的程序:

```
x=0:0.2:1;
y=1:0.1:1.5;
[X,Y]=meshgrid(x,y)
```

运行结果为

X = 0	0.2000	0.4000	0.6000	0.8000	1.0000
0	0.2000	0.4000	0.6000	0.8000	1.0000
0	0.2000	0.4000	0.6000	0.8000	1.0000
0	0.2000	0.4000	0.6000	0.8000	1.0000
0	0.2000	0.4000	0.6000	0.8000	1.0000
0	0.2000	0.4000	0.6000	0.8000	1.0000

Y = 1.0000	1.0000	1.0000	1.0000	1.0000	1.0000
1.1000	1.1000	1.1000	1.1000	1.1000	1.1000
1.2000	1.2000	1.2000	1.2000	1.2000	1.2000
1.3000	1.3000	1.3000	1.3000	1.3000	1.3000
1.4000	1.4000	1.4000	1.4000	1.4000	1.4000
1.5000	1.5000	1.5000	1.5000	1.5000	1.5000

如果在坐标面上描绘这些"网格点",就会显示如图 2.17 所示的图形.

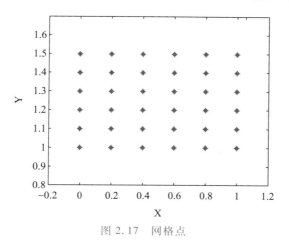

图 2.17　网格点

MATLAB 软件绘制曲面图常用的命令有下面几种:

(1) 用命令 mesh 绘制网线图

该命令具体使用格式为

```
mesh(X,Y,Z)
```

该命令表示以 X,Y,Z 对应的元素为横、纵、竖坐标绘制函数的网线图,也可以在调用命令时增加可选参数来改变网线图的颜色以及线型等.

(2) 用命令 surf 绘制曲面图

该命令具体使用格式为

```
surf(X,Y,Z)
```

该命令表示以 X,Y,Z 对应的元素为横、纵、竖坐标绘制函数的曲面图,也可以在调用命令时增加可选参数来改变曲面图的颜色以及线型等.

(3) 用命令 surfc 绘制带等高线的曲面图

该命令具体使用格式为

```
surfc(X,Y,Z)
```

该命令表示在 surf(X,Y,Z)绘制曲面图的基础上,增加了函数的等高线.

示例 18　画曲面 $z=\sin(xy)$ 的网线图.

实验过程　编写下面的程序:

```
x=-2:0.1:2;
y=-2:0.1:2;
[xb,yb]=meshgrid(x,y);
zb=sin(xb.*yb);              % 计算函数 z=sin(xy)在网格点处的函数值
figure(1)
mesh(xb,yb,zb)
figure(2)
surf(xb,yb,zb)
figure(3)
```

```
surfc(xb,yb,zb)
```

程序执行后,依次显示如图 2.18 所示的三个图形.

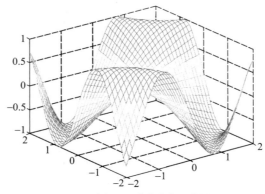

(a) 用 mesh 命令绘制网线图

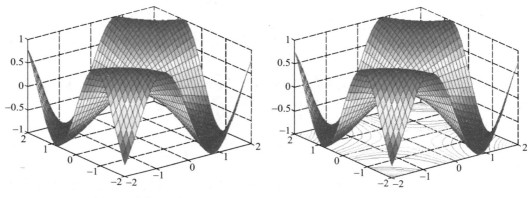

(b) 用 surf 命令绘制曲面图   (c) 用 surfc 命令绘制带等高线的曲面图

图 2.18   曲面 $z = \sin(xy)$

（4）三维曲面图形的简捷绘制

MATLAB 软件提供了一些绘制三维网线图和曲面图的简捷绘图指令,如 ezsurf,ezmesh 等.对这些简捷绘图命令的详细用法,读者可通过 help 命令自主学习.

示例 19   画出曲面 $z = x\mathrm{e}^{-(x^2+y^2)}$ 的图形.

实验过程   执行下面的命令,显示如图 2.19 所示的图形.

```
ezsurf('x*exp(-x^2-y^2)')
```

MATLAB 软件还提供了几种绘制空间特殊曲面的命令:sphere,cylinder,peak,它们的调用格式为

```
[x,y,z]=sphere(n)      % 表示产生 3 个 (n+1)*(n+1) 矩阵,绘制单位球
                          面,若没有参数,则默认 n=20

[x,y,z]=cylinder(R,n)  % 表示产生 3 个 (n+1)*(n+1) 矩阵,绘制半径为
                          R 的圆柱面,若没有参数,则默认 R=1,n=20.参
                          数 R 可以是正数,可以是向量,也可以是函数
```

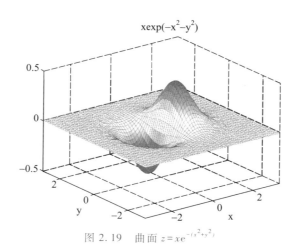

图 2.19 曲面 $z = x e^{-(x^2+y^2)}$

```
[x,y,z]=peaks(n)          % 表示产生 3 个 n * n 的高斯分布矩阵,绘制凹凸
                             有致的曲面,若没有参数,则默认 n = 49
```

读者可通过下面的实验过程分析、体会这些特殊命令的用法.

示例 20 绘制圆柱面、圆锥面、单叶双曲面、球面和椭球面.

实验过程 编写程序如下:

```
figure(1)
subplot(2,2,1)
[x,y,z]=cylinder(2,50);
surf(x,y,z);                   % 绘制圆柱面
subplot(2,2,2)
R=[0 2];
[X,Y,Z]=cylinder(R);
surf(X,Y,Z);                   % 绘制圆锥面
subplot(2,2,3)
t=-1:0.1:1;
R=t.^2+1;
[X,Y,Z]=cylinder(R);
surf(X,Y,Z);                   % 绘制单叶双曲面
subplot(2,2,4)
[x,y,z]=sphere;
surf(10*x+1,10*y+1,10*z+1);    % 绘制球面,半径为 10,球心坐标为 (1,1,1)
axis equal;
figure(2)
a=4;b=3;c=2;
surf(a*x,b*y,c*z);             % 绘制椭球面
```

程序执行后,依次显示如图 2.20 所示图形.

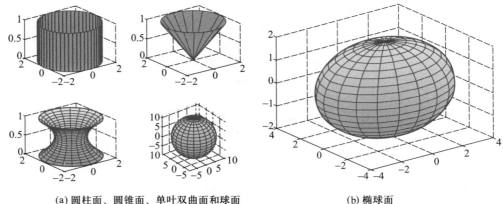

(a) 圆柱面、圆锥面、单叶双曲面和球面   (b) 椭球面

图 2.20 特殊空间曲面

（5）特殊三维图形的绘制

在介绍二维图形绘制时，曾提到如何用 MATLAB 软件绘制条形图、火柴杆图、饼图和填充图等特殊图形. 同样地，MATLAB 软件也提供了绘制特殊三维图形的命令如 bar3，stem3，pie3 和 fill3 等.

bar3 命令绘制三维垂直条形图，barh3 命令绘制三维水平条形图，常用格式为

bar3(y) 与 bar3(x,y)

stem3 命令绘制离散序列数据的三维火柴杆图，常用格式为

stem3(z) 与 stem3(x,y,z)

pie3 命令绘制三维饼图，常用格式为

pie3(x)

fill3 命令进行三维填色，常用格式为

fill3(x,y,z,c)

示例 21 （1）构造数据绘制三维垂直条形图；

（2）以三维火柴杆图形式绘制曲线 $y = 2\sin(2x)$；

（3）已知 x = [2347, 1827, 2043, 3025]，绘制三维饼图；

（4）构造球面，绘制填充图.

实验过程 程序如下：

```
x = 2:6;
y = [0.4 0.5 0.2 0.6 0.5; 0.22 0.54 0.91 0.52 0.44; 0.75 0.85 0.57
0.24 0.31];
subplot(2,2,1);
bar3(x,y');                          % 条形图
colormap('cool')                     % 设置填充颜色为冷色
subplot(2,2,2);
y = 2 * sin(2 * (0:pi/10:2 * pi));
stem3(y);                            % 火柴杆图
subplot(2,2,3);
```

```
pie3([2347,1827,2043,3025]);          % 饼图
subplot(2,2,4);
[X,Y,Z]=sphere(20);
fill3(X,Y,Z,'m')                      % 填充图
axis equal
grid off
axis off
```

程序运行后,显示图形如图 2.21 所示.

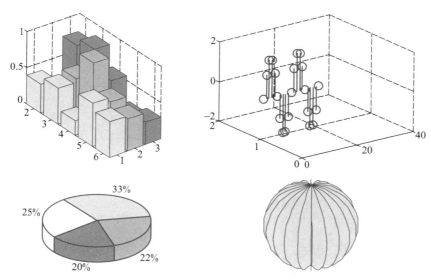

图 2.21 特殊三维图形

5. 图形标识与图形修饰

（1）图形标识

MATLAB 软件提供了许多图形标识命令,如 title,text,xlabel,ylabel,gtext 等,这里用表 2.5 给出,以备读者查阅.

表 2.5 图形标识命令

命令	含义
title('string')	图形上面加字符串 string 作为标题
text(x,y,'string')	在坐标(x,y)处添加字符串 string,也可以是中文字符串
gtext('string')	程序执行后,根据自己的需要,用鼠标拖动十字准星至确定位置,再点击左键,添加字符串 string,也可以是中文字符串
xlabel('string')	用字符串 string 标识 x 轴,可以是中文字符串
ylabel('string')	用字符串 string 标识 y 轴,可以是中文字符串
Legend('s1', 's2','s3',...)	在当前图形内建立一图例说明框,框内显示各字符串 s1,s2,s3,…,并且图形的曲线与字符串按绘制顺序依次对应,可用鼠标拖动图例说明框改变其位置

MATLAB 软件提供了丰富的控制图形显示格式的命令,表 2.6 列出一些常用的坐标轴控制命令,这里不举例说明,读者可自行上机实验查看显示格式.

表 2.6 坐标轴显示控制命令

命令	含义
axis([xmin xmax ymin ymax])	分别设定 x 轴,y 轴的上、下限分别为 xmin,xmax 和 ymin,ymax
axis auto	软件默认值,根据提供的绘图数据,软件自动选择输出图形坐标轴显示范围
axis equal	将横、纵坐标轴显示比例设为相同
axis xy	按第一象限的方式显示坐标
axis ij	按第一象限的方式显示左手系
axis off	不显示坐标轴
axis on	显示坐标轴
grid on	画网格线
grid off	不画网格线

示例 22 绘制函数 $y = 2e^{-0.5x}\sin(2\pi x)$,$y = 2e^{-0.5x}$,$y = -2e^{-0.5x}$ 的曲线,并实践使用各种图形标识命令.

实验过程 程序如下:

```
x = 0:pi/100:2 * pi;
y1 = 2 * exp(-0.5 * x).* sin(2 * pi * x);
y2 = 2 * exp(-0.5 * x);
y3 = -2 * exp(-0.5 * x);
plot(x,y1,'m-',x,y2,'m--',x,y3,'m--')
axis([0,2 * pi,-2,2]);
grid off
xlabel('x 轴')
ylabel('y 轴')
title('函数曲线')
text(3,0.5,'\leftarrow y2 = 2 * exp(-0.5 * x)')   % \leftarrow 表示
                                                    在图形标识前画一
                                                    左箭头
text(0.88,-0.88,'\leftarrow y1 = 2 * exp(-0.5 * x).* sin(2 * pi * x)')
text(3,-0.45,'\leftarrow y3 = -2 * exp(-0.5 * x)')
```

程序执行后,显示图形如图 2.22 所示.

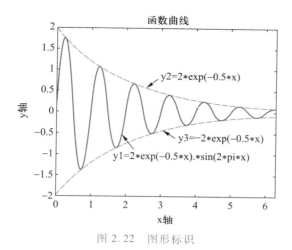

图 2.22　图形标识

（2）图形修饰

MATLAB 软件提供了三维图形的修饰功能,包括绘图色彩的处理、颜色渲染属性调整、透明度调整、光源设置与属性调整和视点位置调整等.

1）视点处理

MATLAB 软件提供了设置视点的函数 view,其调用格式为

`view(az,el)`

其中 az 为方位角,el 为仰角,它们均以度为单位.系统缺省的视点方位角为$-37.5°$,仰角为 $30°$.

2）色彩处理

MATLAB 软件除用字符表示颜色外,还可以用含有 3 个元素的向量表示颜色.向量元素在 $[0,1]$ 上取值,3 个元素分别表示红、绿、蓝 3 种颜色的相对亮度,称为 RGB 三元组.色图是 MATLAB 软件系统引入的概念,MATLAB 软件每个图形窗口只能有一个色图.色图是 $m×3$ 的数值矩阵,它的每一行是一个 RGB 三元组.色图矩阵可以设计生成,也可以调用 MATLAB 软件提供的函数来定义.

3）三维曲面着色

三维曲面图实际上就是在网格图的每一个网格片上涂上颜色. surf 函数用缺省的着色方式对网格片着色.此外,还可以用 shading 命令来改变着色方式. shading faceted 命令将每个网格片用其高度所对应的颜色进行着色,但网格线仍保留着,其颜色是黑色,这是系统的缺省着色方式. shading flat 命令将每个网格片用同一个颜色进行着色,且网格线也用相应的颜色,从而使图形表面显得更加光滑.执行 shading interp 命令将在网格片内采用颜色插值处理,得出的表面图显得更光滑.

4）光照处理

MATLAB 软件提供了灯光设置函数,其调用格式为

`light('Color',选项1,'Style',选项2,'Position',选项3)`

示例 **23**　绘制带光照的花瓶.

实验过程　编写程序如下：

```
t=0:pi/20:2*pi;                        % 产生一个向量
[x,y,z]=cylinder(2+sin(t),100);        % 产生花瓶的三维网格数据
surf(x,y,z);
grid off
axis off
shading interp;                        % 设置渲染属性
colormap(hot);                         % 设置色彩属性
light('Posi',[-4 -1 0])                % 在(-4,-1,0)点处建立一个光源
lighting phong;                        % 设置光照模式
material metal;                        % 设置面的反射属性
```

程序执行后, 显示如图 2.23 所示的图形.

下面的示例旨在介绍如何应用"镂空"命令, 绘出自己想看到的图形.

示例 24　画出旋转抛物面 $z=x^2+y^2$ 的图形.

实验过程　编写下面的程序：

```
x=-2:0.1:2;
y=x;
[xb,yb]=meshgrid(x,y);
zb=xb.^2+yb.^2;
surf(xb,yb,zb)
```

图 2.23　花瓶

程序执行后, 显示如图 2.24(a)所示图形.

图 2.24(a)所示的旋转抛物面在 xOy 坐标面上的投影是一个正方形区域(由程序中的第 1, 2 行决定), 而不是圆域. 为了得到在 xOy 坐标面上的投影是圆域的旋转抛物面, 使用 MATLAB 软件提供的 find 命令对绘图过程进行精选处理. 下面的程序就是将图 2.24(a)所示的旋转抛物面在 xOy 坐标面上投影区域(如图 2.24(b)所示)中四个角(阴影部分)中的点"镂空", 即将横、纵坐标的平方和大于 4 的那些点去掉.

下面的程序执行后, 显示如图 2.24(c)所示图形.

```
x=-2:0.05:2;
y=x;
[xb,yb]=meshgrid(x,y);
zb=xb.^2+yb.^2;
xx=find(xb.^2+yb.^2>4);
zb(xx)=NaN;
surf(xb,yb,zb)
```

再执行下面的程序, 看看显示的图形是什么样, 能给出解释吗？

```
z=0:0.01:4;
```

```
y=sqrt(z);
n=100;
[xb,yb,zb]=cylinder(y,n);
mesh(xb,yb,zb)
```

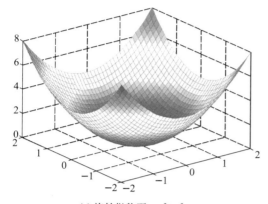

(a) 旋转抛物面 $z=x^2+y^2$

(b) (a)中的曲面
"四个角"在 xOy 坐标面上的投影示意图

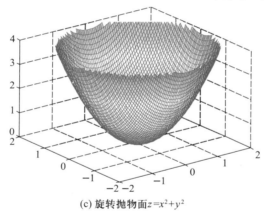

(c) 旋转抛物面 $z=x^2+y^2$

图 2.24

MATLAB 软件可以利用 NaN 对图形进行镂空处理. 由于镂空处理后的图形不会产生切面, 所以如果需要表现切面的话, 可对图形进行裁剪处理. MATLAB 软件在绘制曲面图形时, 后面的图形被前面的图形遮盖, 有时需要看到被遮盖部分, 这时就需要透视效果. 通过下面例子读者可查看镂空与裁剪的区别以及图形的透视效果.

示例 25　绘制两个同心球、球面镂空、球体切割和两等径圆管垂直相交.

实验过程　编写程序如下:

(1) 两个同心球面

```
[X,Y,Z]=sphere(20);
surf(X,Y,Z);
shading interp;
```

```
hold on
mesh(2*X,2*Y,2*Z);
colormap(hot)
hidden off
axis equal
axis off
```

程序执行后,显示如图 2.25(a)所示图形.

(2) 球面镂空

```
[X,Y,Z]=sphere(20);
index=find(X<0&Y<0&Z>0);Z2=Z;
Z2(index)=NaN;
surf(X,Y,Z2)
axis equal
axis off
```

程序执行后,显示如图 2.25(b)所示图形.

(3) 球体切割

```
[X,Y,Z]=sphere(20);
index=find(Z>0); Z3=Z;
Z3(index)=zeros(size(index));
surf(X,Y,Z3)
hidden off
axis equal
axis off
```

程序执行后,显示如图 2.25(c)所示图形.

(4) 两等径圆管垂直相交

```
[X,Y,Z]=sphere(20);
m=20;
z=1.2*(0:m)/m;
r=ones(size(z));              % 产生与 z 同维数的元素都是 1 的数组
theta=(0:m)/m*2*pi;
x1=r'*cos(theta);y1=r'*sin(theta);
z1=z'*ones(1,m+1);
x=(-m:2:m)/m;
x2=x'*ones(1,m+1);y2=r'*cos(theta);
z2=r'*sin(theta);
surf(x1,y1,z1);
axis equal,axis off
hold on
```

```
surf(x2,y2,z2);
axis equal
axis off
```

程序执行后,显示如图 2.25(d)所示图形.

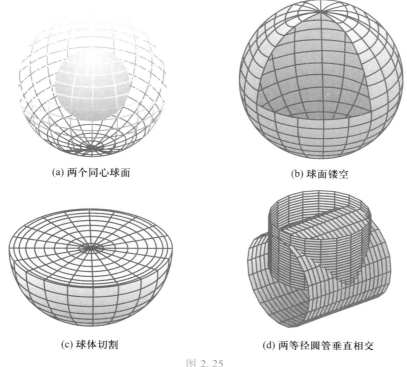

(a) 两个同心球面　　　　　　　　　　(b) 球面镂空

(c) 球体切割　　　　　　　　　(d) 两等径圆管垂直相交

图 2.25

6. 截面法认识曲面

对于空间中的曲面 $F(x,y,z)=0$,通常采用平行截面法认识该曲面的特征. 即用平行于坐标平面的平面去"截"曲面 $F(x,y,z)=0$,通过研究交线的性质来充分认识曲面的性质.

示例 26　绘制马鞍面 $z=x^2-y^2$ 的图形,并用平行截面法观察马鞍面的特点.

实验过程　执行下面的程序,可以绘制出马鞍面与平面 $x=2$,$y=1$,$z=3$ 的交线,如图 2.26 所示.

```
x=-4:0.1:4;
y=x;
[mx,my]=meshgrid(x,y);
mz=mx.^2-my.^2;
ix=find(mx==2);
px=2*ones(1,length(ix));    % 产生与 ix 同维数的元素都是 z 的数组
py=my(ix);
```

```
pz=mz(ix);
subplot(1,2,1)
hold on
mesh(mx,my,mz)
plot3(px,py',pz','m*')          % py'表示 py 的转置,pz'表示 pz 的转置
subplot(1,2,2)
plot3(px,py',pz')
figure(2)
iy=find(my==1);
py=ones(1,length(iy));
px=mx(iy);
pz=mz(iy);
hold on
mesh(mx,my,mz)
plot3(px',py,pz','m*')
figure(3)
x=-4:0.001:4;
z=-10:0.1:10;
[mmx,mmz]=meshgrid(x,z);
mmy=sqrt(mmx.^2-mmz);
iz=find(mmz==3);
pz=(3*ones(1,length(iz)))';
px=mmx(iz);
py=mmy(iz);
ss=find(px.^2-pz<0);
py(ss)=NaN;
hold on
mesh(mx,my,mz)
plot3(px,py,pz,'m*')
plot3(px,-py,pz,'m*')
```

在图 2.26(a)中, 左图中星号画出的是马鞍面与平面 $x=2$ 的交线,右图单独画出了这条交线. 图 2.26(b)中星号画出的是马鞍面与平面 $y=1$ 的交线, 图 2.26(c)中星号画出的是马鞍面与平面 $z=3$ 的交线.

同样地,对上面的程序稍做修改,就可绘制出其他空间曲面分别与平行于坐标面 xOy, xOz 及 yOz 的平面相交的交线,通过观察这些交线的特征来认识空间曲面的特征,留给读者通过修改程序进行学习.

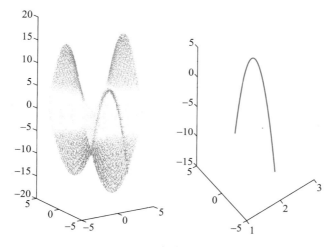

(a) 马鞍面$z=x^2-y^2$与平面$x=2$的交线

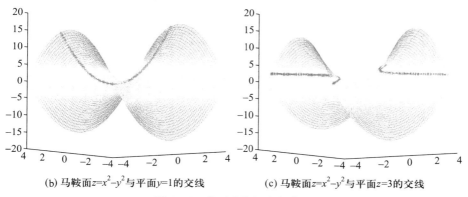

(b) 马鞍面$z=x^2-y^2$与平面$y=1$的交线　　　(c) 马鞍面$z=x^2-y^2$与平面$z=3$的交线

图 2.26　截面法认识空间曲面

练习 2

1. 绘制下列函数的图形.

（1）$z=\begin{cases} \dfrac{xy}{x^2+y^2}, & x^2+y^2\neq 0, \\ 0, & x^2+y^2=0, \end{cases}$ (x,y) 属于矩形区域 $[-2,2]\times[-2,2]$；

（2）$z=(1+x+y)^2$；

（3）$z=\sqrt{x^2+y^2}$；

（4）$y=z^2+1$ 绕 z 轴旋转得到的旋转曲面.

2. 分别用指令 mesh,meshc,meshz 绘制函数 $z=\dfrac{\sin\sqrt{x^2+y^2}}{\sqrt{x^2+y^2}}$ 在矩形区域 $[-8,8]\times[-8,8]$ 上的图形（可用 help 命令查找这些命令的用法）.

3. 绘制下列空间区域图形.

（1）由 $2z=x^2+y^2,z=1$ 围成；

（2）由 $z=\sqrt{x^2+y^2}$，$x^2+y^2=2x$，$z=0$ 围成；

（3）由 $z=1-x-y$，$z=0$，$x^2+4y^2=1$ 围成；

（4）由 $z=\sqrt{4-x^2-y^2}$，$z=\sqrt{x^2+y^2}$ 围成；

（5）由 $x=0$，$y=1$，$z=0$，$y=x$，$x+y-z=0$ 围成.

4. 在空间直角坐标系中画出球坐标系的三个基本坐标面：$\rho=$ 常数，$\varphi=$ 常数，$\theta=$ 常数.

5. 在空间直角坐标系中画出两个球面 $x^2+y^2+z^2=4$ 和 $x^2+y^2+(z-2)^2=4$ 相交的图形.

6. 试用 cylinder 命令绘制圆锥面、旋转椭球面和旋转抛物面.

7. 画出下面的特殊函数的曲面，并观察极值点的个数.

（1）Three-hump camel-back 函数：$f(x,y)=\dfrac{2x^2-1.05x^4+x^6}{6-xy+y^2}$，$(x,y)\in[-3,3]\times[-3,3]$；

（2）Rastrigin 函数：$f(x,y)=x^2+y^2-\cos 18x-\cos 18y$，$(x,y)\in[-1,1]\times[-1,1]$.

8. 在直角坐标系中绘制球面 $x^2+y^2+z^2=4$ 被圆柱面 $(x-1)^2+y^2=1$ 截得的部分曲面.

9. 在直角坐标系中绘制球面 $x^2+y^2+z^2=4$ 与圆柱面 $x^2+y^2=1$，$z^2+y^2=1$ 和 $x^2+z^2=1$，并用 find 命令将圆柱面中的球面部分或球面中的圆柱面部分"挖空".

实验三 MATLAB 软件程序设计

实验目的

1. 学会编写简单的 MATLAB 软件程序.
2. 练习编写程序实现曲线曲面的动态可视化和进行简单的数值计算.

实验内容

MATLAB 软件程序编写类似于 C 语言程序编写,程序一般包括变量输入(数据准备)、数据处理和结果输出三大模块.而数据处理模块的结构可分为顺序结构、选择结构和循环结构.还要注意:在给变量命名时,要按照 MATLAB 软件的约定,尽量使变量容易识别.

1. MATLAB 软件程序的输入、输出方式

MATLAB 软件程序的输入输出方式有两种:直接输入输出和控制输入输出.

(1)输入方式

一是直接输入,类似于命令行窗口的输入方式.例如

```
x = 1            % 直接给变量 x 赋值 1
A = [1 2;2 4]    % 直接给变量 A 赋值矩阵
y = 'Error!'     % 直接给变量 y 赋值字符串
```

二是在程序运行时赋值.MATLAB 软件提供命令 input,用来提示用户从键盘输入数据、字符串或表达式,并接受输入值.其调用格式为

变量 = input('提示输入字符串')

其中'提示输入字符串'是在命令行窗口中的提示.例如

```
x = input('Please input x=')          % 提示用户将键入的数据赋值给变
                                         量 x
n = input('请输入循环次数 n=')
Q = input('what is your name?','s')    % 提示用户将键入的数据作为字符
                                         串赋值给变量 Q
```

(2)输出格式

一是直接输出.例如

```
x                % 变量后面没有分号,变量直接输出
disp(x)          % 显示变量 x,x 可以是数、矩阵、字符串
digits(n)        % 规定了运算精度是 n 位有效数字
vpa(x,n)         % 显示变量 x 小数点后 n 位数字
```

二是格式控制输出.MATLAB 软件提供 fprintf 命令便于用户指定输出格式.具体调用格式为

```
fprintf('x=% .3f,y=% .5f\n',a,b)
```

其中,命令中单引号里面的 x,y 是要输出的变量,% 为提示符,% .3f 为数据输出格式符,通常与单引号后面的数据相对应,f 表示输出实数,.3 表示显示小数点后 3 位数,小数点前整数部分不限.\n 为换行命令符,即一行显示结束后,光标自动换到下一行.a,b 为要显示的变量,与前面的格式符对应.

MATLAB 软件还提供了数的其他输出格式,如% c 表示按照单个字符输出,% e 表示按照指数表达式输出,% i 表示按照整数格式输出,% s 表示按照字符串格式输出.

2. MATLAB 软件程序结构

2.1 循环结构

MATLAB 软件常用的循环语句有 for-end 型循环和 while-end 型循环两种,都是用来完成一些重复性的操作,具体格式如下:

(1) for-end 型循环格式

for 循环变量=初值:步长:终值

　　　循环体(由若干可执行语句构成)

end

语句体

for-end 型循环的执行流程是:循环变量先取初值,检查是否"超出"(当步长为正数时超出为大于,当步长为负数时,超出为小于)循环变量设定的终值,若没有"超出"设定的终值,则执行循环体,然后再使循环变量"增加"一个步长,再检查是否"超出"终值,若还没有"超出"终值,则继续执行循环体.依次循环执行,若循环变量增加步长后"超出"了终值,则退出循环,转去执行循环语句结束行 end 下面的语句体.通常在事先知道循环体需重复执行的次数时,采用 for-end 型循环.for 和 end 成对出现,end 是循环结束的标志.执行流程图如图 3.1 所示.

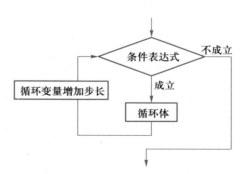

图 3.1　for-end 型循环执行流程图

示例 1　用 for-end 型循环语句计算 $\sum\limits_{i=1}^{100} i$ 和 100!.

实验过程　编写程序如下:

```
he=0;                    % 设定存放和的变量 he 并赋初值 0
jiecheng=1;              % 设定存放阶乘的变量 jiecheng 并赋初值 1
```

```
for i=1:1:100              % 定义循环变量 i 从 1 到 100 取值,步长为 1
    he=he+i;               % 做累加和并赋给变量 he
    jiecheng=jiecheng*i;   % 做连乘并赋给 jiecheng
end                        % 循环结束
he                         % 输出变量 he
jiecheng                   % 输出变量 jiecheng
```

执行得结果

```
he=5050
jiecheng=9.3326e+157
```

也可以用 `for-end` 型循环语句求符号和,请读者自己分析下面的程序:

```
syms x he a b
for k=1:10
    he=he+k*(x-2)*b+(k-1)*(x-a)^2;
end
expand(he)
```

程序运行后显示

```
ans=45*a^2-90*a*x+45*x^2+55*b*x-110*b+he
```

示例 2 由公式 $e \approx 1+1+\dfrac{1}{2!}+\dfrac{1}{3!}+\cdots+\dfrac{1}{n!}$,计算 e 的近似值.

实验过程 编写程序如下:

```
n=input('请输入 n=');       % 输入循环次数
p=1;sum=1;
for i=1:n
    p=p*i;
    sum=sum+1/p;
    fprintf('i=%.0f,p=%.8f,e=%.8f\n',i,p,sum);   % 逐行显示 p 的阶
                                                  乘和 e 的近似
                                                  值 sum
end
```

请读者自己执行程序,看看显示结果.

进一步的问题:上面的程序通过输入循环次数来控制计算的次数,能否根据计算出 e 的近似值的精度来控制循环次数呢?下面介绍的 `while-end` 循环便可解决这个问题.

(2) `while-end` 型循环格式

`while-end` 型循环是根据循环体中给定的条件控制循环次数的.具体使用格式为

```
while  <条件表达式>
    循环体
end
语句体
```

当 while 后面的条件表达式的值为真时,执行下面的循环体命令,执行到 end 时再次自动检查条件表达式的值是否为真,如果为真,则继续执行循环体,否则按顺序执行循环下面的语句体.

while-end 型循环语句的执行过程与 for-end 型循环语句的执行过程类似,这里只给出执行流程图 3.2,通过分析流程图,读者不难理解 while-end 型循环的执行过程.

使用 while-end 型循环时,需要注意以下两点:

① while 和 end 是成对出现的,类似于 for-end 型循环.

② while-end 型循环要确保在执行了一定次数之后可以结束循环,否则就成了"死循环".因此,循环体执行中一般要改变 while 后面的条件表达式的值.

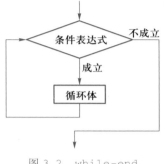

图 3.2　while-end
循环执行流程图

示例 3　求 $s = 1 + 2 + \cdots + n < 3\,000$ 时的 n, s 的值.

实验过程　编写程序如下:

```
s=1;
n=1;
while  s<3000            % 用累加和 s 与 3000 比较作为循环条件
    fprintf('n=% .0f, s=% .0f \n',n,s);      % 逐行显示 n 及 s
    n=n+1;
    s=s+n;
end
```

运行结果为

```
n=1,s=1
n=2,s=3
n=3,s=6
……
n=73,s=2701
n=74,s=2775
n=75,s=2850
n=76,s=2926
```

MATLAB 软件的 for-end 型循环和 while-end 型循环可以多层嵌套使用,可以将 for-end 和 for-end 嵌套使用,也可以将 while-end 和 while-end 嵌套使用,还可以将 for-end 和 while-end 嵌套使用.

示例 4　产生一个 8 行 8 列的希尔伯特(Hilbert)矩阵 $\boldsymbol{H}$,其中矩阵的元素 $h_{ij} = \dfrac{1}{i+j-1}$.

实验过程　编写程序如下:

```
format rat
h=zeros(8);
for i=1:8
    for j=1:8
        h(i,j)=1/(i+j-1);
    end
end
h
```

程序运行结果为

h=1	1/2	1/3	1/4	1/5	1/6	1/7	1/8
1/2	1/3	1/4	1/5	1/6	1/7	1/8	1/9
1/3	1/4	1/5	1/6	1/7	1/8	1/9	1/10
1/4	1/5	1/6	1/7	1/8	1/9	1/10	1/11
1/5	1/6	1/7	1/8	1/9	1/10	1/11	1/12
1/6	1/7	1/8	1/9	1/10	1/11	1/12	1/13
1/7	1/8	1/9	1/10	1/11	1/12	1/13	1/14
1/8	1/9	1/10	1/11	1/12	1/13	1/14	1/15

2.2 选择结构

在一些复杂问题的计算中,常常需要根据问题的实际意义,对不同的结果进行不同的处理. MATLAB 软件提供 if-end 选择语句(也称控制转移语句),根据具体条件分支的方式不同,可有多种不同形式的 if-end 语句块. 根据具体问题也可允许多个 if-end 语句的嵌套使用. 这里,我们仅给出较为简单的三种条件语句块.

(1) if <条件表达式>
    语句体 1
  end
    语句体 2

条件语句块(1)的执行过程是:首先计算条件表达式的值,当条件表达式的值为逻辑真 1 时,执行语句体 1;如果条件表达式的值为逻辑假 0 时,则不执行语句体 1,转向执行 end 下面的语句体 2.执行流程如图 3.3 所示.

(2) if <条件表达式>
    语句体 1
  else
    语句体 2
  end
    语句体 3

条件语句块(2)的执行过程是:首先计算条件表达式的值,当条件表达式的值为逻辑真 1 时,执行下面的语句体 1,然后退出条件语句块,执行 end 下面的语句体 3;否则,条件表达式的值为逻辑假 0,转向执行语句

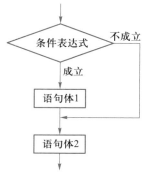

图 3.3 条件语句块(1)
的执行流程图

体 2,然后退出条件语句块,执行 end 下面的语句体 3.执行流程如图 3.4 所示.

 (3) if <条件表达式 1>

    语句体 1

  elseif <条件表达式 2>

    语句体 2

  else

    语句体 3

  end

    语句体 4

 条件语句块(3)的执行过程是:首先计算条件表达式 1 的值,若条件表达式 1 的值为逻辑真 1 时,执行下面的语句体 1,然后转向去执行 end 下面的语句体 4;否则,条件表达式 1 的值为逻辑假 0,计算条件表达式 2 的值,若条件表达式 2 的值为逻辑真 1 时,则执行语句体 2,然后转向去执行 end 下面的语句体 4;否则,条件表达式 2 的值为逻辑假 0,执行语句体 3,然后退出条件语句块,继续执行 end 下面的语句体 4.执行流程图如图 3.5 所示.

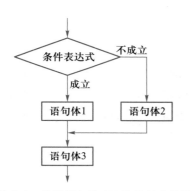

图 3.4　条件语句块(2)的执行流程图

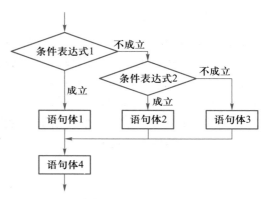

图 3.5　条件语句块(3)的执行流程图

 示例 5　已知函数

$$f(x)=\begin{cases}x+1, & -1\leqslant x<0,\\ 1, & 0\leqslant x<1,\\ x^2, & 1\leqslant x\leqslant2,\end{cases}$$

计算 $f(-1)$, $f(0.5)$, $f(1.5)$,并作出该函数的曲线图.

 实验过程　编写下面的程序,程序中三点的函数值分别存放在变量 f1,f2,f3 中.

```
y=[ ];
for x=-1:0.1:2
    if x>=-1&x<0
        y=[y,x+1];
        if x==-1
```

```
        f1 = x + 1
      end
  elseif  x >= 0 & x < 1
     y = [y,1];
     if  x == 0.5
        f2 = 1
     end
  else
     y = [y,x^2];
     if  x == 1.5
        f3 = x^2
     end
  end
end
x = -1:0.1:2;
plot(x,y)
```

执行程序后显示如图 3.6 所示的图形,并输出下面三个变量的值.

```
f1 = 0
f2 = 1
f3 = 2.2500
```

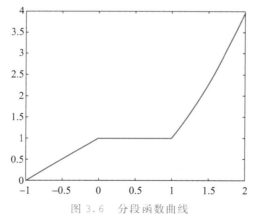

图 3.6　分段函数曲线

示例 6　用 while-end 型循环语句求小于 1000 的偶数之和与奇数之和.

实验过程　编写程序如下:

```
clear;           % 清除变量
clc;             % 清除命令行窗口
oushuhe = 0;
jishuhe = 0;
i = 1;
```

```
while i<1000
    if mod(i,2)==0
        oushuhe=oushuhe+i;
    else
        jishuhe=jishuhe+i;
    end
    i=i+1;
end
oushuhe
jishuhe
```

执行得结果

```
oushuhe=249500
jishuhe=250000
```

示例 7　输入 3 个正实数,判断以这 3 个正实数为边长能否构成三角形,若能构成三角形,利用海伦公式求其面积.

实验过程　编写程序如下:

```
A=input('请输入三角形的三条边 A=')           % 交互式输入一个包
                                             含三个元素（正
                                             数)的向量
if  A(1)+A(2)>A(3)& A(1)+A(3)>A(2)& A(2)+A(3)>A(1)
    p=(A(1)+A(2)+A(3))/2;
    s=sqrt(p*(p-A(1))*(p-A(2))*(p-A(3)));% 用海伦公式求三角
                                             形面积
    fprintf('该三角形面积为:% .4f\n', s);
else
    disp('不能构成一个三角形.')
end
```

执行的结果为

```
请输入三角形的三条边 A=[2  3  5]
A=  2    3    5
不能构成一个三角形.
```

如果重新执行程序,输入以下数据

```
请输入三角形的三条边 A=[4  5  6]
A=  4    5    6
该三角形面积为:9.9216
```

3. MATLAB 软件流程控制语句

在用 MATLAB 软件编写程序时,根据问题求解的要求,往往需要在一定条件下跳出当前循环,终止(或暂停)程序运行,这就要在编写程序时对程序流程进行控制. MAT-

LAB 软件提供的流程控制语句有 break，return，pause 等.

（1）break 语句

当 break 语句与 if-end 判断语句一起使用时，通常是用来终止包含 break 指令的最内层的 while-end 或 for-end 型循环. 其使用格式为

```
while   <条件表达式 1>
        语句体 1
        if   <条件表达式 2>
             break;
        end
end
语句体 2
```

该程序的作用是当执行到 if-end 块且条件表达式 2 的值为真时，执行 break 语句，并跳出当前 while-end 型循环，直接执行循环结构以下的语句体 2.

（2）return 语句

return 语句是为了提前终止程序，其调用格式为

```
if   <条件表达式>
     return;
end
```

该程序的作用是当执行到 if-end 块且条件表达式的值为真时，执行 return 语句，程序则被终止，提前结束程序的运行.

（3）pause 语句

pause 语句使程序暂停运行，其使用格式有两种. 一是直接使用 pause，其作用是暂停运行程序，等待用户从键盘按任意键后继续运行程序；二是使用 pause(n)，其中 n 表示暂停时间秒数，其作用是当程序执行到此语句时，暂停 n 秒后继续执行程序. 它通常可以用来放慢程序运行速度，显示程序运行的过程.

示例 8 动态显示数列极限 $\lim\limits_{n \to +\infty}\left(1+\dfrac{1}{n}\right)^n = e.$

实验过程 编写程序如下：

```
clear;clf;
hold on                                    % 开启图形保持功能以便重复画点
axis([0,150,2,2.8]);                       % 设置图形窗口坐标
grid                                       % 画出坐标网格
for n=2:2:150                              % n 从 2 开始,建立循环
    an=(1+1/n)^n;                          % 计算数列各项的值
    plot(n,an,'r.','markersize',15)        % 画出相应的坐标点,图形点的大
                                           %   小为 15
    pause(0.1);                            % 暂停 0.1 秒后继续运行
    fprintf('n=%d an=% .4f \n',n,an)       % 显示出每次计算结果
end
```

请读者自己运行该程序,观察该数列通项 $a_n = \left(1 + \dfrac{1}{n}\right)^n$ 趋于极限 e 的逼近过程.

示例 9 求 100 至 1 000 之间的全部素数.

实验过程 素数是大于 1 且除了 1 和本身以外不能被其他任何整数所整除的整数. 判断整数 m 是否为素数的一个最直接的办法是用 2, 3, 4, 5, …, sqrt(m) 这些数逐个去除 m(这不是最简单的办法!). 程序如下:

```
n=0;
for m=100:1000
   k=1;
   i=2;
   while  i<=sqrt(m)
      if  mod(m,i)==0
         k=0;
         break;
      end
      i=i+1;
   end
   if  k==1
      n=n+1;
      prime(n)=m;
   end
end
prime
```

运行结果为

```
prime =   101   103   107   109   113   127   131   137   139   149   151
157   163   167   173   179   181   191   193   197   199   211   223   227
229   233   239   241   251   257   263   269   271   277   281   283   293
307  ……
```

读者也可以用 MATLAB 软件自带的一些函数命令如 isprime 等简化上面的程序.

4. 函数调用

函数调用不但可以使主程序简明清晰,而且也可以降低程序的复杂性. 函数调用主要包括函数 M 文件的编写和函数 M 文件的调用.

编写函数 M 文件时,应包括两部分内容:

(1) 函数 M 文件定义行:位于第一行,以关键字 function 开头,函数名、输入变量及输出值都在这一行被定义,具体格式为

```
function  输出值=函数名(输入变量)
```

其中输入变量和输出值个数不限,根据自己需要定义.

(2) 函数 M 文件主体:从第二行开始编写程序,实现该函数的功能.

编写完成后,保存为 M 文件:函数名.m,其中"函数名"是本程序第一行定义的函数名.特别注意:

1)该 M 文件的名字必须和第一行定义的函数名一样,是其他程序调用该函数时的名称;

2)定义的函数 M 文件自身不能运行,要通过其他程序调用.

读者在其他窗口编写程序,调用该函数.函数文件的调用格式为

［输出值］＝函数名(输入变量)

如果输出值只有一个,可以不用中括号,如果两个以上就必须使用中括号,否则只输出第一个值.应当注意:该调用程序和函数 M 文件必须保存在同一个文件夹中,否则,运行会显示错误.也可以在函数中再嵌套其他函数.

示例 10　生成斐波那契(Fibonacci)数列.

实验过程　编写函数文件如下:

```
function   Fn=Fibonacci(n)
if   n==1
    Fn=1;
elseif   n==2
    Fn=[1  1];
else
    a=Fibonacci(n-1);Fn=[a,a(end-1)+a(end)];
end
```

将上述程序保存为 Fibonacci.m,再用下面的程序调用该函数文件.在命令行窗口中输入

```
n=11;Fn=Fibonacci(n)
```

程序运行结果为

```
Fn=1  1  2  3  5  8  13  21  34  55  89
```

示例 11　求任给数组 x 的均值与方差.

实验过程　编写函数文件如下:

```
function   [mean,stdev]=stat(x)
n=length(x);
mean=sum(x)/n;
stdev=sqrt(sum((x-mean).^2)/n);
```

将上述程序保存为 stat.m,再用下面的程序调用该函数文件.在命令行窗口中输入

```
x=[1,2,3,10];
[mean,stdev]=stat(x)
```

程序运行结果为

```
mean=4,stdev=3.5355
```

示例 12　利用函数调用求 $n!$.

实验过程　编写函数文件如下：

```
function  f=jiecheng(n)
if  n<=1
    f=1;
else
    f=jiecheng(n-1)*n;
end
```

将上述程序保存为 jiecheng.m,再用下面的程序调用该函数.

```
for i=1:10
    fac(i)=jiecheng(i);
end
fac
```

程序运行结果为

```
fac =    1          2          6          24         120
         720        5040       40320      362880     3628800
```

用户在编程时首先要有一个整体思路,然后,根据自己要实现的任务,用规范的 MATLAB 软件语言逐行编写,尽可能使自己的程序模块化,这样有利于程序调试.

练习 1

1. 下面给出一些特殊的自然数,请读者编程完成相应的任务：

(1) **水仙花数**　若一个三位自然数的各位数字的立方和等于该数本身,则称该自然数为水仙花数,例如,$153 = 1^3 + 5^3 + 3^3$,所以 153 就是一个水仙花数,编程计算小于 1 000 的所有水仙花数；

(2) **回文数**　若一个自然数从左边读和从右边读的结果是一模一样的,例如 12321,则称该自然数为回文数.对于一个自然数,若将各位数字倒序排出,加到原来的数字上,重复有限次后,若能得到一个回文数,则称该自然数能产生回文数或者对称数,例如:195 重复 4 次就可以产生一个回文数 9339,因为

195+591＝786

786+687＝1473

1473+3741＝5214

5214+4125＝9339

通过编程计算,你能找出多少个重复 6 次能产生回文数的数？又能找出多少个不能产生回文数的数？

(3) **完美数**　对于一个自然数而言,若它的真因子之和小于数本身,则称该数为盈数；若它的真因子之和大于数本身,则称该数为亏数；若它的真因子之和等于数本身,则称该数为完美数(完全数).例如:12 是亏数,14 是盈数,6 为完美数.通过编程计算,你能找出多少个完美数？

(4) **亲和数**　亲和数又称友好数,是指两个自然数中任意一个自然数的真因数之和等于另一个数,例如:220 与 284 就是一对亲和数.通过编程计算,你能找出几对亲和数？(令人惊讶的一个事实是:第二对最小的亲和数(1184,1210)曾经是意大利的一个 16 岁的男孩帕格尼尼(Paganini)在 19 世纪后期发现的.)

2. 验证"哥德巴赫(Goldbach)猜想",即:任何一个大于等于 6 的正偶数均可表示为两个素数的和. 要求编写程序,输入一个正偶数,返回两个素数的和.

3. 每门课程考试阅卷完毕,任课教师都要对各班的考试成绩进行统计,统计内容包括:全班人数,总得分,平均得分,60 分以下、60~70 分、70~80 分、80~90 分及 90 分以上的人数.请编写程序解决这一问题,并自给一组数据验证程序的正确性.要求:用户在提示下通过键盘输入学生成绩,计算机自动处理后,显示需要的结果.

4. 编写程序实现猜数游戏.首先由计算机随机产生一个[1,100]之间的一个整数,然后由用户猜测所产生的这个数.根据用户猜测的情况给出不同的提示,如果猜测的数大于产生的数,则显示"High",小于则显示"Low",等于则显示"You win!",同时退出游戏,用户最多有 7 次机会.

5. 现在星座学说越来越流行,请你编写程序,要求用户利用交互界面从键盘输入出生月日,根据提供的星座资料,计算机输出对应的星座.

附:各星座对应日期

白羊座:3/21—4/20	金牛座:4/21—5/20	双子座:5/21—6/21
巨蟹座:6/22—7/22	狮子座:7/23—8/22	处女座:8/23—9/22
天秤座:9/23—10/22	天蝎座:10/23—11/21	射手座:11/22—12/21
摩羯座:12/22—1/20	水瓶座:1/21—2/18	双鱼座:2/19—3/20

6. 绘制函数 $f(x)=\cos xe^{2\sin x}-\sin xe^{2\cos x}$,$x\in[-10,10]$ 的曲线.要求:

(1) 观察该函数在已知区间上有几个零点?有几个极值点?

(2) 编程求出函数在已知区间上的极值,精度不低于 0.01;

(3) 容易验证:该函数的周期为 2π,通过观察曲线的特点,能否设计一种方法,编程计算出该函数周期的一个近似值?(误差不超过 0.01.)

7. 已知一个长方体的长、宽、高分别为 100 cm,80 cm,60 cm,现在要将它切割成一个体积为 200 cm^3 的小长方体(假设每次切割切下的仍是一个长方体).在下面两种情况下完成实验任务:(a)每次切割的厚度在 5 cm 到 8 cm 之间;(b)每次切割的厚度为 6 cm.

(1) 对于给出的厚度条件(a)和(b),能切出要求的长方体吗?

(2) 自己设计一种切法(包括对三种面的切割顺序),算出这种切法每次切割面的面积、切割次数以及最后小长方体的边长;

(3) 在你所设计的几种切法中,哪种方法的切割面面积总和最小?

8. 已知长方形的长和宽分别为 a 和 b,分别将长和宽进行 n 等分和 m 等分,此时,该长方形被分成了 $m\times n$ 个小的长方形.

(1) 连接长方形的一条对角线,计算该对角线经过小长方形的个数;

(2) 任取三个不共线的网格交点,作一条抛物线,计算该抛物线经过小长方形的个数;

(3) 对上述两种情况,你能得出一般的结论吗?你能否将此问题推广到三维空间?

9. **科赫(Koch)曲线** 科赫曲线是由瑞典数学家科赫于 1904 年提出的,其生成方法是:先给定一条直线段 F_0,将其三等分,保留两端的线段,将中间的一段用以该线段为边的等边三角形的另外两条边代替,得到图形 F_1.然后,再对 F_1 中的每一段按照上述方法修改,直到无穷.最后得到一条具有自相似结构的折线,这就是所谓的科赫曲线,如图 3.7 所示.

(1) 试绘制科赫曲线;

(2) 将三条科赫曲线围在一起,就得到科赫雪花图形,如图 3.8 所示.试绘制科赫雪花图形.

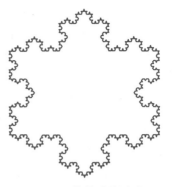

图 3.7　科赫曲线　　　　　　　　　图 3.8　科赫雪花图形

5. 曲线、曲面的动态可视化

（1）质点运动轨迹动画

MATLAB 软件中质点运动轨迹动画的命令是 comet，有下面几种常用格式：

```
comet(x,y)
```

绘制以向量 x 与 y 分别为横、纵坐标的二维质点动画轨迹.

```
comet3(x,y,z)
```

绘制以向量 x,y 与 z 分别为横、纵、竖坐标的三维质点动画轨迹.

```
comet(x,y,z,p)
```

绘制以向量 x,y 与 z 分别为横、纵、竖坐标的三维质点动画轨迹，并用输入参数 p 定义轨迹尾巴线的长度.

示例 13　质点绕单位圆周运动.

实验过程　编写程序如下：

```
t=linspace(0,2*pi,10000);
x=cos(t);
y=sin(t);
comet(x,y)
```

请读者自行执行该程序，观察运行结果.

（2）以电影播放方式显示动画

MATLAB 软件提供 getframe，moviein 和 movie 等命令实现类似于电影播放方式的动画过程，具体由 getframe 函数将当前的图片抓取为电影的画面，再由 movie 函数将动画显示出来.具体调用格式为

```
F=getframe(h)      % 截取一幅画面信息（称为动画中的一帧）形成一个列向
                     量,利用这个向量,就可以创建一个电影动画矩阵
movie(m,n)         % 播放由矩阵 m 所定义的画面 n 次,缺省 n 时默认播
                     放一次
```

示例 14　摆线（cycloid）是众多迷人的数学曲线之一，在几何上可以这样实现：一个圆沿一直线无滑动地滚动，则圆周上一固定点的轨迹称为摆线.编写程序实现摆线的生成过程.

实验过程　编写程序如下：

```
theta=linspace(0,2*pi,100);
a=linspace(0,4*pi,100);
x0=[0,0];
y0=[0,0];
for i=1:100
   x=a(i)+cos(theta);
   y=1+sin(theta);
   x0(i)=a(i)-sin(a(i));
   y0(i)=1-cos(a(i));
   plot(x,y,'r',x0(i),y0(i),'b*','linewidth',2,'markersize',8);
   hold on
   plot(x0,y0,'g','linewidth',3);
   x1=0:14;
   x2=zeros(1,15);
   y1=zeros(1,15);
   y2=linspace(0,3,15);
   plot(x1,y1,'k',x2,y2,'k');
   text(0.3,2.7,'Y')
   text(14,-0.3,'X')
   text(0,-0.3,'O')
   axis off
   hold off
   axis equal        % 设置坐标轴单位距离相等
   m(i)=getframe;
end
movie(m)
```

程序运行如图 3.9 所示. 程序执行时,可发现摆线被画了两次. 第一次是用 plot 和 getframe 命令绘制摆线的动态生成过程,并且保存画面;第二次是用 movie 命令播放所保存的画面.

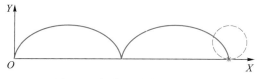

图 3.9　摆线的动态生成过程

练习 2

1. 心形线在几何上可以这样生成：一个动圆沿一个定圆圆周外部无滑动地滚动（两个圆的半径相等），动圆圆周上的一固定点运动的轨迹就是心形线，因其形状像心脏而得名. 其方程为 $\rho = a(1 - \cos\theta)$，编写程序实现心形线的生成过程.

2. 星形线的方程为 $\begin{cases} x = a\cos^3 t, \\ y = a\sin^3 t, \end{cases}$ 编写程序实现星形线的生成过程.

实验四 微积分基本运算

实验目的

1. 学会用 MATLAB 软件进行极限、导数与积分等运算.
2. 通过计算、画图等手段,加强对极限、导数与积分等数学概念的理解.
3. 了解数值积分思想,掌握几种计算复杂积分近似值的方法.

理论知识

1. 极限、连续

数列极限:对于数列 $\{a_n\}$,若存在一个常数 A,满足:对于任意的正数 $\varepsilon>0$,存在正整数 N,使得当 $n>N$ 时,有 $|a_n-A|<\varepsilon$ 成立,则称数列 $\{a_n\}$ 收敛,并以常数 A 为极限,记作 $\lim\limits_{n\to+\infty} a_n=A$. 数列若存在极限,则极限必唯一.

函数极限:函数 $f(x)$ 在 x_0 的某一去心邻域内有定义,若存在一个常数 a,满足:对于任意的正数 $\varepsilon>0$,存在正数 $\delta>0$,使得当 $0<|x-x_0|<\delta$ 时,有 $|f(x)-a|<\varepsilon$ 成立,则称函数 $f(x)$ 在 $x\to x_0$ 时以 a 为极限,或者称函数 $f(x)$ 在 $x\to x_0$ 时存在极限,记作 $\lim\limits_{x\to x_0}f(x)=a$. 类似地,可以定义左、右极限.

函数连续:若函数 $f(x)$ 在 x_0 的某一邻域内有定义,且 $\lim\limits_{x\to x_0}f(x)=f(x_0)$,则称函数 $f(x)$ 在 x_0 处连续,x_0 称为函数 $f(x)$ 的连续点.类似地,可以定义左、右连续.

不连续的点称为间断点.间断点可分为第一类间断点和第二类间断点.第一类间断点又包括可去间断点与跳跃间断点.

2. 导数

函数 $f(x)$ 在 x_0 的某一邻域内有定义,若极限 $\lim\limits_{x\to x_0}\dfrac{f(x)-f(x_0)}{x-x_0}$ 存在,则称函数 $f(x)$ 在 x_0 处一阶可导,并称此极限值为函数 $f(x)$ 在 x_0 处的一阶导数,记为 $f'(x_0)$,即

$$f'(x_0)=\lim\limits_{x\to x_0}\frac{f(x)-f(x_0)}{x-x_0}.$$

类似地,可定义左、右导数以及高阶导数.可导函数在可导点的导数值在几何上就是函数相应的曲线在该点处切线的斜率.可导函数必是连续函数,反之不成立.

对于在区间 $[a,b]$ 上一阶可导的函数 $f(x)$,若 $f'(x)>0$,则函数 $f(x)$ 在区间 $[a,b]$ 上单调上升;若 $f'(x)<0$,则函数 $f(x)$ 在区间 $[a,b]$ 上单调下降.可导函数 $f(x)$ 在可导点 x_0 处取得极值的必要而非充分条件是 $f'(x_0)=0$.

对于在区间 $[a,b]$ 上二阶可导的函数 $f(x)$,若 $f''(x)>0$,则函数 $f(x)$ 在区间 $[a,b]$ 上上凹(下凸);若 $f''(x)<0$,则函数 $f(x)$ 在区间 $[a,b]$ 上下凹(上凸).对于满足条件 $f'(x_0)=0$ 的点 x_0,若 $f''(x_0)>0$,则函数 $f(x)$ 在 x_0 处取极小值;若 $f''(x_0)<0$,则函数

$f(x)$ 在 x_0 处取极大值.

3. 积分

不定积分：函数 $f(x)$ 在区间 I 上有定义,若存在函数 $F(x)$,使得 $F'(x) = f(x)$,则称 $F(x)$ 为 $f(x)$ 的一个原函数. 称 $f(x)$ 所有原函数的一般表达式 $F(x) + C$ 为 $f(x)$ 的不定积分,记为 $\int f(x)\mathrm{d}x = F(x) + C$.

定积分：函数 $f(x)$ 在区间 $[a,b]$ 上有定义,若对于区间 $[a,b]$ 的任意划分 $a = x_0 < x_1 < x_2 < \cdots < x_n = b$, $d = \max\limits_{0 \leqslant i \leqslant n-1}\{x_{i+1} - x_i\}$, 以及任意取值 $\xi_i \in [x_i, x_{i+1}]$, $i = 0, 1, \cdots, n-1$, 极限 $\lim\limits_{d \to 0}\sum\limits_{i=0}^{n-1} f(\xi_i)(x_{i+1} - x_i)$ 存在且唯一,则称函数 $f(x)$ 在区间 $[a,b]$ 上可积,并称极限值为 $f(x)$ 在区间 $[a,b]$ 上的定积分,记作 $\int_a^b f(x)\mathrm{d}x$.

若 $F(x)$ 是 $f(x)$ 的一个原函数,则有牛顿–莱布尼茨公式

$$\int_a^b f(x)\mathrm{d}x = F(b) - F(a).$$

实验内容

MATLAB 软件除了可以进行一些简单数值运算之外,还可以进行简单的符号运算,同时也提供了几乎所有与微积分运算相关的函数和命令,使用非常方便.

1. 用 MATLAB 软件进行函数运算

MATLAB 软件可以建立一元或多元数值函数,进而可以求解相关数学问题,包括求函数值、函数的零点、函数的极值、数值积分等.

（1）数值函数的建立

利用 MATLAB 软件建立数值函数有以下两种方式:

1）inline（内联函数）命令,其使用格式为

```
f=inline('函数表达式','变量名')        % 以指定变量名建立一元数值函数,如果没有变
                                         量名则默认变量为 x
g=inline('函数表达式','变量名','变量名')  % 以指定变量名建立二元数值函数
```

2）function 创建 M 函数,其使用格式为

```
function  [y1,y2]=funname(x,y,a,n)
```

其中 function 为关键字,表示定义函数;[y1,y2] 为输出变量列表;funname 为自定义的函数名;(x,y,a,n) 为函数参数,用来传递相关数值. 保存时,要求用 funname 作为函数名.

（2）求函数值

示例 1　请读者在命令行窗口运行以下程序:

```
f=inline('2*x^3-3');        % 定义一元函数 f(x)=2*x^3-3
f(2)                        % 求函数 f(x)在 x=2 处的函数值
```

```
g=inline('x^y-1','x','y');    %定义二元函数g(x,y)=x^y-1
g(2,3)                        %求函数g(x,y)在x=2,y=3处的函数值
```

示例2　建立符号函数 `sgn(x)`,并计算 `sgn(10)`,`sgn(-2)`.

实验过程　在编辑器窗口编写以下程序:

```
function sn=sgn(x)
if x>0
    sn=1;
elseif x==0
    sn=0;
else
    sn=-1;
end
```

以 `sgn` 作为文件名保存,即建立了符号函数.在命令行窗口执行命令

```
sn10=sgn(10)
sn=sgn(-2)
```

运行结果为

```
sn10=1
sn=-1
```

（3）求函数零点

MATLAB 软件可以解方程 $f(x)=0$,其使用格式为

```
c=fzero(f,x0)        %求f=0在x=x0附近的近似解c
c=fzero(f,[a,b])     %求f=0在区间[a,b]上的近似解c,要求f(a)和
                       f(b)必须异号
c=roots(p)           %求以向量p的元素为系数(按降幂排列)的多项式的根
```

MATLAB 软件还可以求解多元函数 $u(x,y)$ 的零点.例如求解二元函数 $u=x^2+y^2-xy+x-2y+1$ 在 $(0,0)$ 附近的零点,先用 `inline` 定义函数 u,

```
u=inline('x(1)^2+x(2)^2-x(1)*x(2)+x(1)-2*x(2)+1')
```

这里需要注意,变量必须用数组定义.再调用以下命令:

```
c=fsolve(u,[0,0])    %求多元函数u在初值[0,0]附近的零点c
```

运行结果为

```
c=-0.0004    0.9996
```

示例3　解方程 $\sin 4x = \ln x$.

实验过程　执行以下程序:

```
f=inline('sin(4*x)-log(x)','x');
c=fzero(f,0.1)
```

运行结果为

```
c=NaN
```

如果将 `x0` 的取值由 0.1 改成 0.6,则运行结果为

```
c=0.8317
```

这就是说,fzero 命令与迭代初值 x0 的取法有很大关系.因此,为了求方程的近似解,常常先画出函数的图像,观察近似解的分布范围,再利用 fzero 命令求解.运行如下程序:

```
f = inline('sin(4*x)-log(x)');
fplot(f,[0 5])      % 绘制函数的曲线
grid
```

可得函数的图像如图 4.1 所示.从图 4.1 可以发现,$f(x) = 0$ 在定义域内有三个根,分别在区间[0.5,1],[1.5,2]和[2,2.5]上,因此我们可以用 fzero 求出它的三个近似解.

```
f = inline('sin(4*x)-log(x)');
x1 = fzero(f,0.7)
x2 = fzero(f,[1.5,2])
x3 = fzero(f,[2,2.5])
```

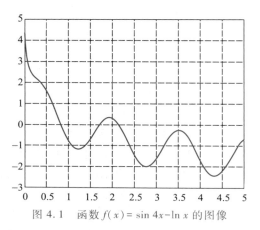

图 4.1   函数 $f(x) = \sin 4x - \ln x$ 的图像

运行结果为

```
x1 = 0.8317
x2 = 1.7129
x3 = 2.1400
```

示例 4   求函数 $f(x) = x^5 + x - 1$ 的零点.

实验过程   画出函数 $f(x)$ 的图像,发现零点在区间[0,1]之内,以向量形式输入多项式系数(次数由高到低),再用命令 roots 求零点.

```
p = [1,0,0,0,1,-1];
c = roots(p)
```

运行后显示

```
c = -0.8774 + 0.7449i
    -0.8774 - 0.7449i
     0.5000 + 0.8660i
     0.5000 - 0.8660i
```

```
0.7549+0.0000i
```

运行结果显示该方程有两组共轭复根和一个实根.

（4）求函数的最大、最小值

MATLAB 软件有专门求函数的最小值点和最小值的命令，其使用格式为

```
[x,y]=fminbnd(f,a,b)      % 求一元函数 f 在区间（a,b)内的最小值点 x 及
                               最小值 y
[x,y]=fminsearch(f,x0)    % 求多元函数 f 在点 x0 附近的最小值点 x 及最
                               小值 y
```

示例 5 执行以下程序：

```
y=inline('2*x^3-x+5');
[xmin,ymin]=fminbnd(y,-1,1)
```

运行结果为

```
xmin=0.4082
ymin=4.7278
```

运行结果显示函数 y 在 x=0.4082 处取得最小值 4.7278.

MATLAB 软件没有给出求函数最大值的命令. 请读者思考，如何求函数的最大值点及最大值？

练习1

1. 求莱昂纳多（Leonardo）方程 $x^3+2x^2+10x-20=0$ 的根.

2. 求方程 $x^3+x^2-4x+1=0$ 的所有根.

3. 求方程 $e^x+10x-2=0$ 的根.

4. 求方程 $x^5+0.1x-32=0$ 的根.

5. 求下列函数在指定区间上的最大值和最小值.

（1）$f(x)=\sin^3 x+\cos^3 x, x\in\left[\dfrac{\pi}{6}, \dfrac{3}{4}\pi\right]$.

（2）$f(x)=\dfrac{x-1}{x+4}, x\in[0,4]$.

2. 用 MATLAB 软件进行符号运算

MATLAB 软件可通过符号数学工具箱（Symbolic Math Toolbox），使用字符串进行符号分析与符号运算. MATLAB 软件符号运算可以看成是对数学表达式中的"参数"进行运算，因此在进行符号运算时，首先需要定义基本的符号变量，然后利用这些基本的符号变量去构成新的表达式进行运算. 定义符号变量的指令有 sym 和 syms，具体使用格式为

```
syms  x  y      % 把 x 和 y 定义为符号变量，多个符号变量之间用空格隔开，不
                    能用逗号分开
sym('x')        % 定义 x 为符号变量
```

MATLAB 软件首选的符号变量是 x，如果运算中指定符号变量，则按照指定变量进

行操作. MATLAB 软件对符号表达式进行化简、因式分解以及求复合函数与反函数的常见命令有

```
1）collect          % 合并同类项
2）expand           % 展开表达式
3）factor           % 因式分解
4）numden           % 得到表达式的分子、分母
5）simplify         % 化简符号表达式
6）compose          % 求两个函数的复合函数
7）finverse         % 求函数的反函数
8）eval             % 符号表达式求值
```

示例 6　对多项式 $f = x^4 - 5x^3 + 5x^2 + 5x - 6$ 进行因式分解.

实验过程　在命令行窗口输入以下程序：

```
syms x;                             % 定义符号变量 x
f = x^4 - 5 * x^3 + 5 * x^2 + 5 * x - 6;   % 定义符号函数 f
factor ( f )                        % 因式分解 f
x = 4;
zhi = eval ( f )                    % 求函数 f 在 x = 4 的函数值
```

运行结果为

```
ans = [ x-1, x-2, x-3, x+1 ]
zhi = 30
```

注意　`factor(f)` 命令的作用：若 f 是自然数，则产生由自然数 f 的所有素数构成的行向量；若 f 是多项式，则产生由含多项式 f 的所有最简整式因子构成的行向量，如示例 6 中多项式 f = (x-1)(x-2)(x-3)(x+1).

示例 7　设 $f = x^3 - x, g = \sin 2x$，求 $f(g)$，$g(f)$，$f(f)$，g 的反函数.

实验过程

```
syms x;
f = x^3 - x;
g = sin ( 2 * x );
h1 = compose ( f, g )      % 求复合函数 f ( g )
h2 = compose ( g, f )      % 求复合函数 g ( f )
h3 = compose ( f, f )      % 求复合函数 f ( f )
h4 = finverse ( g )        % 求 g 的反函数
[ n, d ] = numden ( h4 )   % 求 h4 的分子 n 及分母 d
```

运行结果为

```
h1 = sin ( 2 * x )^3 - sin ( 2 * x )
h2 = -sin ( -2 * x^3 + 2 * x )
h3 = x - ( -x^3 + x )^3 - x^3
h4 = asin ( x ) / 2
n = asin ( x )
```

d = 2

注意 通过比较、分析执行结果 h1 和 h2,不难发现命令 compose(f,g)与 compose(g,f)的区别.

示例 8 请用户在命令行窗口执行以下程序:

```
syms x;
f = x^2+1;
x = 2;
f1 = eval(f)
```

运行结果为

f1 = 5

MATLAB 软件中求级数和的命令使用格式如下:

```
symsum(f,v,a,b)        % 求通项 f 关于符号变量 v 从 a 到 b 取整数的有限项
                         和,若 b 是正无穷大,则记为 inf
```

示例 9 计算 $\sum\limits_{n=0}^{100}\left[an^3+(a-1)n^2+bn+2\right]$.

实验过程

```
syms n a b;
f = a*n^3+(a-1)*n^2+b*n+2;
symsum(f,n,0,100)
```

运行结果为

ans = 25840850*a+5050*b-338148

MATLAB 软件求解代数方程(组)的命令是 solve,其使用格式为

```
a = solve(f)             % 求方程 f = 0 的符号解
a = solve(f,var)         % 求方程 f = 0 关于指定变量 var 的符号解
a = solve(f1,f2,…)      % 求方程组 f1 = 0,f2 = 0,… 关于默认变量的符号解
```

示例 10 求二元方程 $ax^2+bx+c=0$ 的符号解.

实验过程

```
syms a b c x
f = a*x^2+b*x+c;
solve(f,x)            % 求方程 f = 0 关于变量 x 的符号解
solve(f,a)            % 求方程 f = 0 关于变量 a 的符号解
```

运行结果为

```
ans = -(b+(b^2-4*a*c)^(1/2))/(2*a)
      -(b-(b^2-4*a*c)^(1/2))/(2*a)
ans = -(c+b*x)/x^2
```

示例 11 求方程组 $\begin{cases}x+y=1,\\x-y=5\end{cases}$ 的解.

实验过程

```
syms x y
```

```
S=solve(x+y==1,x-y==5)
```

运行结果为

```
S=x:[1x1 sym]
  y:[1x1 sym]
```

输出结果为一个 Cell 结构,里面含有两个变量 x 和 y,分别访问,得到结果如下:

```
S.x                      % 访问 x
  ans=3
S.y                      % 访问 y
  ans=-2
```

在有些特殊情况下,需要将数值变量转换成符号变量,或者将符号变量转换成数值变量,为此,MATLAB 软件提供了一些数值运算和符号运算之间的转换命令,常用的命令有:

```
sym(x)    % 该命令将数值变量 x 转换成符号变量
double(x)  % 该命令将符号变量 x 转换成数值变量
subs(S,old,New)  % 该命令将符号表达式 S 中的 old 符号变量用 New 代
                   替,缺省 old,是指 S 中的默认变量
```

下面通过 4 个示例示范具体使用方法.

示例 12　在命令行窗口执行以下程序:

```
clear                   % 清除变量窗口
A=[1,2;3,4];
B=sym(A)                 % 将数值变量 A 转换成符号变量
whos                     % 查询所有变量的类型
```

运行结果为

```
B=[1,2]
  [3,4]
```

```
Name      Size      Bytes     Class       Attributes
 A        2x2        32       double
 B        2x2         8        sym
```

示例 13　请读者在命令行窗口执行以下程序,查看并分析其运行结果.

```
clear
x=sym('1/3')
y=double(x)
whos
```

示例 14　在命令行窗口执行以下程序:

```
syms x y z;
f=x^2+2*x*exp(x)+y
g=subs(f,x,z)          % 将符号函数 f 中的符号变量 x 替换成 z
g1=subs(g,z,1)         % 将符号函数 g 中的符号变量 z 用数值 1 代替
```

```
x = 2 ; y = 3 ;
f1 = eval ( f )
whos f f1 g g1
```

运行结果为

```
f = y+2 * x * exp ( x )+x^2
g = y+2 * z * exp ( z )+z^2
g1 = y+2 * exp ( 1 )+1
f1 = 36.5562
```

Name	Size	Bytes	Class	Attributes
f	1x1	8	sym	
f1	1x1	8	double	
g	1x1	8	sym	
g1	1x1	8	sym	

示例 15 在命令行窗口执行以下程序：

```
syms x
f = x^2-2 * x+sin ( x );
df = diff ( f,x );
figure ( 1 )
ezplot ( df )      % 绘制符号函数 df 的图形
figure ( 2 )
t = -4:0.1:4 ;
df1 = subs ( df,t )
plot ( t,df1 )
```

请用户自行运行结果.

练习 2

1. 因式分解 $f = x^6 - 1$.

2. 验证恒等式 $\sin(x+y) = \sin x \cos y + \cos x \sin y$.

3. 化简表达式 $\sin^2 x + 2\sin x \cos x + \cos^2 x - 1$.

4. 设 $f = \dfrac{3}{2} x^2 + \dfrac{1}{5}$,试提取该表达式的分子和分母.

5. 设 $f = e^{x^2} + \sin x \cos 2x$,定义 f 分别为数值函数和符号函数,求 $f(2), f(1.5)$.

6. 设 $g = x^2 + 2e^x + e^{-x}$,求 g', g'',并绘制 g', g'' 的图形.

7. 求和:(1) $\displaystyle\sum_{n=1}^{\infty} \dfrac{1}{n^2}$;   (2) $\displaystyle\sum_{n=0}^{\infty} x^n$.

8. 求以下方程组的解:

$$\begin{cases} x^2 - y = a, \\ x + y = b, \end{cases}$$

其中 a, b 是参数,x, y 是变量.

9. 画出下面两个椭圆的图形,并求出所有交点的坐标:

$$(x-2)^2+(y+2x-3)^2=5, \quad 18(x-3)^2+y^2=36.$$

3. 用 MATLAB 软件进行极限、导数与积分运算

3.1 求函数极限

MATLAB 软件求函数极限的命令是 limit,使用该命令前要用 syms 命令做相关符号变量说明.具体使用格式如下:

```
limit(F,x,a)            % 求函数 F 在符号变量 x 趋于 a 的极限
limit(F,a)              % 求函数 F 在符号变量 findsym(F)趋于 a 的极限
limit(F)                % 默认 a=0
limit(F,x,a,'left')     % 求函数 F 在符号变量 x 趋于 a 的左极限
limit(F,x,a,'right')    % 求函数 F 在符号变量 x 趋于 a 的右极限,这里 x
                        %   和 a 都可以使用默认值
```

示例 16 求下列函数的极限:

(1) $\lim\limits_{x\to 0}\dfrac{\cos x-\mathrm{e}^{-\frac{x^2}{2}}}{x^4}$;

(2) $\lim\limits_{x\to +\infty}\left(1+\dfrac{2t}{x}\right)^{3x}$;

(3) $\lim\limits_{x\to 0^+}\dfrac{1}{x}$;

(4) $\lim\limits_{x\to 0}\dfrac{2^x-\ln 2^x-1}{1-\cos x}$.

实验过程 在 MATLAB 软件的命令行窗口中逐次输入以下命令即可求得相应极限.

(1) 执行命令

```
syms x
limit((cos(x)-exp(-x^2/2))/x^4,x,0)
```

运行结果为

```
ans=-1/12
```

(2) 执行命令

```
syms x t
limit((1+2*t/x)^(3*x),x,inf)
```

运行结果为

```
ans=exp(6*t)
```

(3) 执行命令

```
syms x
limit(1/x,x,0,'right')
```

运行结果为

```
ans=inf
```

(4) 执行命令

```
syms x
limit((2^x-log(2^x)-1)/(1-cos(x)),x,0)
```

运行结果为

```
ans=log(2)^2
```

示例 17　验证两个重要极限:

(1) $\lim\limits_{x \to 0} \dfrac{\sin x}{x} = 1$;　　　　　　(2) $\lim\limits_{x \to 0} (1+x)^{\frac{1}{x}} = e \approx 2.718\,28\cdots$.

实验过程　在 MATLAB 软件的命令行窗口中逐行执行下面的命令:

```
syms x
limit(sin(x)/x)
limit((1+x)^(1/x))
```

分别返回两个极限值:

```
ans = 1
ans = exp(1)
```

图 4.2 显示了两个极限分别逼近一个确定值的部分过程.

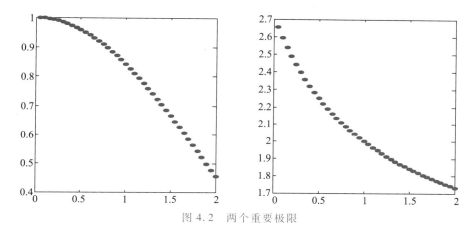

图 4.2　两个重要极限

示例 18　通过画图观察下面三个极限,进一步理解振荡间断点、跳跃间断点的概念和无穷大量与无界量之间的关系.

(1) $\lim\limits_{x \to 0} \cos \dfrac{1}{x}$;

(2) $f(x) = \begin{cases} \dfrac{x^2 - 1}{x - 1}, & x < 1, \\[2mm] \dfrac{1}{x}, & x > 1, \end{cases}$　$\lim\limits_{x \to 1} f(x)$;

(3) $\lim\limits_{x \to 0} \dfrac{1}{x} \sin \dfrac{1}{x}$.

实验过程　(1) 编写程序如下:

```
a = 0.001;
b = 0.00002
rx = a:-b:0.00001
ry = cos(1./rx)
lx = -rx
```

```
ly=cos(1./lx)
plot(lx,ly,rx,ry)
```

执行后显示图形 4.3. 我们容易看到：在 x 逐渐趋于 0 的过程中，$\cos\dfrac{1}{x}$ 的值在 -1 与 1 之间来回振荡，这与 $x=0$ 是函数 $\cos\dfrac{1}{x}$ 的振荡间断点是一致的（注意：图中横坐标是 10^{-3} 级）.

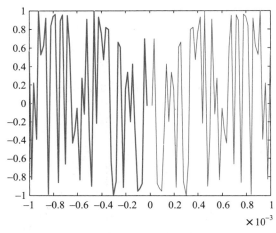

图 4.3　$x=0$ 是振荡间断点

（2）编写程序如下：

```
rx=4:-0.0001:1.0001;
ry=1./rx;
lx=-1:0.0001:0.9999;
ly=(lx.^2-1)./(lx-1);
plot(lx,ly,rx,ry)
```

执行后显示图 4.4 所示图形. 从图形中我们可以看到：当自变量 x 从左、右两侧分别趋于 1 时，函数 $f(x)$ 从左、右两侧分别趋于 2 和 1，这与 $x=1$ 是函数 $f(x)$ 的跳跃间断点相一致. 而且我们也可以看到：若 $x=x_0$ 是函数 $f(x)$ 的跳跃间断点，则当 x 从左、右两侧

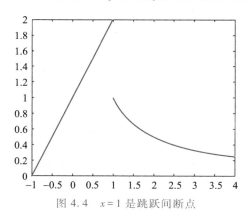

图 4.4　$x=1$ 是跳跃间断点

分别充分逼近 x_0 时,函数 $f(x)$ 相应的曲线在 $x = x_0$ 处总是有一个非零"跨度". 由此,跳跃间断点的定义自然得来.

(3) 通过简单编程(读者自己完成),可得当 $x \in (0, 0.000\,2]$ 时,函数 $\dfrac{1}{x} \sin \dfrac{1}{x}$ 的图形如图 4.5 所示.

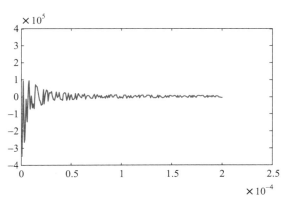

图 4.5 无界量非无穷大量

从图 4.5 中可以看到:在自变量 x 从右侧趋于 0 时,函数 $\dfrac{1}{x} \sin \dfrac{1}{x}$ 的函数值并不是趋于无穷大的. 在 $x = 0$ 点的任意一个去心邻域内,$\dfrac{1}{x} \sin \dfrac{1}{x}$ 是一个无界量,但在 $x \to 0$ 时,$\dfrac{1}{x} \sin \dfrac{1}{x}$ 不是一个无穷大量(注意:图 4.5 中横坐标是 10^{-4} 级,纵坐标是 10^5 级).

练习 3

1. 求下列函数的极限:

(1) $\lim\limits_{x \to +\infty} \left[\left(x^3 - x^2 + \dfrac{x}{2} \right) e^{\frac{1}{x}} - \sqrt{x^6 + 1} \right]$;

(2) $\lim\limits_{x \to +\infty} \dfrac{(x+2)^{x+2} \cdot (x+3)^{x+3}}{(x+5)^{2x+5}}$;

(3) $\lim\limits_{x \to +\infty} \left(\sin \dfrac{1}{x} + \cos \dfrac{1}{x} \right)^x$;

(4) $\lim\limits_{n \to +\infty} \dfrac{1}{(\ln \ln n)^{\ln n}}$.

3.2 求函数导数

MATLAB 软件求函数导数的命令是 diff. 若 F 是一个已经定义过的函数表达式,则具体使用格式如下:

```
diff(F,x)      % 表示对表达式 F 求关于符号变量 x 的一阶导数. 此时允许表达式
               F 含有其他符号变量, 若上面的 x 缺省, 则表示对由命令 syms
               定义的变量求一阶导数
diff(F,x,n)    % 表示对表达式 F 关于符号变量 x 求 n 阶导数. 当 F 为多元向量
               函数时, jacobian(F,x) 表示求函数 F 的雅可比矩阵
```

示例 19 按要求实现下面的求导运算:

（1）已知 $y = e^{2x} \ln(x^2+1) \tan(-x)$，求 y'，$y^{(3)}$；

（2）已知 $z = (x^2+y^2) e^{\frac{x^2+y^2}{xy}}$，求 $\dfrac{\partial z}{\partial x}$，$\dfrac{\partial^2 z}{\partial x^2}$，$\dfrac{\partial^2 z}{\partial x \partial y}$.

实验过程　在 MATLAB 软件的命令行窗口中逐次输入下面的命令即可得到要求的导函数（答案请读者自己在计算机上操作得到，此处略去）.

（1）
```
syms x
y=exp(2*x)*log(x^2+1)*tan(-x);
diff(y,x)
diff(y,x,3)
```

（2）
```
syms x y;
z=(x^2+y^2)*exp((x^2+y^2)/(x*y));
diff(z,x)
diff(z,x,2)
diff(diff(z,x),y)
```

示例 20　已知摆线的参数方程为 $\begin{cases} x = a(t-\sin t), \\ y = a(1-\cos t), \end{cases}$ 求 $\dfrac{dy}{dx}$，$\dfrac{d^2y}{dx^2}$.

实验过程　若求用参数方程表示的函数的导数，则利用求导法则分别计算 x, y 关于 t 的导数，再相除即可.

```
syms a t
x=a*(t-sin(t));
y=a*(1-cos(t));
dx=diff(x,t);
dy=diff(y,t);
dd=dy/dx
pretty(dd)               % 用手写格式输出一阶导数
dy2=diff(dd,t);
dd2=dy2/dx               % 求二阶导数
simplify(dd2)            % 化简二阶导数表达式,并输出
```

运行结果为
```
dd=-sin(t)/cos(t)-1
   sin(t)
- ---------
   cos(t)-1
dd2=(sin(t)^2/(cos(t)-1)^2+cos(t)/(cos(t)-1))/(a*(cos(t)-1))
ans=-1/(a*(cos(t)-1)^2)
```

示例 21　求 $e^y + xy - e^x = 0$ 所确定的隐函数 $y = y(x)$ 的导数 $\dfrac{dy}{dx}$.

实验过程　利用隐函数求导公式，分别计算二元函数 $f = e^y + xy - e^x$ 关于 x, y 的偏导数，再相除.

```
syms x y
f=exp(y)+x*y-exp(x);
dfx=diff(f,x);
dfy=diff(f,y);
dyx=-dfx/dfy
```

运行结果

```
dyx=-(y-exp(x))/(x+exp(y))
```

示例 22　已知函数 $f(x)=\mathrm{e}^{\frac{x}{2}}\sin 2x$，$x\in[2,3\pi]$．使用 MATLAB 软件，完成下面的实验任务：

（1）求出函数 $f(x)$ 的一阶导函数、二阶导函数，并画出它们相应的曲线；

（2）观察函数的单调区间、凹凸区间、极值点以及拐点，进一步掌握导数在研究函数性态方面的应用．

实验过程　（1）显然，该函数在定义域上处处可导．执行下面的命令可得该函数的一阶导函数：

```
syms x
diff(exp(1/2*x)*sin(2*x),x)
```

执行结果是

```
ans=2*cos(2*x)*exp(x/2)+(sin(2*x)*exp(x/2))/2
```

再继续执行

```
diff(2*cos(2*x)*exp(x/2)+(sin(2*x)*exp(x/2))/2,x)
```

或者执行复合命令

```
diff(diff(exp(1/2*x)*sin(2*x),x),x)
```

即得函数 `f(x)` 的二阶导数

```
ans=2*cos(2*x)*exp(x/2)-(15*sin(2*x)*exp(x/2))/4
```

（2）执行下面的程序，我们很容易地观察到函数的单调区间、凹凸区间、极值点以及拐点．

```
x=2:0.1:3*pi;
y1=exp(x/2).*sin(2*x);
y2=2*cos(2*x).*exp(x/2)+(sin(2*x).*exp(x/2))/2;
y3=2*cos(2*x).*exp(x/2)-(15*sin(2*x).*exp(x/2))/4;
y4=zeros(1,length(x));
plot(x,y1,'m*-',x,y2,'mp-',x,y3,'m<-',x,y4)
legend('y=f(x)','一阶导函数','二阶导函数')  % 在当前图形内建立图例说
```

明框

从图 4.6 中可以清楚地看到：在函数单调上升的区间上，一阶导数大于零，在函数单调下降的区间上，一阶导数小于零．当函数取得极值时，一阶导函数曲线就与 x 轴相交（一阶导数等于零），在极大值点处二阶导数小于零，在极小值点处二阶导数大于零，同理论完全一致．

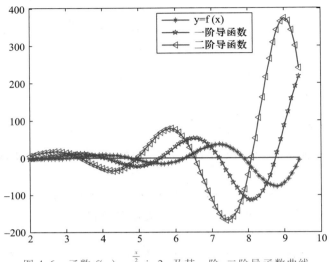

图 4.6　函数 $f(x) = e^{\frac{x}{2}} \sin 2x$ 及其一阶、二阶导函数曲线

练习4

1. 利用 MATLAB 软件求下列函数的导数：

（1）已知 $y = \dfrac{\sqrt{x+2}\,(3-x)^4}{(x+1)^5}$，求 $y'\Big|_{x=\frac{1}{2}}$；

（2）已知 $y = \sqrt{x\sin\sqrt{3^{e^x - \ln x}}}$，求 y''；

（3）已知 $u = (\arccos v)^2 \ln^2(\arccos v)$，求 $\dfrac{du}{dv}, \dfrac{d^2 u}{dv^2}$；

（4）已知 $u = (x-y)^z$，$z = x^2 + y^2$，求 $\dfrac{\partial u}{\partial x}, \dfrac{\partial u}{\partial y}, \dfrac{\partial^2 u}{\partial x \partial y}$.

2. 已知函数 $y = x^2 \sin(x^2 - x - 2)$，$x \in [-2, 2]$，按要求完成下面的任务：

（1）用 MATLAB 软件求函数 y 的一阶、二阶导函数；

（2）画出函数 y 及其一阶、二阶导函数曲线，观察单调区间、凹凸区间、极值点和拐点等；

（3）用区间二分法找出函数的一个零点、三个极值点和三个拐点，与其相应的理论值比较.

3.3　求函数积分

MATLAB 软件求符号函数积分的命令是 int，具体使用格式如下：

```
int(f)        % 求函数 f 关于 syms 定义的符号变量的不定积分
int(f,v)      % 求函数 f 关于变量 v 的不定积分
int(f,a,b)    % 求函数 f 关于 syms 定义的符号变量从 a 到 b 的定积分
int(f,v,a,b)  % 求函数 f 关于变量 v 从 a 到 b 的定积分.若 b 是正无穷大,
                 则记为 inf;若 a 是负无穷大,则记为-inf
```

示例 23　使用 MATLAB 软件，完成下列积分运算：

（1）求不定积分 $\displaystyle\int x^3 e^{-x^2} dx$ 和 $\displaystyle\int \dfrac{dx}{x\sqrt{x^2 + 1}}$；

（2）求定积分 $\int_{\frac{\pi}{4}}^{\frac{\pi}{3}}\dfrac{x}{\sin^2 x}\mathrm{d}x$ 和 $\int_{0}^{\frac{\pi}{2}}\sin^4 x\cos^2 x\mathrm{d}x$；

（3）计算反常积分 $\int_{1}^{+\infty}\dfrac{1}{x^4}\mathrm{d}x$ 和 $\int_{1}^{2}\dfrac{1}{x\sqrt{\ln x}}\mathrm{d}x$；

（4）求二重积分 $\int_{0}^{1}\int_{y}^{\sqrt{y}}x\sin x\mathrm{d}x\mathrm{d}y$；

（5）求三重积分 $\int_{0}^{1}\int_{0}^{x}\int_{0}^{xy}xyz\mathrm{d}z\mathrm{d}y\mathrm{d}x$.

实验过程　在 MATLAB 软件的命令行窗口中逐行输入下面的命令：

（1）syms x

    int（x^3＊exp（-x^2），x）

    int（1／（x＊sqrt（x^2+1）），x）

执行后得

ans＝-（exp（-x^2）＊（x^2+1））/2

ans＝-atanh（（x^2+1）^（1/2））

注意　MATLAB 软件不自行添加积分常数 C.

（2）syms x

    jf1＝int（x／sin（x）^2，x，pi／4，pi／3）

    jf2＝int（sin（x）^4＊cos（x）^2，x，0，pi／2）

执行后得

jf1＝pi／4+log（（2^（1/2）＊3^（1/2））/2）-（pi＊3^（1/2））/9

jf2＝pi／32

（3）syms x y a

    f＝1／（x^4）；

    b1＝int（f，x，1，inf）

    g＝1／（x＊sqrt（log（x）））；

    y＝int（g，x，1+a，2）；

    b2＝limit（y，a，0，'right'）

执行后得

b1＝1／3

b2＝2＊log（2）^（1/2）

（4）syms x y

    f＝x＊sin（x）；

    int（int（f，x，y，sqrt（y）），y，0，1）

执行后得

ans＝5＊sin（1）-4＊cos（1）-2

（5）syms x y z

    f＝x＊y＊z；

    int（int（int（f，z，0，x＊y），y，0，x），x，0，1）

执行后得

```
ans = 1 / 64
```

练习 5

1. 使用 MATLAB 软件求下列积分：

$(1) \int \dfrac{x\cos x}{\sin^3 x}dx;$ $\qquad$ $(2) \int \tan x dx;$

$(3) \int e^{ax}\sin bx dx;$ $\qquad$ $(4) \int_0^{\frac{\pi}{6}} \dfrac{dx}{1+8\sin^2 x}.$

2. 自己选取 m, n，用多个方法验证下面结论：

$$\int_{-\pi}^{\pi} \sin mx \sin nx dx = \begin{cases} 0, m \neq n, \\ \pi, m = n, \end{cases} m, n \in \mathbf{N}_+.$$

4. 用 MATLAB 软件进行函数展开

MATLAB 软件求函数泰勒(Taylor)展开式的命令格式如下：

```
taylor(f)                    % 求函数 f 的 5 阶麦克劳林(Maclaurin)展开式
taylor(f,'order'n)           % 求函数 f 的 n-1 阶(n 项)麦克劳林展开式
taylor(f,a)                  % 求函数 f 在 x=a 处的 5 阶泰勒展开式
taylor(f,n,a)                % 求函数 f 在 x=a 处的 n-1 阶泰勒展开式
taylor(f,x,x0,'order',n)     % 求函数 f 在 x=x0 处的 n-1 阶泰勒展开式
```

示例 24   求函数 $y = \dfrac{x^2}{1+x}$ 在 $x=1$ 处的 7 阶泰勒展开式.

实验过程   执行下面的命令：

```
syms x
y = x^2 / (1+x)
taylor(y,x,1,'order',8)
```

执行后得

```
ans = (3 * x)/4 + (x-1)^2/8 - (x-1)^3/16 + (x-1)^4/32 - (x-1)^5/64 +
(x-1)^6/128 - (x-1)^7/256 - 1/4
```

示例 25   求函数 $y = \sin x$ 的麦克劳林展开式，画图观察分别用不同次数的泰勒多项式代替函数 $y = \sin x$ 的近似程度，并计算 $\sin \dfrac{\pi}{5}$ 的近似值.

实验过程   执行下面的命令，分别得到 $y = \sin x$ 在 $x = 0$ 处的不同次数的泰勒展开式(注意：因为 $\sin x$ 是奇函数，所以它的泰勒展开式中没有偶次项).

```
syms x
taylor(sin(x),'order',3)
taylor(sin(x),'order',5)
taylor(sin(x),'order',7)
taylor(sin(x),'order',9)
```

执行后得

```
ans = x
ans = -x^3/6+x
ans = x^5/120-x^3/6+x
ans = -x^7/5040+x^5/120-x^3/6+x
```

画图程序如下：

```
xs1 = [ 1,0];
xs3 = [-1/6,0,1,0];
xs5 = [1/120,0,-1/6,0,1,0];
xs7 = [-1/5040,0,1/120,0,-1/6,0,1,0];
x1 = -pi:0.5:pi;
y1 = x1;
x0 = -2*pi:0.1:2*pi;
y0 = sin(x0);
y3 = polyval(xs3,x0);
y5 = polyval(xs5,x0);
y7 = polyval(xs7,x0);
plot(x0,y0,'*-',x1,y1,'--',x0,y3,'d-',x0,y5,'s-',x0,y7,'p--')
axis([-2*pi 2*pi+0.6 -2.5 3])
legend('y=sinx','y=x','y=x-1/6*x^3','y=x-1/6*x^3+1/120*x^5',
'y=x-1/6*x^3+1/120*x^5-1/5040*x^7')          % 对图形进行注释
```

图 4.7 显示分别用 1,3,5 和 7 次多项式逼近 $y=\sin x$ 的情况.

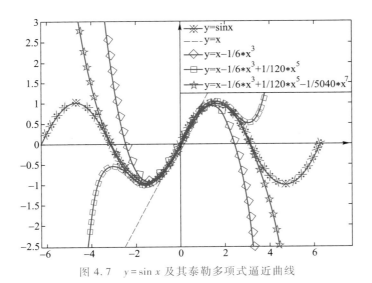

图 4.7　$y=\sin x$ 及其泰勒多项式逼近曲线

分别用 1,3,5 和 7 次多项式计算得 $\sin\dfrac{\pi}{5}$ 的近似值分别为

0.62831853071796,0.58697682847756,0.58779288097032,0.58778521038434

容易看出,由 7 次多项式计算得到的近似值与 $\sin\dfrac{\pi}{5}$ 的值 0.58778525229247 已经很接近了.请读者自己分析上述 4 个近似值的精度.

MATLAB 软件还提供了泰勒级数展开工具 taylortool,读者在命令行窗口运行 taylortool,即可打开图 4.8 所示窗口.窗口中 $T_N(x)$ 是函数 $f(x)$ 在 a 点的 N 阶泰勒展开式,x 表示绘制曲线时自变量的取值范围.读者可自己上机操作实践.

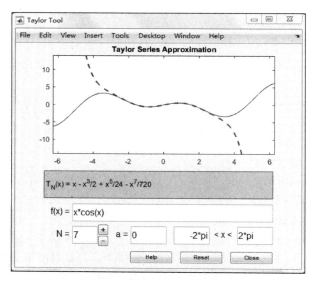

图 4.8　泰勒展开式操作界面

示例 26　求函数 $y=x^2$ 的傅里叶(Fourier)系数.

实验过程　虽然 MATLAB 软件还没有提供一个专门的命令用于求函数的傅里叶系数,但是根据傅里叶级数的定义,我们可以编写一个函数文件 fourier.m,用于求函数 f 在区间 $[-\pi,\pi]$ 上的傅里叶级数的系数.

编写下面的程序,保存成 sfour.m.

```
function [a0,an,bn]=sfour(f)
syms x n
a0=int(f,-pi,pi)/pi;
an=int(f*cos(n*x),-pi,pi)/pi;
bn=int(f*sin(n*x),-pi,pi)/pi;
```

在新的窗口运行以下程序

```
syms x;
f=x^2;
[a0,an,bn]=sfour(f)
```

运行结果为

```
a0=2/3*pi^2
```

```
an = (2 * (n^2 * pi^2 * sin (pi * n)-2 * sin (pi * n)+2 * n * pi * cos (pi
* n)))/ (n * 3 * pi)
    bn = 0
```

练习 6

1. 将 $f(x) = \dfrac{1}{x^2+4x+8}$ 在 $x=2$ 处展开成幂级数.

2. 求函数 $y = \ln(1+x)$ 的麦克劳林展开式, 并画图观察分别用不同次数的泰勒多项式代替函数 $y = \ln(1+x)$ 的近似程度, 并计算 $\ln 2$ 的近似值.

3. (1) 求函数 $f(x) = x$ 的傅里叶系数;

(2) 分别取 $n = 2,5,10,20$, 在不同窗口绘制该傅里叶展开式的曲线;

(3) 同时在这些窗口中绘制函数 $f(x)$ 的曲线;

(4) 对比这些图形, 你能得出什么结论?

4. 设函数 $f(x) = \displaystyle\sum_{n=0}^{+\infty} a^n \sin(b^n x), 0 < a < 1 < b, ab > 1$, 自己取定满足条件的 a,b, 完成以下步骤:

(1) 绘制函数 $f(x)$ 的曲线;

(2) 放大该函数在某一点附近的曲线, 观察有什么结果. 如果再进一步放大呢?

(3) 该函数有什么特点及性质?

实验五　行列式、矩阵运算及其应用

实验目的

1. 学会用 MATLAB 软件对行列式、矩阵进行一些数值计算.
2. 学会用 MATLAB 软件解线性方程组.
3. 掌握逆矩阵的一种应用:整数逆矩阵加密、解密方法.
4. 熟悉三维空间中的线性变换,加深对正交变换保持距离不变性的理解.

理论知识

1. 行列式

称

$$\begin{vmatrix} a_{11} & a_{12} \\ a_{21} & a_{22} \end{vmatrix} = a_{11}a_{22} - a_{12}a_{21}$$

为二阶行列式,称

$$\begin{vmatrix} a_{11} & a_{12} & a_{13} \\ a_{21} & a_{22} & a_{23} \\ a_{31} & a_{32} & a_{33} \end{vmatrix} = a_{11}a_{22}a_{33} + a_{12}a_{23}a_{31} + a_{13}a_{21}a_{32} - a_{13}a_{22}a_{31} - a_{12}a_{21}a_{33} - a_{11}a_{23}a_{32}$$

为三阶行列式.若用 A_{ij} 表示行列式元素 a_{ij} 的代数余子式,则可递推定义 n 阶行列式为

$$\begin{vmatrix} a_{11} & a_{12} & \cdots & a_{1n} \\ a_{21} & a_{22} & \cdots & a_{2n} \\ \vdots & \vdots & & \vdots \\ a_{n1} & a_{n2} & \cdots & a_{nn} \end{vmatrix} = a_{i1}A_{i1} + a_{i2}A_{i2} + \cdots + a_{in}A_{in}$$

$$= a_{1j}A_{1j} + a_{2j}A_{2j} + \cdots + a_{nj}A_{nj}, \quad i = 1, 2, \cdots, n, \quad j = 1, 2, \cdots, n.$$

行列式是一个具体的数值,它拥有许多性质,这里不一一列出,读者可参考线性代数教材.对于线性方程组

$$\begin{cases} a_{11}x_1 + a_{12}x_2 + \cdots + a_{1n}x_n = b_1, \\ a_{21}x_1 + a_{22}x_2 + \cdots + a_{2n}x_n = b_2, \\ \qquad\cdots\cdots\cdots\cdots \\ a_{n1}x_1 + a_{n2}x_2 + \cdots + a_{nn}x_n = b_n, \end{cases} \tag{5-1}$$

若系数行列式

$$D = \begin{vmatrix} a_{11} & a_{12} & \cdots & a_{1n} \\ a_{21} & a_{22} & \cdots & a_{2n} \\ \vdots & \vdots & & \vdots \\ a_{n1} & a_{n2} & \cdots & a_{nn} \end{vmatrix} \neq 0,$$

则线性方程组(5-1)有唯一解 $x_i = \dfrac{D_i}{D}$，$i = 1, 2, \cdots, n$，其中 D_i 是将系数行列式 D 中的第 i

列用方程组(5-1)的常数列 $(b_1, b_2, \cdots, b_n)^{\mathrm{T}}$ 代替后的 n 阶行列式. 特别地，若 $b_i = 0$，$i = 1, 2, \cdots, n$，则齐次线性方程组(5-1)有唯一的零解.

2. 线性方程组

含有 n 个变量的线性方程组的一般形式如下：

$$\begin{cases} a_{11}x_1 + a_{12}x_2 + \cdots + a_{1n}x_n = b_1, \\ a_{21}x_1 + a_{22}x_2 + \cdots + a_{2n}x_n = b_2, \\ \qquad\cdots\cdots\cdots\cdots \\ a_{m1}x_1 + a_{m2}x_2 + \cdots + a_{mn}x_n = b_m. \end{cases} \tag{5-2}$$

方程组(5-2)的矩阵形式为 $\boldsymbol{Ax} = \boldsymbol{b}$，其中

$$\boldsymbol{A} = \begin{pmatrix} a_{11} & a_{12} & \cdots & a_{1n} \\ a_{21} & a_{22} & \cdots & a_{2n} \\ \vdots & \vdots & & \vdots \\ a_{m1} & a_{m2} & \cdots & a_{mn} \end{pmatrix}, \quad \boldsymbol{b} = \begin{pmatrix} b_1 \\ b_2 \\ \vdots \\ b_m \end{pmatrix}.$$

（1）若 $r(\boldsymbol{A}) = r(\boldsymbol{A} \mid \boldsymbol{b}) = n$，则方程组(5-2)有唯一解；

（2）若 $r(\boldsymbol{A}) = r(\boldsymbol{A} \mid \boldsymbol{b}) < n$，则方程组(5-2)有无穷多解；

（3）若 $r(\boldsymbol{A}) \neq r(\boldsymbol{A} \mid \boldsymbol{b})$，则方程组(5-2)无解.

3. 正交矩阵、正交变换

若实 $n \times n$ 矩阵 $\boldsymbol{P}$ 满足 $\boldsymbol{P}^{\mathrm{T}}\boldsymbol{P} = \boldsymbol{I}$，则称矩阵 $\boldsymbol{P}$ 为正交矩阵. 正交矩阵的特征值的模等于 1，行列式等于 1 或者 -1.

正交矩阵的一个很重要的性质就是：若把它作为一个变换矩阵，则该变换是保距变换.

实验内容

1. MATLAB 软件的矩阵操作命令

（1）det(A)　　　　　　　% 求方阵 A 的行列式

（2）rank(A)　　　　　　% 求矩阵 A 的秩

（3）trace(A)　　　　　% 求方阵 A 的迹

（4）inv(A)　　　　　　% 求方阵 A 的逆

（5）norm(A)　　　　　% 矩阵 A 的 2-范数

（6）tril(A)　　　　　% 提取矩阵 A 的下三角部分，生成下三角形矩阵

（7）triu(A)　　　　　% 提取矩阵 A 的上三角部分，生成上三角形矩阵

（8）eig(A)　　　　　　% 计算矩阵 A 的特征值

（9）[V,D]=eig(A)　　% 计算矩阵 A 的特征向量及特征值，用特征值做对角

元生成相应阶数的对角矩阵 D,相应的特征向量生成矩阵 V,满足 AV＝VD

(10) ［L,U,P］＝lu(A)   ％ 求矩阵 A 的 LU 分解,其中 L 是主对角元为 1 的下三角形矩阵,U 是上三角形矩阵,P 是由 0 或 1 组成的行置换矩阵

(11) orth(A)   ％ 在 A 的列向量组线性无关的情况下,将 A 的列向量组标准正交化

(12) rot90(A)   ％ 将矩阵 A 逆时针旋转 90°

(13) rref(A)   ％ 求矩阵 A 的行最简形

(14) reshape(A,m,n)   ％ 将矩阵 A 改写成 m 行 n 列的矩阵

示例 1 产生一个 4 阶的随机矩阵,执行下面的操作:

(1) 求其行列式,检验其是否可逆;若可逆,求其逆矩阵.

(2) 计算该矩阵的特征值、特征向量.

(3) 将该矩阵化为行最简形.

(4) 求出其各阶顺序主子式.

(5) 验证矩阵的特征值之和等于矩阵主对角元之和,特征值之积等于矩阵的行列式.

实验过程 (1) 执行下面的语句生成一个 4 阶的随机矩阵:

```
a=rand(4)
```

生成随机矩阵 a 如下(注:每次执行生成的随机矩阵不相同):

```
a＝0.7833    0.7942    0.4154    0.7680
   0.6808    0.0592    0.3050    0.9708
   0.4611    0.6029    0.8744    0.9901
   0.5678    0.0503    0.0150    0.7889
```

执行下面的命令计算矩阵 a 的行列式,并赋值给变量 hls.

```
hls=det(a)
```

执行得

```
hls=-0.0652
```

因为行列式不等于零,所以该矩阵可逆.执行下面的命令可得该矩阵的逆矩阵并赋值给变量 njz.

```
njz=inv(a)
```

执行结果是

```
njz=
    1.9001    5.0999   -2.5981   -4.8653
    0.6864   -3.6083    0.8869    2.6593
```

```
   0.1256    3.7762   -0.1547   -4.5755
  -1.4138   -3.5129    1.8165    4.6873
```

（2）执行下面的命令将算得的特征值赋值给变量 tzz,相应的特征向量赋值给变量 tzxl.

```
[tzxl,tzz]=eig(a)
```

执行得

```
tzxl =
   0.5944+0.0000i    0.4174-0.1376i    0.4174+0.1376i    0.5669+0.0000i
   0.4159+0.0000i   -0.0801+0.0179i   -0.0801-0.0179i   -0.6847+0.0000i
   0.6316+0.0000i    0.7079+0.0000i    0.7079+0.0000i    0.3669+0.0000i
   0.2735+0.0000i   -0.5382+0.0964i   -0.5382-0.0964i   -0.2744+0.0000i
tzz =
   2.1339+0.0000i    0.0000+0.0000i    0.0000+0.0000i    0.0000+0.0000i
   0.0000+0.0000i    0.3254+0.0605i    0.0000+0.0000i    0.0000+0.0000i
   0.0000+0.0000i    0.0000+0.0000i    0.3254-0.0605i    0.0000+0.0000i
   0.0000+0.0000i    0.0000+0.0000i    0.0000+0.0000i   -0.2789+0.0000i
```

矩阵 tzxl 的第一列就是对角矩阵 tzz 的第一个主对角元(也就是矩阵 a 的特征值)相应的特征向量,依次类推.

（3）将矩阵化为行最简形的命令是 rref,所以执行下面的命令就可将矩阵 a 化为行最简形,并将该行最简形赋值给变量 hzjx.

```
hzjx=rref(a)
```

执行的结果是

```
hzjx =
     1     0     0     0
     0     1     0     0
     0     0     1     0
     0     0     0     1
```

计算结果与我们已知的理论结果相一致(可逆矩阵的行最简形是单位矩阵).

（4）执行下面的循环语句可以逐阶算出矩阵 a 的顺序主子式,并存入向量 zzs 中.

```
zzs=[];
for i=1:4
    zzs=[zzs,det(a(1:i,1:i))];
end
zzs
```

执行结果为

```
zzs =
    0.7833   -0.4943   -0.3054   -0.0652
```

（5）执行下面的程序,可将矩阵的主对角元相加赋值给变量 zdjy_sum,矩阵的特征值相加赋值给变量 tzz_sum,矩阵的特征值相乘赋值给变量 tzz_product.

```
zdjy_sum = 0;
tzz_sum = 0;
tzz_product = 1;
for i = 1 :4
    zdjy_sum = zdjy_sum+a ( i,i );
    tzz_sum = tzz_sum+tzz ( i,i );
    tzz_product = tzz_product * tzz ( i,i );
end
zdjy_sum
tzz_sum
tzz_product
```

执行结果为

```
zdjy_sum = 2.5058
tzz_sum = 2.5058
tzz_product = -0.0652
```

显然,计算的结果同理论结果一致.

示例 2   判断下面的线性方程组是否有解,若有解求其通解.

$$\begin{cases} x_1+ x_2-3x_3- x_4=1, \\ 3x_1- x_2-3x_3+4x_4=4, \\ x_1+5x_2-9x_3-8x_4=0. \end{cases}$$

实验过程   方程组的系数矩阵和增广矩阵分别为

$$A=\begin{pmatrix} 1 & 1 & -3 & -1 \\ 3 & -1 & -3 & 4 \\ 1 & 5 & -9 & -8 \end{pmatrix}, \quad \overline{A}=\begin{pmatrix} 1 & 1 & -3 & -1 & 1 \\ 3 & -1 & -3 & 4 & 4 \\ 1 & 5 & -9 & -8 & 0 \end{pmatrix}.$$

将该方程组的系数矩阵记为 a,常数矩阵记为 b,增广矩阵记为 ab,对其施行行变换化为行最简形,并赋值给变量 hzjx_matrix.执行下面的命令:

```
a = [ 1,1,-3,-1;3,-1,-3,4;1,5,-9,-8 ];
b = [ 1;4;0 ];
ab = [ a b ];
hzjx_matrix = rref ( ab )
```

执行结果是

```
hzjx_matrix =
    1.0000         0        -1.5000     0.7500     1.2500
         0    1.0000        -1.5000    -1.7500    -0.2500
         0         0              0          0          0
```

如果再添加命令

```
format rat              % 以有理数格式表示
rref(ab)
```
执行结果为
```
ans =
    1           0          -3/2         3/4          5/4
    0           1          -3/2        -7/4         -1/4
    0           0           0           0            0
```

从计算结果可以看出,系数矩阵的秩等于增广矩阵的秩等于 2,且小于变量的个数 4,所以该方程组有无穷多解. 变量 hzjx_matrix 的最后一列对应方程组的一个特解 $(1.25, -0.25, 0, 0)^T$,由第 3,4 列可得相应齐次方程组的一个基础解系 $\boldsymbol{\xi}_1 = (1.5, 1.5, 1, 0)^T, \boldsymbol{\xi}_2 = (-0.75, 1.75, 0, 1)^T$. 因此,方程组的通解为

$$\boldsymbol{x} = k_1 \begin{pmatrix} 1.5 \\ 1.5 \\ 1 \\ 0 \end{pmatrix} + k_2 \begin{pmatrix} -0.75 \\ 1.75 \\ 0 \\ 1 \end{pmatrix} + \begin{pmatrix} 1.25 \\ -0.25 \\ 0 \\ 0 \end{pmatrix}, \ k_1, k_2 \in \mathbf{R}.$$

读者也可以尝试用 null 命令求对应齐次方程组的基础解系.

示例 3　计算行列式 $\begin{vmatrix} 1 & 1 & 1 & 1 \\ a & b & c & d \\ a^2 & b^2 & c^2 & d^2 \\ a^3 & b^3 & c^3 & d^3 \end{vmatrix}$ 以及相应矩阵的逆矩阵.

实验过程　编写一个 M 文件:
```
syms a b c d
a=[1,1,1,1;a,b,c,d;a^2,b^2,c^2,d^2;a^3,b^3,c^3,d^3]
det(a)
inv(a)
```
此处略去执行后的结果,请读者自己在计算机上运行该程序并查看计算结果.

练习 1

1. 判定下列方程组是否有解,若有解求其基础解系和通解.

$(1) \begin{cases} 2x + y - z + w = 1, \\ 3x - 2y + z - 3w = 4, \\ x + 4y - 3z + 5w = -2; \end{cases}$
$(2) \begin{cases} 2x + 3y + z = 4, \\ x - 2y + 4z = -5, \\ 3x + 8y - 2z = 13, \\ 4x - y + 9z = -6. \end{cases}$

2. 下列向量组是否线性相关? 若相关求其秩和极大线性无关组,并用极大线性无关组表示其余的向量.

$$\boldsymbol{\alpha}_1 = (25, 31, 17, 43), \quad \boldsymbol{\alpha}_2 = (75, 94, 53, 132),$$
$$\boldsymbol{\alpha}_3 = (75, 94, 54, 134), \quad \boldsymbol{\alpha}_4 = (25, 32, 20, 48).$$

3. 利用正交变换将二次型 $f(x_1, x_2, x_3) = x_1^2 + 2x_2^2 + 3x_3^2 + 4x_1x_2 - 4x_2x_3$ 化为标准形,并写出正交变换.

4. 求矩阵 $A = \begin{pmatrix} 1 & -1 & 2 & -1 \\ -1 & 1 & 3 & -2 \\ 2 & 3 & 1 & 0 \\ -1 & -2 & 0 & 1 \end{pmatrix}$ 的特征值及特征向量.

5. 设 A 是 n 阶方阵,且具有下面的分块形式

$$A = \begin{pmatrix} A_{11} & A_{12} \\ A_{21} & A_{22} \end{pmatrix},$$

其中 A_{11}, A_{22} 分别是 $k \times k$, $(n-k) \times (n-k)$ 主子矩阵,当 A_{11} 可逆时,称 $A_{22} - A_{21}A_{11}^{-1}A_{12}$ 为矩阵 A 关于 A_{11} 的舒尔(Schur)补,并且有

$$\det(A) = \det(A_{11})\det(A_{22} - A_{21}A_{11}^{-1}A_{12}).$$

随机生成一个 8×8 矩阵,求出它的某一个可逆主子矩阵的舒尔补,验证上面的等式.

6. 编程验证西尔维斯特(Sylvester)等式:设 A 是一个 n 阶方阵,$N = \{1, 2, \cdots, n\}$,$\alpha, \beta \subset N$,用 $A[\alpha, \beta]$ 表示矩阵 A 的行、列下标分别属于 α 和 β 的子矩阵,特别地,当 $\alpha = \beta$ 时,用 $A[\alpha]$ 表示 $A[\alpha, \beta]$.用 $|\alpha| = k$ 表示集合 α 所含元素的个数,定义一个新的 $(n-k) \times (n-k)$ 矩阵 $B = (b_{ij})$,其中 $b_{ij} = \det(A[\alpha+i, \alpha+j])$,$i, j \in N\backslash\alpha$,此时对于任意的 $\delta, \gamma \subseteq N\backslash\alpha$,$|\delta| = |\gamma| = m$,有

$$\det(B[\delta, \gamma]) = (\det(A[\alpha]))^{m-1}\det(A[\alpha\cup\delta, \beta\cup\gamma]),$$

该式称为西尔维斯特**等式**.

2. 整数逆矩阵加密法

对文件的加密有许多种方式,并且随着信息科学的发展,文件加密与解密的技术也有了长足发展.若将计算函数 f 在 x 处的函数值的过程理解为对信息 x 加密,那么,计算 $f^{-1}(f(x))$ 的过程就可理解为对信息 $f(x)$ 解密.函数法则 f 可以理解为"加密锁",它的反函数就可理解为"解密钥匙",如图 5.1 所示.

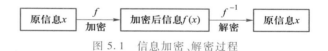

图 5.1　信息加密、解密过程

作为整数逆矩阵的一种应用,这里只介绍一种简单而又实用的文件加密与解密方法——整数逆矩阵解密法.首先回顾相关的矩阵理论知识.

对矩阵进行初等行变换等价于在矩阵的左侧乘以相应的初等矩阵,进行初等列变换等价于在矩阵的右侧乘以相应的初等矩阵.三种初等变换如下:

($r1$) 交换矩阵的某两行;

($r2$) 矩阵的某一行乘非零数;

($r3$) 矩阵的某一行乘数 k 再加到另外一行.

假设对矩阵 A 进行 n 次初等行变换后变为矩阵 B,若设这些初等变换相应的初等矩阵分别为 $P_1, P_2, \cdots, P_n$,则有 $B = P_nP_{n-1}\cdots P_1A$.试想:若把矩阵 A 看成是一条信息链,对矩阵 A 进行初等变换的过程就可以理解成是对信息链 A"加密"的过程;将加密后的信息链 B 发送给对方后,对方要想看到原来的信息链内容,就必须对信息链 B"解密",这个解密的过程就可以理解成在矩阵 B 的左侧再乘以原来加密时所做初等变换相应初等矩阵的逆矩阵 $(P_nP_{n-1}\cdots P_1)^{-1} = P_1^{-1}P_2^{-1}\cdots P_n^{-1}$.这样,加密方只要告诉对方这

个"解密钥匙"(逆矩阵 $\boldsymbol{Q}^{-1}=(\boldsymbol{P}_n\boldsymbol{P}_{n-1}\cdots\boldsymbol{P}_1)^{-1}$)就可以了.

为了保证加密内容破译后的准确性,我们可选取"加密锁"(矩阵 $\boldsymbol{Q}=\boldsymbol{P}_n\boldsymbol{P}_{n-1}\cdots\boldsymbol{P}_1$)为特殊的整数矩阵,并使其"解密钥匙"(逆矩阵 $\boldsymbol{Q}^{-1}=(\boldsymbol{P}_n\boldsymbol{P}_{n-1}\cdots\boldsymbol{P}_1)^{-1}$)仍为整数矩阵.这样在加密和解密的过程中信息的准确性就可得到保证.

现在一个自然的问题是

(1) 是否存在这种整数矩阵,其逆矩阵仍为整数矩阵?

(2) 若存在这种矩阵,这种矩阵是多还是少? 试想要是这种矩阵是唯一的或者很少的话,这种加密的可靠性就是很差的.

(3) 若理论上存在这种矩阵,又如何构造这样的矩阵?

事实上,前面对矩阵初等变换的讨论已经回答了这三个问题,这里只做简单解释.

"加密锁"与"解密钥匙"的生成法　从一个单位矩阵 $\boldsymbol{I}$ 出发,对该单位矩阵进行多次的初等($r1$)行变换和($r3$)行变换(k 取整数),将单位矩阵变为 $\boldsymbol{Q}$(加密锁).再根据初等变换的性质,矩阵 $\boldsymbol{Q}$ 的逆矩阵(解密钥匙)必是整数矩阵.

示例 4　利用整数逆矩阵加密方法对信息链"JIAO TONG UNIVERSITY"做加密、解密练习.

实验过程　选用各个英文字母的 ASCII 码代替英文字母,空格也用其 ASCII 码代替,将信息链"JIAO TONG UNIVERSITY"用一组数字表示,存入一个向量

W=[74,73,65,79,32,84,79,78,71,32,85,78,73,86,69,82,83,73,84,89]

按列优先于行的规则,将信息链排成一个 4×5 矩阵,并记为

$$A=\begin{pmatrix} 74 & 32 & 71 & 73 & 83 \\ 73 & 84 & 32 & 86 & 73 \\ 65 & 79 & 85 & 69 & 84 \\ 79 & 78 & 78 & 82 & 89 \end{pmatrix}.$$

对一个 4×4 的单位矩阵 $\boldsymbol{I}$,做若干次($r1$)和($r3$)行变换后化为

$$Q=\begin{pmatrix} 3 & 7 & 15 & 22 \\ 2 & 5 & 11 & 17 \\ 3 & 6 & 13 & 21 \\ 9 & 18 & 36 & 46 \end{pmatrix}.$$

下面的程序验证矩阵 $\boldsymbol{Q}$ 是可逆的,且逆矩阵为整数矩阵.

Q=[3,7,15,22;2,5,11,17;3,6,13,21;9,18,36,46];

jiemiyaoshi=inv(Q)

执行结果为

jiemiyaoshi=

26.0000	-28.0000	2.0000	-3.0000
-92.0000	93.0000	-3.0000	11.0000
51.0000	-51.0000	1.0000	-6.0000
-9.0000	9.0000	-0.0000	1.0000

很显然矩阵 $\boldsymbol{Q}$ 的逆矩阵为整数矩阵.选矩阵 $\boldsymbol{Q}$ 为密码锁,将此密码锁加载到原信息链上就变成了加密信息链 $\boldsymbol{B}=\boldsymbol{QA}$.执行下面的程序完成加密过程.

```
W=[74,73,65,79,32,84,79,78,71,32,85,78,73,86,69,82,83,73,84,89];
A=reshape(W,4,5);
Q=[3,7,15,22;2,5,11,17;3,6,13,21;9,18,36,46];
B=Q*A
```

得到的加密信息链为

B=

3446	3585	3428	3660	3978
2571	2679	2563	2729	2968
3164	3265	3148	3354	3648
7954	8232	7863	8461	9179

纵然在知道每个英文字母是用 ASCII 码代替的情况下,如果不告诉对方解密钥匙(逆矩阵 Q^{-1}),他也无法看出信息链 B 的具体含义.而且我们还发现:原来信息链中相同的数字(表示相同的字母)经加密后变成了不同的数字,原来出现频率高的数字加密后,这种特征全部消失.所以,在不知道解密钥匙的情况下,要想知道信息链 B 的内容就很困难了.下面的过程就是解密的过程,执行命令

```
inv(Q)*B
```

就得原来的信息链

ans=

74.0000	32.0000	71.0000	73.0000	83.0000
73.0000	84.0000	32.0000	86.0000	73.0000
65.0000	79.0000	85.0000	69.0000	84.0000
79.0000	78.0000	78.0000	82.0000	89.0000

这里介绍的仅是一种加密思想,事实上的加密过程远"密"于此.试想要是将加密时的时间与解密时的时间作为参数引入考虑的话,加密将是更为可靠的.另外要是信息链很长,我们也可以采用分块加密,对不同块采用不同的加密锁和不同的解密钥匙.

该示例也给我们传递了一个很重要的数学结论:存在任意阶数的整数方阵,其逆矩阵仍然可以是整数方阵.示例 4 实际上就给出一种该类型方阵的构造方法.

练习 2

1. 在实验示例 4 中是将信息链转化成一个 4×5 矩阵后进行加密的,能不能转化成其他阶数的矩阵进行加密、解密呢? 要是可以,当转化成 1×n 矩阵时,加密、解密有什么优缺点?

2. 每个英文字母和各个单词间的间隔符都用相应的 ASCII 码代替,使用逆矩阵加密、解密的方法对信息链"Diligence is the mother of success"采用不同大小的"加密锁"对其进行加密、解密实验.

3. 通过这种简单的加密、解密方法的学习,你对哪些数学概念有了更加深刻的认识?

3. 空间中的线性变换

称函数

$$f(x) = ax + b$$

为仿射映射,特别地,当 $b = 0$ 时称其为线性映射.

二维空间线性变换的矩阵形式为

$$\begin{pmatrix} x' \\ y' \end{pmatrix} = \begin{pmatrix} a_{11} & a_{12} \\ a_{21} & a_{22} \end{pmatrix} \begin{pmatrix} x \\ y \end{pmatrix}, \tag{5-3}$$

上式(5-3)中的二阶矩阵是否可逆对应该变换是否可逆. 称

$$\begin{pmatrix} x' \\ y' \end{pmatrix} = \begin{pmatrix} a_{11} & a_{12} \\ a_{21} & a_{22} \end{pmatrix} \begin{pmatrix} x \\ y \end{pmatrix} + \begin{pmatrix} c_1 \\ c_2 \end{pmatrix} \tag{5-4}$$

为二维空间中的仿射变换. 特别地,二维空间中的旋转变换为

$$\begin{pmatrix} x' \\ y' \end{pmatrix} = \begin{pmatrix} \cos\theta & -\sin\theta \\ \sin\theta & \cos\theta \end{pmatrix} \begin{pmatrix} x \\ y \end{pmatrix}. \tag{5-5}$$

类似地,三维空间线性变换的矩阵表示形式为

$$\begin{pmatrix} x' \\ y' \\ z' \end{pmatrix} = \begin{pmatrix} a_{11} & a_{12} & a_{13} \\ a_{21} & a_{22} & a_{23} \\ a_{31} & a_{32} & a_{33} \end{pmatrix} \begin{pmatrix} x \\ y \\ z \end{pmatrix}, \tag{5-6}$$

式(5-6)中的三阶矩阵是否可逆对应该变换是否可逆. 称

$$\begin{pmatrix} x' \\ y' \\ z' \end{pmatrix} = \begin{pmatrix} a_{11} & a_{12} & a_{13} \\ a_{21} & a_{22} & a_{23} \\ a_{31} & a_{32} & a_{33} \end{pmatrix} \begin{pmatrix} x \\ y \\ z \end{pmatrix} + \begin{pmatrix} c_1 \\ c_2 \\ c_3 \end{pmatrix}$$

为三维空间的仿射变换.

我们不难理解,上面提及的仿射变换实际上就是经线性变换后再作一次同维的平移变换. 下面给出的分别是 n 维空间中的线性变换和仿射变换:

$$\begin{pmatrix} x_1' \\ x_2' \\ \vdots \\ x_n' \end{pmatrix} = \begin{pmatrix} a_{11} & a_{12} & \cdots & a_{1n} \\ a_{21} & a_{22} & \cdots & a_{2n} \\ \vdots & \vdots & & \vdots \\ a_{n1} & a_{n2} & \cdots & a_{nn} \end{pmatrix} \begin{pmatrix} x_1 \\ x_2 \\ \vdots \\ x_n \end{pmatrix},$$

$$\begin{pmatrix} x_1' \\ x_2' \\ \vdots \\ x_n' \end{pmatrix} = \begin{pmatrix} a_{11} & a_{12} & \cdots & a_{1n} \\ a_{21} & a_{22} & \cdots & a_{2n} \\ \vdots & \vdots & & \vdots \\ a_{n1} & a_{n2} & \cdots & a_{nn} \end{pmatrix} \begin{pmatrix} x_1 \\ x_2 \\ \vdots \\ x_n \end{pmatrix} + \begin{pmatrix} c_1 \\ c_2 \\ \vdots \\ c_n \end{pmatrix}.$$

练习 3

1. 已知矩阵

$$W = \begin{pmatrix} 1 & 1.5 & 2 & 2.5 & 3 & 3.5 & 4 & 4.5 & 5 \\ 2 & 1 & 0 & 1 & 2 & 1 & 0 & 1 & 2 \end{pmatrix},$$

执行下面的程序

```
w=[1,1.5,2,2.5,3,3.5,4,4.5,5;2,1,0,1,2,1,0,1,2];
plot(w(1,:),w(2,:))
axis([0.8 5.2-0.2 2.2])
```

可画出图 5.2(字母 W).

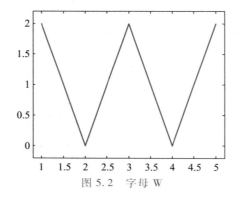

图 5.2   字母 W

按要求完成下面的实验任务:

(1) 选取下面不同的变换矩阵 A,画出数组 w 经变换后点的轨迹.

$$A_1 = \begin{pmatrix} 0 & 1 \\ 1 & 0 \end{pmatrix}, \quad A_2 = \begin{pmatrix} 1 & 2 \\ 0 & 1 \end{pmatrix}, \quad A_3 = \begin{pmatrix} 1 & 0 \\ 2 & 1 \end{pmatrix},$$

$$A_4 = \begin{pmatrix} 1 & 0 \\ 0 & 0 \end{pmatrix}, \quad A_5 = \begin{pmatrix} 0 & 0 \\ 0 & 1 \end{pmatrix}, \quad A_6 = \begin{pmatrix} \dfrac{1}{2} & \dfrac{\sqrt{3}}{2} \\ -\dfrac{\sqrt{3}}{2} & \dfrac{1}{2} \end{pmatrix},$$

$$A_7 = \begin{pmatrix} \cos\theta & -\sin\theta \\ \sin\theta & \cos\theta \end{pmatrix}, \quad \theta = \dfrac{\pi}{4}, \dfrac{\pi}{2}, \pi, \dfrac{3\pi}{2};$$

(2) 变换矩阵 A_4, A_5 和 A_6 有什么特点?

(3) 先计算图 5.2 中字母 W 的笔画长度,再任意选取一个二阶正交矩阵作为变换矩阵,计算图 5.2 中的字母 W 曲线经变换后的曲线长度,与变换前的长度相比有何变化?

2. 写出三维空间中一些简单的平移、旋转、伸缩、投影、对称等变换矩阵,任意选取空间一张曲面或者一条曲线,观察施行这几种变换前后的图形变化.

3. 任意选取一个三阶正交矩阵作为变换矩阵,对三维螺旋线

$$x = 2\cos t, \quad y = 2\sin t, \quad z = 0.5t, \quad t \in [0, 8\pi]$$

做此变换,画图观察变换后曲线的特征.你能否编程计算此螺旋线变换前后的长度是否发生变化?

4. 选取玫瑰线、心形线、双纽线等,随意选取一个变换矩阵,多次重复实验,观察图形的变化.

4. 空间中的正交变换

空间中的任意线性变换均可表示成式(5-6)的形式,若式(5-6)中的变换矩阵是正交矩阵,则该变换也称为正交变换.正交变换的一个很重要的性质就是保持距离不变,即对于任意的两个非零向量 x_1 和 x_2,若矩阵 A 为正交矩阵,则有

$$\| x_1 - x_2 \| = \| Ax_1 - Ax_2 \|.$$

下面我们将通过具体实验来验证这个事实,从而体验正交矩阵的魅力.

示例 5　按要求完成下面的实验任务:

(1)随机生成一个三阶矩阵,判断其是否可逆,若可逆,将其列向量组标准正交化,作成一个三阶正交矩阵.

(2)任意选取一个三维非零向量 x 作为初始迭代向量,用(1)产生的正交矩阵作为变换矩阵 A,作迭代

$$x_{k+1} = Ax_k, \quad k = 0, 1, 2, \cdots. \tag{5-7}$$

将迭代生成的向量序列 $\{x_k\}_{k=0}^{+\infty}$(选取有限项)表示在同一个坐系中,你能知道他们的分布状态吗?请编程检验自己的想法.

(3)编程计算向量序列 $\{x_k\}_{k=0}^{+\infty}$(选取有限项)相应的长度序列 $\{\|x_k\|\}_{k=0}^{+\infty}$(有限项),检验正交变换的保距性.

实验过程　(1)众所周知,两两正交的向量组一定是线性无关的向量组,反之不一定成立.但是,任意一个线性无关的向量组可以用施密特正交化方法将其化为与其等价的正交向量组.因此,为了随机生成一个正交矩阵,我们可先随机生成一个可逆矩阵,再将其正交化.执行命令

```
a = rand(3,3)
```

生成一个随机矩阵为

```
a =
    0.9501    0.4860    0.4565
    0.2311    0.8913    0.0185
    0.6068    0.7621    0.8214
```

注意　每次执行命令 a = rand(3,3)生成的随机矩阵不相同,本次实验就以此次生成的矩阵 a 为例进行实验.

执行命令

```
det(a)
```

后得 ans = 0.4289,所以矩阵 a 是可逆矩阵.使用命令 orth 将矩阵 a 的列向量组标准正交化后赋给变量 A.执行命令

```
A = orth(a)
```

后得到与矩阵 a 列等价的正交矩阵

```
A =
    -0.6068     0.4443    -0.6591
    -0.4007    -0.8871    -0.2290
    -0.6865     0.1251     0.7163
```

读者可自行执行命令 A＊A',验证其等于三阶单位矩阵.

（2）执行命令

x＝rand（3,1）

生成随机向量

x＝

0.9218

0.7382

0.1763

下面的程序是对（1）中选出的迭代矩阵 A 作 100 次迭代（5-7）.在运行程序前建议读者先自己想一想,迭代生成的向量序列 $\{x_k\}_{k=0}^{+\infty}$ 的分布规律.

x＝[0.9218;0.7382;0.1763];

A＝[-0.6068,0.4443,-0.6591;-0.4007,-0.8871,-0.2290;-0.6865,0.1251,0.7163];

ax＝x;

n＝100;　　　　　%n 表示迭代的次数

for k＝1:n

　　x＝A＊x;

　　ax＝[ax,x];

end

plot3（ax（1,:）,ax（2,:）,ax（3,:）,'＊'）

程序运行后画出图 5.3 所示图形.

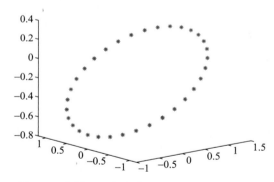

图 5.3　向量经正交变换迭代后的分布规律（1）

现在发现一个非零向量连续经多次正交变换后生成向量序列 $x,Ax,A^2x,\cdots,A^kx,\cdots$ 的分布规律了吗？是分布在空间的一个圆周上吗？如何检验？

请读者再继续运行下面的程序,查看程序运行的结果,能否帮助你回答这个问题？

x＝[0.9218;0.7382;0.1763];

A＝[-0.6068,0.4443,-0.6591;-0.4007,-0.8871,-0.2290;-0.6865,0.1251,0.7163];

ax＝x;

```
for k=1:200
    x=A*x;
    ax=[ax,x];
end
for k=1:198
    dot(cross(ax(:,k)-ax(:,k+1),ax(:,k)-ax(:,k+2)),ax(:,k)-ax
(:,k+3))                                   % 计算混合积
end
```

运行结果请读者自己查看.

若将程序中最后一句计算混合积的命令行改写为

```
plot3(ax(1,:),ax(2,:),ax(3,:))
```

执行后绘出图 5.4 所示图形.

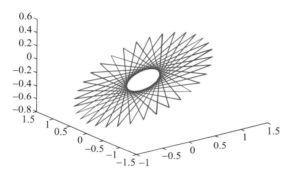

图 5.4　向量经正交变换后的分布规律(2)

现在你又能发现什么规律? 综合前面你能得出什么结论?

(3) 编写下面的程序,计算每次迭代产生向量的长度.

```
x=[0.9218;0.7382;0.1763];
A=[-0.6068,0.4443,-0.6591;-0.4007,-0.8871,-0.2290;-0.6865,
0.1251,0.7163];
xlcd=norm(x);
for k=1:200
    x=A*x;
    xlcd=[xlcd,norm(x)];
end
xlcd
```

程序执行后显示的结果均为 1.1940,充分地验证了正交变换的保距性. 事实上, 正交变换的保距性可以说明迭代生成的向量到坐标原点的距离是相等的.

思考　给定三维非零向量 x,对于任意的正交矩阵 A,向量序列 $x,Ax,A^2x,\cdots,A^k x,\cdots$ 是否一定分布在同一个圆上?

示例 6   容易验证 $A = \begin{pmatrix} \dfrac{2}{3} & \dfrac{1}{\sqrt{2}} & \dfrac{1}{3\sqrt{2}} \\ \dfrac{1}{3} & 0 & -\dfrac{4}{3\sqrt{2}} \\ \dfrac{2}{3} & -\dfrac{1}{\sqrt{2}} & \dfrac{1}{3\sqrt{2}} \end{pmatrix}$ 是正交矩阵. 任取非零向量 x, 将由

迭代

$$x_{k+1} = Ax_k, \quad k = 0, 1, 2, \cdots$$

生成的向量序列 $\{x_k\}_{k=0}^{+\infty}$ 表示在同一个坐标系中, 观察它们的分布状态, 你能得出什么结论?

实验过程   编写下面的程序:

```
x = [0.9218;0.7382;0.1763];
A = [2/3,1/sqrt(2),1/(3*sqrt(2));1/3,0,-4/(3*sqrt(2));
    2/3,-1/sqrt(2),1/(3*sqrt(2))];
ax = x;
n = 100;
for k = 1:n
    x = A*x;
    ax = [ax,x];
end
plot3(ax(1,:),ax(2,:),ax(3,:),'*')
```

程序运行后画出如图 5.5 所示图形.

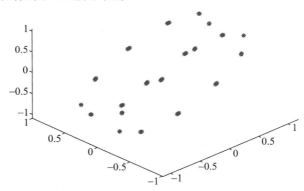

图 5.5   向量经正交变换后的分布规律

思考   (1) 使用图形窗口的旋转工具, 你发现了什么问题? 你能否说明上述向量序列(点)分布在两个不同的圆周上? 若是, 你如何证明? 并问这两个圆的方程是什么?

(2) 示例 5 与示例 6 生成向量序列(点)在空间分布"形状"不同是因为什么? 分别计算示例 5 和示例 6 中变换矩阵的行列式与特征值, 你发现了什么?

(3) 若上述变换矩阵为实对称正交矩阵, 情况又如何?

(4) 对任意一个三维非零向量 x, 若将迭代(5-7)改为

$$\boldsymbol{x}_{k+1}=\boldsymbol{A}_k\boldsymbol{x}_k,\quad k=0,1,2,\cdots,\tag{5-8}$$

其中 $\boldsymbol{A}_k$ 是随机生成的正交矩阵,你如何描述由迭代(5-8)生成的向量序列 $\{\boldsymbol{x}_k\}_{k=0}^{+\infty}$ 在空间中的分布规律?

练习4

1. 图 5.3 中每一个星号表示一次迭代后的向量点,请分析这些点分布的位置与迭代次数的关系.

2. 将程序中的迭代次数 n 改为不同的较大的自然数,运行程序再观察,能发现什么?

3. 你如何判断图 5.3 中的向量点(星号)是否分布在同一张平面上?若在一张平面上,该平面的方程是什么?

4. 随机生成三阶正交矩阵 $\boldsymbol{A}_1$,令 $\boldsymbol{A}_2=-\boldsymbol{A}_1$. 任取三维非零向量 $\boldsymbol{x}_0$ 作为初始迭代向量,分别由

$$\boldsymbol{x}_{k+1}=\boldsymbol{A}_1\boldsymbol{x}_k,\quad k=0,1,2,\cdots,$$
$$\boldsymbol{x}_{k+1}=\boldsymbol{A}_2\boldsymbol{x}_k,\quad k=0,1,2,\cdots$$

生成两个向量序列 $\{\boldsymbol{x}_k\}_{k=0}^{+\infty}$,在空间中画出这两个向量序列(点列),你能得出什么结论?

5. 图像处理中的矩阵运算

客观世界的颜色绚丽多彩,千变万化,但都可以由选取的三种基色调配而成.红(R)、绿(G)、蓝(B)是最为常用的三基色,彼此相互独立,通常简称为 RGB 颜色空间.选取不同的三基色,可以构成不同的颜色空间,RGB 颜色空间是最基本、最常用的颜色空间.

计算机是以向量形式存储颜色的,如红色用向量 $(255,0,0)$ 表示,绿色用向量 $(0,255,0)$ 表示,蓝色用向量 $(0,0,255)$ 表示.如果记

$$\boldsymbol{R}=(1,0,0),\boldsymbol{G}=(0,1,0),\boldsymbol{B}=(0,0,1),$$

那么,一种颜色 $\boldsymbol{C}$ 可由以上向量唯一表示 $\boldsymbol{C}=r\boldsymbol{R}+g\boldsymbol{G}+b\boldsymbol{B}$. 因此,只要给定 r,g 和 b,就可以得到其他颜色,如表 5.1 所示.

表 5.1　RGB 颜色表

颜色	r	g	b
红	255	0	0
橙	226	107	0
黄	255	255	0
绿	0	255	0
青	0	255	255
蓝	0	0	255
紫	255	0	255
银白	192	192	192
粉红	255	192	203
天蓝	135	206	235

续表

颜色	r	g	b
棕	165	42	42
金	255	215	0

除 RGB 颜色空间外,还有其他颜色空间,如:YUV 颜色空间(Y 表示亮度信息,U,V 表示色差信号),YIQ 颜色空间(Y 表示亮度信息,I,Q 表示色度值),XYZ 颜色空间,HIS 颜色空间以及 CIE 颜色空间等.

类似于空间的基变换,颜色空间也可以实现从一组基色到另一组基色之间的转换,比如:颜色空间 RGB 到颜色空间 R′G′B′的转换可表示为

$$\begin{cases} \boldsymbol{R}' = a_{11}\boldsymbol{R} + a_{12}\boldsymbol{G} + a_{13}\boldsymbol{B}, \\ \boldsymbol{G}' = a_{21}\boldsymbol{R} + a_{22}\boldsymbol{G} + a_{23}\boldsymbol{B}, \\ \boldsymbol{B}' = a_{31}\boldsymbol{R} + a_{32}\boldsymbol{G} + a_{33}\boldsymbol{B}. \end{cases}$$

若记 $\boldsymbol{P} = \begin{pmatrix} \boldsymbol{R} \\ \boldsymbol{G} \\ \boldsymbol{B} \end{pmatrix}$, $\boldsymbol{P}' = \begin{pmatrix} \boldsymbol{R}' \\ \boldsymbol{G}' \\ \boldsymbol{B}' \end{pmatrix}$, $\boldsymbol{A} = (a_{ij})_{3\times3}$,则上述转换的矩阵表示形式为 $\boldsymbol{P}' = \boldsymbol{AP}$.

计算机可用矩阵存储图像,一个分辨率为 2 000×1 000 的图像可用一个 2 000×1 000 的矩阵 $\boldsymbol{A}$ 进行存储,矩阵的每个元素表示图像对应位置的像素点.这样,对图像处理可以转化为对相应矩阵进行运算.特别值得一提的是,矩阵的奇异值分解在图像处理中有广泛应用,感兴趣的读者可参考相关专业书籍.下面仅给出一些通过矩阵运算来处理图像的简单命令.

(1) I=imread('pout.tif'); % 读取图像 pout.tif(该图像是图像处理工具箱自带的图像),存储在一个名为 I 的数组中

I=imread('D:\用户目录\Desktop\a.tif') % 读取路径 D:\用户目录\Desktop 下的图片文件 a.tif

(2) imshow(I) % 显示图像

(3) imwrite(X,'filename.fmt') % 将图像数据矩阵 X 写入文件 filename.fmt,其中 fmt 是图片文件格式,如 tif,jpg,png,bmp,gif 等,filename 是文件名

(4) imhist(I,n) % 创建描述图像 I 灰度分布的直方图,n 为指定的灰度级数目,默认值为 256

(5) histeq(I); % 将图像的灰度值扩展到整个灰度范围,从而提高图像数组 I 的对比度

(6) imfinfo('pout2.png') % 观察保存的图像文件信息

(7) imadd(X,Y) % 实现图像的叠加效果

（8）imnoise（I,'type',parameters） % 为图像添加噪声效果,type 是噪声的
类型,包括 gaussian, poisson,
localvar 等,parameters 是噪声
参数

（9）imsubtract（X,Y） % 对图像进行减法运算,消除不需要的背景等

（10）imabsdiff（X,Y） % 对差值结果取绝对值

（11）immultiply（X,Y） % 对图像进行乘法运算,使得图像对比度发生改变

（12）imdivide（X,Y） % 实现图像除法,用于校正成像设备的非线性影响

（13）imlincomb（K1,X1,K2,X2,⋯,Kn,Xn） % 实现图像的四则运算

（14）imcomplement（I） % 对图像进行求补运算

（15）imresize（I,scale） % 返回图像 I 的 scale 倍大小的图像

（16）imrotate（I,angle） % 将图像旋转 angle,单位为度,逆时针为正,顺时
针为负

（17）checkboard（n） % 创建 8×8 个单元的棋盘图像,每个单元的边长为 n 个
像素

（18）maketform（'affine',A） % 创建一个 N 维空间变换结构

（19）imtransform（A,tform） % 根据二维空间变换结构 tform 对图像 A 进
行变换

示例 7 在命令行窗口中执行下面命令,并查看运行结果.

```
clear all
I = imread('pout.tif');
I1 = I+50;                  % 图像灰度值增加 50
I2 = I-50;                  % 图像灰度值减小 50
I3 = 1.2 * I;              % 图像对比度增加
I4 = 0.6 * I;              % 图像对比度减小
I5 = -double(I)+255       % 图像求补,把 I 的类型转化为 double 类型
I5 = uint8(I5);           % 把 double 类型转化成 uint8 类型
imshow(I)
xlabel('原始图像')
subplot(2,3,2)
imshow(I1);
xlabel('灰度值增加图像')
subplot(2,3,3)
imshow(I2);
xlabel('灰度值减小图像')
subplot(2,3,4)
imshow(I3);
xlabel('对比度增加图像')
```

```
subplot(2,3,5)
imshow(I4);
xlabel('对比度减小图像')
subplot(2,3,6)
imshow(I5);
xlabel('图像求补运算')
```

示例 8 执行以下程序：

```
clear all
I=imread('cameraman.tif');
J=imread('rice.png');
I1=imadd(I,J);
I2=imnoise(I,'gaussian',0,0.06);      % 对原始图像增加高斯噪声,均值
                                        为 0,方差为 0.6

I3=imcomplement(I);                   % 对灰度图像进行求补运算
I4=imrotate(I,35);                    % 将图形逆时针旋转 35 度
I5=checkerboard(20,2);                % 创建棋盘图像
T=[1 0;0 2;0 0];
tf=maketform('affine',T);            % 定义二维投影变换结构 T
I6=imtransform(I5,tf);               % 对图像 I5 进行二维变换
subplot(2,3,1)
imshow(I1);
title('叠加后的图像');
subplot(2,3,2)
imshow(I2);
title('增加噪声后的图像')
subplot(2,3,3)
imshow(I3)
title('灰度图像求补')
subplot(2,3,4)
imshow(I4)
title('图像逆时针旋转 35 度')
subplot(2,3,5)
imshow(I5)
title('棋盘图像')
subplot(2,3,6)
imshow(I6)
title('棋盘进行伸缩变换')
```

运行后的结果如图 5.6.

| 叠加后的图像 | 增加噪声后的图像 | 灰度图像求补 |

图像逆时针旋转35度　　　棋盘图像　　　棋盘进行伸缩变换

图 5.6　对原始图像进行各种变换后的图像

示例 9　运行下面程序.

```
clear all
I = imread('jiaoda.tif');
[U,S,V] = svd(im2double(I));
subplot(1,2,1)
imshow(I);
n = 15;          % n 是矩阵 I 的奇异值的个数(按照特征值从大到小顺序取)
p = 0;
for i = 1:n
p = p+S(i,i)*U(:,i)*V(:,i)';
end
subplot(1,2,2)
imshow(p)      % 显示矩阵 p 对应的图像
```

运行结果见图 5.7.

图 5.7　原始图像及取主要奇异值对应的图像

　　读者可以将上面程序中的图片换成其他图片,并存放在 MATLAB 的当前文件夹中,就可以运行了.读者还可以不断改变程序中的 n,比较两个图像的清晰程度,体会奇异值分解的作用.

练习 5

　　1. 随机选取一幅图像,对图像进行叠加、增加噪声、旋转、伸缩等变换.

　　2. 选取一幅图像,对图像数据进行奇异值分解,提取主要奇异值并绘制图像,并与原始图像进行比较.

实验六　矩阵特征值与迭代法

实验目的

1. 通过数值实验,深刻理解矩阵特征值的内涵.
2. 了解矩阵谱半径在迭代法解线性方程组中的应用.
3. 学会用迭代法解线性方程组.

理论知识

1. 矩阵特征值与特征向量

设 A 为 $n×n$ 矩阵,若存在非零向量 x 和数 λ,使得 $Ax = \lambda x$,则称数 λ 为矩阵 A 的一个特征值,非零向量 x 为矩阵 A 关于特征值 λ 的特征向量.

对于 $n×n$ 矩阵 A,若 $\lambda_1, \lambda_2, \cdots, \lambda_n$ 为其特征值,则称 $\max\{|\lambda_1|, |\lambda_2|, \cdots, |\lambda_n|\}$ 为矩阵 A 的谱半径,通常记为 $\rho(A)$.

n 阶矩阵 A 相似于一个对角矩阵的充分必要条件是矩阵 A 有 n 个线性无关的特征向量. 矩阵的不同特征值对应的特征向量是线性无关的.

实对称矩阵的特征值均为实数,且实对称矩阵可正交相似于一个对角矩阵.

2. 向量序列收敛性

对于非零矩阵 T,任意选取一个非零初始向量 $x_0 \in \mathbf{R}^n$,作迭代序列

$$x_{k+1} = Tx_k, \quad k = 0, 1, 2, \cdots. \tag{6-1}$$

如果存在向量 x^*,使得

$$\lim_{k \to +\infty} \|x_k - x^*\| = 0$$

成立,则称该向量序列 $\{x_k\}$ 收敛于 x^*,即

$$\lim_{k \to +\infty} x_k = x^*.$$

如何判断迭代产生的向量序列是否收敛,有下面的定理.

定理 1　对于向量迭代序列 $x_{k+1} = Tx_k, k = 0, 1, 2, \cdots$,若 $\rho(T) < 1$,则对于任意非零向量 $x_0 \in \mathbf{R}^n$,迭代序列(6-1)是收敛的.

实验内容

1. 矩阵谱半径的特征

示例 1　给定变换矩阵

$$A = \begin{pmatrix} 0.701\,8 & 0.877\,2 \\ -0.877\,2 & 0.438\,6 \end{pmatrix},$$

按要求完成下面的实验任务:

（1）计算变换矩阵 $\boldsymbol{A}$ 的特征值以及谱半径.

（2）生成一个非零的二维随机向量 $\boldsymbol{x}_0$，利用变换矩阵 $\boldsymbol{A}$ 对其重复进行多次线性变换（以下称为迭代变换）

$$\boldsymbol{x}_{k+1}=\boldsymbol{A}^k\boldsymbol{x}_k, \quad k=0,1,\cdots, \tag{6-2}$$

生成向量序列 $\{\boldsymbol{x}_k\}_{k=0}^{+\infty}$，绘出序列 $\{\boldsymbol{x}_k\}_{k=0}^{+\infty}$（向量点）图形，观察变化规律.

（3）对（2）中产生的向量序列 $\{\boldsymbol{x}_k\}_{k=0}^{+\infty}$，计算其长度序列 $\{\|\boldsymbol{x}_k\|\}_{k=0}^{+\infty}$，即范数序列，看看有什么规律？

（4）任意选取正数 $\varepsilon>0$，若记变换矩阵 $\boldsymbol{A}$ 的谱半径为 $\rho(\boldsymbol{A})$，则选取新的变换矩阵为

$$\tilde{\boldsymbol{A}}=\frac{1}{\rho(\boldsymbol{A})+\varepsilon}\begin{pmatrix} 0.701\,8 & 0.877\,2 \\ -0.877\,2 & 0.438\,6 \end{pmatrix},$$

重复（2）和（3）的过程，观察变换后向量的分布规律和长度变化规律.

（5）分析上面的实验结果，并尝试做出解释.

实验过程　（1）执行下面的命令得到变换矩阵 $\boldsymbol{A}$（即下面指令中的变量 a）的特征值

```
a = [0.7018,0.8772;-0.8772,0.4386];
eig(a)
```

执行结果是

```
ans =
  0.5702+0.8673i
  0.5702-0.8673i
```

从执行的结果可以看出，变换矩阵 $\boldsymbol{A}$ 有两个共轭的复特征值. 再执行

```
abs(eig(a))
```

得变换矩阵 $\boldsymbol{A}$ 的谱半径为

```
ans =
1.0379
1.0379
```

很显然，变换矩阵 $\boldsymbol{A}$ 的谱半径是 1.0379.

注意　此处随机选取的矩阵具有任意性，为了充分揭示内在的规律，我们不对矩阵提出特征值为实数的要求.

（2）执行下面的程序

```
x = rand(2,1)
xl = [ ];
a = [0.7018,0.8772;-0.8772,0.4386]
for k = 1:1:30     % 迭代 30 次
    x = a * x;
    xl = [xl,x];
end
plot(xl(1,:),xl(2,:),xl(1,:),xl(2,:),'*')
```

由于程序中选取的初始向量 x 是随机向量,所以每执行一次程序,产生的随机向量不相同,计算后画出的图形也自然就不一样.图 6.1 是随机选取初始向量 $\boldsymbol{x}=(0.606\ 8,0.486\ 0)^{\mathrm{T}}$,用迭代序列(6-2)经 30 次迭代后产生向量序列的分布图.

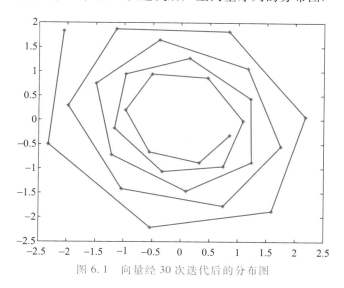

图 6.1　向量经 30 次迭代后的分布图

图 6.2 是用式(6-2)经 300 次迭代后产生向量序列的分布图.

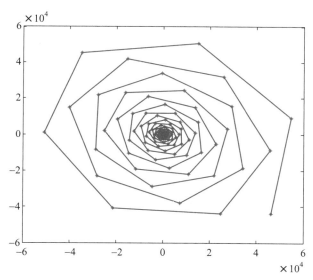

图 6.2　向量经 300 次迭代后的分布图

通过多次重复实验,我们会发现:就此次实验给定的矩阵 $\boldsymbol{A}$,对任意非零的初始向量 $\boldsymbol{x}_0$,随着迭代次数的逐渐增加,迭代后的向量点有逐渐向外扩散的趋势,即迭代产生的向量序列 $\{\boldsymbol{x}_k\}_{k=0}^{+\infty}$ 是发散的(注意图 6.2 中横、纵坐标是 10^4 级).

(3) 编写下面的程序,计算向量序列 $\{\boldsymbol{x}_k\}_{k=0}^{+\infty}$ 的长度序列 $\{\|\boldsymbol{x}_k\|\}_{k=0}^{+\infty}$.为了便于比较,继续选用(2)中选取的初始随机向量 $\boldsymbol{x}=(0.606\ 8,0.486\ 0)^{\mathrm{T}}$.在下面的程序中,变量

cd_xl 存放每次迭代产生向量的长度（范数）

```
x = [0.6068,0.4860]'
a = [0.7018,0.8772;-0.8772,0.4386];
cd_xl = [ ];
for k = 1:1:30
    x = a * x;
    cd_xl = [cd_xl,norm(x)]
end
cd_xl
```

程序执行后会给出 30 次迭代后产生向量的长度值，这里不一一列出，读者可自己运行程序查看. 可以发现随着迭代次数逐渐增加，产生向量的长度呈现增大的趋势. 若继续执行命令

```
plot(cd_xl)
```

就可画出迭代产生向量序列的长度曲线图 6.3.

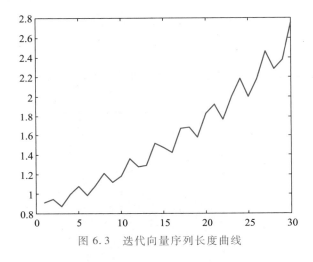

图 6.3   迭代向量序列长度曲线

读者可将程序中的向量 $x = (0.606\,8, 0.486\,0)^{\mathrm{T}}$ 换成其他非零向量，运行程序验证这一事实.

思考   若矩阵 A 的特征值均为实数，相应的图 6.3 应是什么形状？

（4）分别选取 epsilon = 0.1, 0.2, 0.3, ⋯，运行下面的程序（程序中的变量 epsilon 表示 ε），我们会发现，只要 epsilon 的取值严格大于零，迭代后生成的向量序列就收敛，并且对同一个初始向量，随着 epsilon 取值的逐渐增大，迭代生成向量序列的收敛速度逐渐加快，而且最终都收敛到零向量. 迭代生成向量序列的长度序列也是逐渐减小的，且随迭代次数的逐渐增加，最终趋于零. 请读者自己多次执行下面的程序，观察上述现象.

```
x = rand(2,1)
epsilon = 0.12;    % 可在此处更改 epsilon 的取值
a = [0.7018,0.8772;-0.8772,0.4386];
```

```
xl = [ ];
a = a / (epsilon+max(abs(eig(a))));
for k = 1:1:30
    x = a * x;
    xl = [ xl,x ];
end
xl                        % 在 MATLAB 命令窗中显示迭代产生的向量序列
plot(xl(1,:),xl(2,:),xl(1,:),xl(2,:),'*')
```

图 6.4 给出的是当初始向量 $x = (0.176\ 3, 0.405\ 7)^T$, epsilon = 0.12 时, 迭代 30 次产生向量序列收敛到零向量的情形.

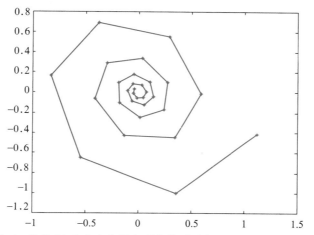

图 6.4　迭代 30 次产生向量序列收敛到零向量 (epsilon = 0.12)

图 6.5 给出的是初始向量 $x = (0.176\ 3, 0.405\ 7)^T$, epsilon = 0.5 时, 迭代 30 次产生向量序列收敛到零向量的情形. 读者可自己运行程序后, 对图形中间局部放大查看.

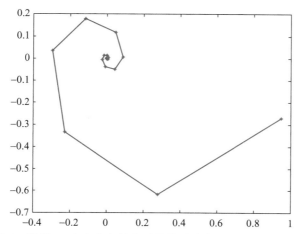

图 6.5　迭代 30 次产生向量序列收敛到零向量 (epsilon = 0.5)

很显然,图 6.5 中向量序列收敛到零向量的速度比图 6.4 中向量序列收敛到零向量的速度要快.这一现象,从图 6.6 中画出的对于不同 epsilon 的取值,迭代向量长度下降对比曲线中看得更加清楚.选取初始随机向量仍为 $\boldsymbol{x} = (0.176\ 3, 0.405\ 7)^{\mathrm{T}}$,迭代次数选择 25 次,epsilon 分别取 $0.2, 0.4, 0.6, 0.8, 1$.程序如下:

```
hold on
for epsilon=0.2:0.2:1
x=[0.1763,0.4057]';
a=[0.7018,0.8772;-0.8772,0.4386];
cd_xl=[ ];
a=a/(epsilon+max(abs(eig(a))));
pubanjing=max(abs(eig(a)))    % 显示不同 epsilon 对应迭代矩阵的谱半径
for k=1:1:25
    x=a*x;
    cd_xl=[cd_xl,norm(x)];
end
cd_xl                         % 在 MATLAB 命令行窗口中显示出迭代产生
                                向量的长度序列

plot(cd_xl)
end
```

执行后显示图形 6.6.

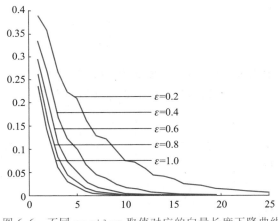

图 6.6　不同 epsilon 取值对应的向量长度下降曲线

(5) 通过实验,我们发现了这样一个事实:当迭代矩阵的谱半径大于 1 时,对任意非零的初始向量,多次迭代后生成的向量序列是发散的,而且向量的长度随迭代次数的增加而呈现逐渐增大的趋势,实验中迭代矩阵 A 的谱半径等于 1.037 9 就属于这种情况.当迭代矩阵的谱半径小于 1 时,对任意非零的初始向量,多次迭代后生成的向量序列是收敛的,而且向量的长度随迭代次数的增加而呈现逐渐减小的趋势,最后趋向于零,实验中迭代矩阵 $\widetilde{A}$ 的谱半径 $\rho(\widetilde{A}) = \dfrac{\rho(A)}{\rho(A) + \varepsilon} < 1$ 就属于这

种情况.

至此,一个自然的问题是:这种现象的本质是什么?

下面我们以二阶矩阵的一种特殊情况为例,启发性地回答这个问题.更为一般性的理论解释,读者若有兴趣可参考有关专业书籍.

假设矩阵 A 的特征值分别为 λ_1 和 λ_2,它们相应的特征向量分别为 x_1 和 x_2.若 $\lambda_1 \neq \lambda_2$,则 x_1 和 x_2 必线性无关,这样任意的一个二维向量 x 必可由向量 x_1 和 x_2 线性表示,即

$$x = k_1 x_1 + k_2 x_2,$$

这样

$$Ax = k_1 \lambda_1 x_1 + k_2 \lambda_2 x_2,$$
$$\cdots\cdots\cdots$$
$$A^k x = k_1 \lambda_1^k x_1 + k_2 \lambda_2^k x_2.$$

不妨假设 $|\lambda_1| > |\lambda_2|$,则有

$$A^k x = \lambda_1^k \left(k_1 x_1 + k_2 \left(\frac{\lambda_2}{\lambda_1} \right)^k x_2 \right),$$

当 $k \to +\infty$ 时,

$$\left(\frac{\lambda_2}{\lambda_1} \right)^k \to 0.$$

若 $\lambda_1 > 1$,则 $\| A^k x \| \to +\infty$,若 $\lambda_1 < 1$,则 $\| A^k x \| \to 0$.现在,我们不难理解实验中出现的结果.

事实上,这样的推理对于 n 阶矩阵(n 维线性变换)也是成立的,而且在线性方程组的迭代解法中是非常实用的.

思考 (1)示例1中迭代矩阵的两个特征值是共轭复数特征值,多次迭代产生向量序列的分布呈螺旋形,这种螺旋形有什么特点?你能通过编程来验证你的猜测吗?

(2)对于任意一个二阶迭代矩阵,多次迭代产生的向量序列都呈螺旋形分布吗?任意选取一个具有实特征值的二阶矩阵,重复示例1中的(1)—(4),回答这个问题.

(3)对于三阶矩阵,结论是什么?请任意选取两个三阶矩阵(一个矩阵特征值全是实数,另一个矩阵有复数特征值),通过分析其特征值的不同情况,编程计算,验证你的猜测.

练习 1

1. 已知矩阵 $A = \begin{pmatrix} 0 & 1 \\ 1 & 1 \end{pmatrix}$,向量 $x_0 = \begin{pmatrix} 1 \\ 1 \end{pmatrix}$,构造迭代

$$x_{k+1} = A x_k, \quad k = 1, 2, 3, \cdots.$$

(1)计算矩阵 A 的特征值及谱半径;

(2)检查向量序列 $\{ x_k \}_{k=1}^{+\infty}$ 是否收敛?它的分量序列有何特点?

（3）将向量序列 $\{x_k\}_{k=1}^{+\infty}$ 画出，看看随迭代次数的逐渐增加，向量序列点如何分布？

（4）计算向量序列 $\{x_k\}_{k=1}^{+\infty}$ 前后分量比值，你会发现什么结论？与迭代矩阵的谱半径有何关系？

（5）将迭代矩阵换成矩阵 A 的逆矩阵，重复（1）—（4）的实验过程，对比分析后你能得出什么结论？

2. 已知矩阵

$$B = \begin{pmatrix} 1/5 & 99/100 \\ 1 & 0 \end{pmatrix},$$

在正方形区域 $\{(x,y) \mid |x| \leqslant 1, |y| \leqslant 1\}$ 内随机选取不同的非零向量作为初始向量 x_0，构造迭代

$$\begin{pmatrix} x_{k+1}^{(1)} \\ x_{k+1}^{(2)} \end{pmatrix} = \begin{pmatrix} 1/5 & 99/100 \\ 1 & 0 \end{pmatrix} \begin{pmatrix} x_k^{(1)} \\ x_k^{(2)} \end{pmatrix}$$

生成向量序列 $\left\{ \begin{pmatrix} x_k^{(1)} \\ x_k^{(2)} \end{pmatrix} \right\}_{k=1}^{+\infty}$。

（1）在同一坐标系上画出迭代向量序列的图形，观察向量的分布规律，你能得出什么结论？

（2）编程计算比值序列 $\left\{\dfrac{x_k^{(2)}}{x_k^{(1)}}\right\}_{k=1}^{+\infty}$，$\left\{\dfrac{x_{k+1}^{(1)}}{x_k^{(1)}}\right\}_{k=1}^{+\infty}$ 和 $\left\{\dfrac{x_{k+1}^{(2)}}{x_k^{(2)}}\right\}_{k=1}^{+\infty}$，你发现了什么？

3. 已知矩阵 A 及向量 x_0 如下：

$$A = \begin{pmatrix} 3 & -1 & -1 \\ -12 & 0 & 5 \\ 4 & -2 & -1 \end{pmatrix}, \quad x_0 = \begin{pmatrix} 1 \\ 1 \\ 1 \end{pmatrix}.$$

（1）求矩阵 A 的特征值、特征向量和谱半径；

（2）编程完成迭代

$$x_{k+1} = Ax_k, \quad k = 0, 1, 2, 3, \cdots,$$

观察迭代产生的向量序列 $\{x_k\}_{k=1}^{+\infty}$ 的分布规律。

2. 线性方程组的迭代解法

对于线性方程组

$$Ax = b, \tag{6-3}$$

若系数矩阵 A 是可逆的，则方程组（6-3）有唯一解 $A^{-1}b$。试想：当线性方程组的阶数很高且系数矩阵求逆又较为复杂时，我们应该采用什么方法求解？本次实验介绍一种求线性方程组近似解（数值解）的方法——迭代法。

若将矩阵 A 分解成

$$A = M - N, \tag{6-4}$$

且矩阵 M 可逆，则称 $A = M - N$ 为矩阵 A 的一个非平凡分裂。

由式（6-4）可将线性方程组（6-3）等价地写成

$$x = M^{-1}Nx + M^{-1}b,$$

任意取一个非零初始向量 $x_0 \in \mathbf{R}^n$，即得迭代序列

$$x_{k+1} = M^{-1}Nx_k + M^{-1}b, \quad k = 0, 1, 2, \cdots. \tag{6-5}$$

如果存在向量 x^*，使得

$$\lim_{k \to +\infty} \| \boldsymbol{x}_k - \boldsymbol{x}^* \| = 0$$

成立,则称迭代序列(6-5)收敛于 $\boldsymbol{x}^*$,即

$$\lim_{k \to +\infty} \boldsymbol{x}_k = \boldsymbol{x}^*.$$

此时 $\boldsymbol{x}^*$ 就是方程组 $\boldsymbol{Ax} = \boldsymbol{b}$ 的解. $\boldsymbol{T} = \boldsymbol{M}^{-1}\boldsymbol{N}$ 称为迭代矩阵.

由矩阵 $\boldsymbol{A}$ 可以产生无穷多个分裂,但并不是每一个分裂做成的迭代序列都收敛.这在前面的实验中已经得到证实.分裂(6-4)满足什么条件,迭代序列(6-5)才收敛呢? 下面的定理回答了这个问题.

定理 2　对于方程组 $\boldsymbol{Ax} = \boldsymbol{b}$, $|\boldsymbol{A}| \neq 0$, $\boldsymbol{A} = \boldsymbol{M} - \boldsymbol{N}$ 是矩阵 $\boldsymbol{A}$ 的一个非平凡分裂,若

$$\rho(\boldsymbol{M}^{-1}\boldsymbol{N}) < 1,$$

则对于任意的迭代初始值 $\boldsymbol{x}_0 \in \mathbf{R}^n$,由分裂 $\boldsymbol{A} = \boldsymbol{M} - \boldsymbol{N}$ 产生的迭代序列(6-5)是收敛的,即序列(6-5)可以收敛到(6-3)的精确解.

一般情况下,迭代矩阵的谱半径越小于1,迭代序列收敛的速度就越快.这样,用迭代法解线性方程组的问题就转化为如何对系数矩阵 $\boldsymbol{A}$ 进行分解,使其迭代矩阵的谱半径充分小.至今仍有许多科研工作者在探讨这个问题.本次实验仅简单地介绍几种较为经典的线性方程组的迭代解法,更为详细的理论分析,有兴趣的读者可参阅其他相关专业书籍.

假设矩阵 $\boldsymbol{A}$ 的主对角元均非零,不失一般性,矩阵 $\boldsymbol{A}$ 可分解为

$$\boldsymbol{A} = \boldsymbol{D} - \boldsymbol{L} - \boldsymbol{U},$$

其中, $\boldsymbol{D}$ 是由矩阵 $\boldsymbol{A}$ 的主对角元组成的对角矩阵, $-\boldsymbol{L}$, $-\boldsymbol{U}$ 分别为由矩阵 $\boldsymbol{A}$ 的严格下、上三角部分做成的三角形矩阵,并称此分裂为矩阵的三角分裂.下面列出的是一些经典的迭代法.

（1）雅可比(Jacobi)迭代法

$$\boldsymbol{x}_{k+1} = \boldsymbol{D}^{-1}(\boldsymbol{L} + \boldsymbol{U})\boldsymbol{x}_k + \boldsymbol{D}^{-1}\boldsymbol{b}, \quad k = 0, 1, 2, \cdots,$$

迭代矩阵是 $\boldsymbol{T}_J = \boldsymbol{D}^{-1}(\boldsymbol{L} + \boldsymbol{U})$.

（2）高斯-赛德尔(Gauss-Seidel)迭代法

$$\boldsymbol{x}_{k+1} = (\boldsymbol{D} - \boldsymbol{L})^{-1}\boldsymbol{U}\boldsymbol{x}_k + (\boldsymbol{D} - \boldsymbol{L})^{-1}\boldsymbol{b}, \quad k = 0, 1, 2, \cdots,$$

迭代矩阵是 $\boldsymbol{T}_{G-S} = (\boldsymbol{D} - \boldsymbol{L})^{-1}\boldsymbol{U}$.

（3）超松弛(SOR)迭代法

$$\boldsymbol{x}_{k+1} = (\boldsymbol{D} - \omega\boldsymbol{L})^{-1}[(1-\omega)\boldsymbol{D} + \omega\boldsymbol{U}]\boldsymbol{x}_k + (\boldsymbol{D} - \omega\boldsymbol{L})^{-1}\omega\boldsymbol{b}, \quad k = 0, 1, 2, \cdots,$$

迭代矩阵是 $\boldsymbol{T}_{SOR} = (\boldsymbol{D} - \omega\boldsymbol{L})^{-1}[(1-\omega)\boldsymbol{D} + \omega\boldsymbol{U}]$,其中 $\omega > 0$ 称为松弛因子.特别地,当 $\omega = 1$ 时,超松弛迭代法即为高斯-赛德尔迭代法.关于如何选取松弛因子 ω 使得超松弛迭代法收敛是一个很专业的问题,这里不予讨论,感兴趣的读者可参考有关数值计算的专业书籍.

示例 2　已知线性方程组

$$\begin{cases} 5x_1 + x_2 - x_3 + 0.2x_4 = 1, \\ 3x_1 + 8.4x_2 + 2x_3 - 7x_4 = 0, \\ 0.1x_1 + x_2 - 5x_3 + x_4 = -2, \\ x_1 - 2x_2 + 4x_3 - 7x_4 = 3, \end{cases} \tag{6-6}$$

按要求完成下面的实验任务：

（1）用 MATLAB 软件命令判断该方程组是否有解，若有解求其解；

（2）对此方程组判断雅可比、高斯-赛德尔迭代法是否收敛，若收敛，则分别用这两种不同的迭代法求其数值解，并比较二者收敛速度；

（3）选取不同的松弛因子 ω，在超松弛迭代法收敛的情况下，求出该方程组的近似解.

实验过程 （1）对线性方程组（6-6），系数矩阵和常数矩阵分别为

$$A=\begin{pmatrix} 5 & 1 & -1 & 0.2 \\ 3 & 8.4 & 2 & -7 \\ 0.1 & 1 & -5 & 1 \\ 1 & -2 & 4 & -7 \end{pmatrix},\quad b=\begin{pmatrix} 1 \\ 0 \\ -2 \\ 3 \end{pmatrix},$$

若设系数矩阵 A 的三角分解为 $A=D-L-U$，则

$$D=\begin{pmatrix} 5 & & & \\ & 8.4 & & \\ & & -5 & \\ & & & -7 \end{pmatrix},\quad L=\begin{pmatrix} & & & \\ -3 & & & \\ -0.1 & -1 & & \\ -1 & 2 & -4 & \end{pmatrix},\quad U=\begin{pmatrix} & -1 & 1 & -0.2 \\ & & -2 & 7 \\ & & & -1 \\ & & & \end{pmatrix},$$

矩阵中没有标出的元素均为零. 执行下面的程序，将矩阵 A 赋值给变量 a，常数列赋值给变量 b，增广矩阵赋值给变量 ab，

```
a=[5,1,-1,0.2;3,8.4,2,-7;0.1,1,-5,1;1,-2,4,-7];
b=[1,0,-2,3]';
ab=[5,1,-1,0.2,1;3,8.4,2,-7,0;0.1,1,-5,1,-2;1,-2,4,-7,3];
```

在 MATLAB 软件命令行窗口中执行命令

```
det(a)
```

得

```
ans=1.5089e+03
```

说明该方程组的系数矩阵 A 是可逆的，因此，方程组（6-6）有唯一解. 执行命令

```
inv(a)*b
```

算得方程组的唯一解为

```
ans =
    0.3275
   -0.2887
    0.3262
   -0.1129
```

（2）分别用变量 jac 和 gs 表示雅可比、高斯-赛德尔迭代矩阵，执行命令

```
jac=inv(diag(diag(a)))*(-1*(tril(a,-1)+triu(a,1)))
gs=inv(tril(a))*(-1*triu(a,1))
```

算得迭代矩阵分别为

```
jac =
```

```
        0          -0.2000     0.2000    -0.0400
      -0.3571        0         -0.2381     0.8333
       0.0200        0.2000      0          0.2000
       0.1429       -0.2857     0.5714      0
   gs =
        0          -0.2000     0.2000    -0.0400
        0           0.0714    -0.3095     0.8476
        0           0.0103    -0.0579     0.3687
        0          -0.0431     0.0839    -0.0372
```

执行命令

```
pbj_jac=max(abs(eig(jac)))
pbj_gs=max(abs(eig(gs)))
```

算得两个迭代矩阵的谱半径 `pbj_jac` 和 `pbj_gs` 分别为

```
pbj_jac=0.4646
pbj_gs=0.1216
```

两迭代矩阵的谱半径均小于 1, 即雅可比和高斯-赛德尔迭代法均收敛. 在误差条件 $\|x_{k+1}-x_k\|<10^{-6}$ 的约束下, 经过编程计算雅可比和高斯-赛德尔迭代法分别经过 19 次和 8 次迭代后即得满足精度要求的近似解分别为

```
jac_solusion =
               0.32750295748822
              -0.28870552514051
               0.32623308688580
              -0.11287899914503
```

和

```
gs_solusion =
               0.32750294441018
              -0.28870573554581
               0.32623310555510
              -0.11287902318255
```

从迭代次数的多少来看, 高斯-赛德尔迭代法比雅可比迭代法收敛快. 事实上, 对线性方程组 (6-6), 高斯-赛德尔迭代法迭代矩阵的谱半径 0.121 6 小于雅可比迭代法迭代矩阵的谱半径 0.464 6, 这与前面提到迭代矩阵的谱半径越小于 1, 收敛速度越快是相吻合的. 图 6.7 是这两种迭代法迭代过程中的误差下降曲线.

注意　仅考虑迭代次数的多少, 而不考虑实际计算中 CPU 的运算时间来评价迭代法的优劣是不科学的. 此处仅是迭代法的简单介绍, 所以不做详细阐述, 感兴趣的读者可参考相关专业书籍.

(3) 根据矩阵特征值的定义可知, 超松弛迭代矩阵的谱半径是关于松弛因子 ω 的连续函数, 因此通过下面的编程计算, 可以粗略地画出超松弛迭代矩阵的谱半径与松弛因子 ω 的关系曲线.

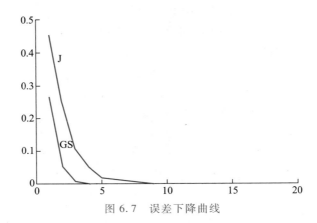

图 6.7　误差下降曲线

```
a=[5,1,-1,0.2;3,8.4,2,-7;0.1,1,-5,1;1,-2,4,-7];
b=[1,0,-2,3]';
D=diag(diag(a));
L=tril(-a,-1);
U=triu(-a,1);
pbj_iteration=[];          % 用来存储不同松弛因子对应的迭代矩阵的谱半径
for omega=0.1:0.1:2        % 分别选取松弛因子为 0.1,0.2,0.3,…,1.9,2
    iteration_matrix=inv((D-omega*L))*((1-omega)*D+omega*U);
    pbj_iteration=[pbj_iteration,max(abs(eig(iteration_ma-
trix)))];
    end
pbj_iteration
plot(0.1:0.1:2,pbj_iteration)
```

程序执行后画出超松弛迭代矩阵的谱半径与松弛因子 ω 的关系曲线如图 6.8 所示.

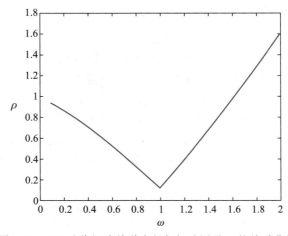

图 6.8　SOR 迭代矩阵的谱半径与松弛因子 ω 的关系曲线

程序执行后,也显示出了变量 `pbj_iteration` 中存储的不同松弛因子 ω 对应迭代矩阵的谱半径如下:

```
pbj_iteration = 0.9335   0.8633   0.7889   0.7098   0.6254   0.5348
                0.4370   0.3311   0.2163   0.1216   0.2433   0.3800
                0.5223   0.6689   0.8190   0.9723   1.1286   1.2879
                1.4499   1.6147
```

从图形中我们可以看出,当松弛因子 ω 在 1 附近取值时,超松弛迭代矩阵的谱半径较小.事实上,松弛因子 ω 的最优取值可以从理论上求得,这里不加以讨论,有兴趣的读者可以自己尝试去证明或者编程搜索.

选取初始迭代向量 $x = [1,1,1,1]^{\mathrm{T}}$,设定误差条件为 $\|Ax_k - b\| < 10^{-6}$,分别选取松弛因子 $\omega = 0.2, 0.6, 1$(当 $\omega = 1$ 时,$T_{\mathrm{SOR}} = T_{\mathrm{G\text{-}S}}$),用超松弛迭代法求方程组(6-6)的近似解,通过编程计算,分别迭代 108 次、25 次、8 次后算得满足精度的近似解为

```
solution =
            0.32750291184576
           -0.28870560054161
            0.32623322944064
           -0.11287894510070
solution =
            0.32750290990282
           -0.28870562366593
            0.32623320710746
           -0.11287897054906
solution =
            0.32750296814095
           -0.28870574189129
            0.32623310230050
           -0.11287901983921
```

若设定误差条件为 $\|Ax_k - b\| < 10^{-2}$,则分别迭代 45 次、10 次、4 次后算得满足精度的近似解为

```
solution =
            0.32733245884634
           -0.28730042271190
            0.32751773457821
           -0.11203720955788
solution =
            0.32724613219012
           -0.28738810207860
            0.32744083088726
```

$$-0.11223380323852$$

solution =

$$0.32733453748061$$
$$-0.28887178932352$$
$$0.32617890880024$$
$$-0.11288660695306$$

图 6.9 画出了三个松弛因子对应迭代过程中的误差下降曲线.

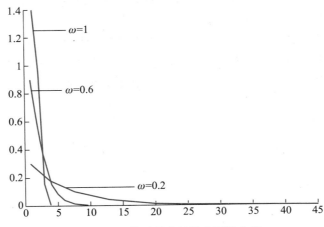

图 6.9　迭代过程中的误差下降曲线

练习 2

1. 已知线性方程组 $Ax = b$, 其中 A 是 50×50 如下形式的矩阵,

$$A = \begin{pmatrix} 12 & -2 & -1 & & & \\ -2 & 12 & -2 & -1 & & \\ -1 & -2 & 12 & -2 & \ddots & \\ & \ddots & \ddots & \ddots & \ddots & -1 \\ & & -1 & -2 & 12 & -2 \\ & & & -1 & -2 & 12 \end{pmatrix},$$

b 为任意的非零向量. 按要求完成下面的实验任务:

(1) 方程组 $Ax = b$ 是否有解与右边常向量 b 是否有关?

(2) 对此方程组, 雅可比和高斯-赛德尔迭代法是否收敛? 若收敛,则任意取定一个非零向量 b, 分别用雅可比和高斯-赛德尔迭代法计算方程组的近似解;

(3) 在相同的精度限制下, 查看两种迭代法的迭代次数.

2. 设有线性方程组 $Ax = b$, 其中矩阵

$$A = \begin{pmatrix} -1 & 1 & 0 \\ -4 & 3 & 0 \\ 1 & 0 & 2 \end{pmatrix}, \quad b = \begin{pmatrix} 1 \\ 1 \\ 1 \end{pmatrix},$$

建立下面的迭代法解该线性方程组:

$$\boldsymbol{x}_{k+1} = (\boldsymbol{I} - \omega \boldsymbol{A}) \boldsymbol{x}_k + \omega \boldsymbol{b}, \quad k = 1, 2, \cdots,$$

要求:

(1)求出使上述迭代法收敛的 ω 的取值范围;

(2)求出该迭代法收敛速度最快的 ω 值,并画出该迭代法迭代矩阵的谱半径与 ω 之间的关系图(答案:最佳 ω 的取值是 2/3);

(3)画出不同 ω 的取值对应的迭代误差的下降曲线.

实验七 随机变量数据模拟

实验目的

1. 学会使用 MATLAB 软件求解概率统计问题.
2. 学会使用 MATLAB 软件计算随机变量的概率分布.
3. 通过使用 MATLAB 软件模拟一些随机量,加深对概率统计中相关概念的理解.

理论知识

1. 随机变量

设 E 为随机试验, Ω 为它的样本空间,若 $X = X(\omega)$, $\omega \in \Omega$ 为单值实函数,且对于任意实数 x,集合 $\{\omega \mid X(\omega) \leqslant x\}$ 都是随机事件,则称 X 为随机变量.

2. 几种常见的概率分布

（1）0-1 分布

在一次试验中,事件 A 发生的概率为 p,不发生的概率为 $1-p$.若用 X 记事件 A 在一次试验中发生的次数, X 所有可能的取值为 0,1,则 X 的分布律为

$$P\{X = i\} = p^i (1-p)^{1-i}, \quad i = 0, 1,$$

记为 $X \sim B(1, p)$.

（2）二项分布

设某事件 A 在一次试验中发生的概率为 p,现把该试验独立地重复进行 n 次,若以 X 表示在这 n 次试验中事件 A 发生的次数,则 X 的分布律为

$$P\{X = i\} = C_n^i p^i (1-p)^{n-i}, \quad i = 0, 1, 2, \cdots, n,$$

其中 $0 < p < 1$,记为 $X \sim B(n, p)$.

（3）泊松（Poisson）分布

若随机变量 X 的可能取值为 0, 1, 2, $\cdots$,且 X 取各可能值的概率为

$$P\{X = k\} = \frac{\lambda^k e^{-\lambda}}{k!}, \quad k = 0, 1, 2, \cdots,$$

其中常数 $\lambda > 0$,则称 X 服从参数为 λ 的泊松分布,记为 $X \sim P(\lambda)$.

（4）均匀分布

若连续型随机变量 X 的概率密度为

$$f(x) = \begin{cases} \dfrac{1}{b-a}, & a \leqslant x \leqslant b, \\ 0, & \text{其他}, \end{cases}$$

其中 $a < b$, a, b 为常数,则称 X 服从区间 $[a, b]$ 上的均匀分布,记为 $X \sim U[a, b]$.

（5）正态分布

若连续型随机变量 X 的概率密度为

$$f(x) = \frac{1}{\sqrt{2\pi}\,\sigma} e^{-\frac{(x-\mu)^2}{2\sigma^2}}, \quad -\infty < x < +\infty,$$

其中 μ, σ $(\sigma>0)$ 为常数,则称 X 服从参数为 μ, σ 的正态分布,记为 $X \sim N(\mu, \sigma^2)$. 正态分布是一种应用非常广泛的概率分布,概率密度中的参数 μ 为其数学期望值,σ^2 为其方差,σ 为标准差.

（6）指数分布

若连续型随机变量 X 的概率密度为

$$f(x) = \begin{cases} \lambda e^{-\lambda x}, & x \geq 0, \\ 0, & x < 0, \end{cases}$$

其中 $\lambda > 0$ 为常数,则称 X 服从参数为 λ 的指数分布,记为 $X \sim exp(\lambda)$.

3. 数学期望与方差

（1）数学期望

若离散型随机变量 X 的分布律为

X	x_1	x_2	$\cdots$	x_n
P	p_1	p_2	$\cdots$	p_n

则称 $\sum_{i=1}^{n} x_i p_i$ 为随机变量 X 的数学期望,记作 $E(X)$,即 $E(X) = \sum_{i=1}^{n} x_i p_i$.

若离散型随机变量 X 有可数无穷多个可能取值,其分布律为

$$P\{X = x_i\} = p_i, \quad i = 1, 2, \cdots,$$

且级数 $\sum_{i=1}^{+\infty} x_i p_i$ 绝对收敛,则称 $\sum_{i=1}^{+\infty} x_i p_i$ 为随机变量 X 的数学期望.

若连续型随机变量 X 具有概率密度 $f(x)$,且反常积分 $\int_{-\infty}^{+\infty} x f(x) \mathrm{d}x$ 绝对收敛,则称 $\int_{-\infty}^{+\infty} x f(x) \mathrm{d}x$ 为随机变量 X 的数学期望,记为 $E(X)$,即 $E(X) = \int_{-\infty}^{+\infty} x f(x) \mathrm{d}x$.

（2）方差

若 X 是随机变量,则称 $D(X) = E[(X - E(X))^2]$ 为随机变量 X 的方差,称 $\sqrt{D(X)}$ 为 X 的标准差,记为 $\sigma(X)$,即 $\sigma(X) = \sqrt{D(X)}$.

（3）几种常见概率分布的数学期望和方差

二项分布:$X \sim B(n, p)$,$E(X) = np$,$D(X) = np(1-p)$.

泊松分布:$X \sim P(\lambda)$,$E(X) = D(X) = \lambda$.

均匀分布:$X \sim U[a, b]$,$E(X) = \dfrac{a+b}{2}$,$D(X) = \dfrac{(b-a)^2}{12}$.

正态分布:$X \sim N(\mu, \sigma^2)$,$E(X) = \mu$,$D(X) = \sigma^2$.

（4）协方差、相关系数

协方差是表示多维随机变量分量之间相互关系的数字特征,设 (X, Y) 为二维随机

变量,若 $E[(X-E(X))(Y-E(Y))]$ 存在,则称它为 X 与 Y 的协方差,记为 $\mathrm{cov}(X,Y)$,即 $\mathrm{cov}(X,Y)=E[(X-E(X))(Y-E(Y))]$.

由期望的性质,可知 $\mathrm{cov}(X,Y)=E(XY)-E(X)E(Y)$. 称 $\dfrac{\mathrm{cov}(X,Y)}{\sqrt{D(X)}\sqrt{D(Y)}}$ 为 X 与 Y

的相关系数,记为 $\rho_{X,Y}$,即 $\rho_{X,Y}=\dfrac{\mathrm{cov}(X,Y)}{\sqrt{D(X)}\sqrt{D(Y)}}$.

实验内容

1. 用 MATLAB 软件生成服从特殊分布的样本随机数

MATLAB 软件提供了一些生成服从指定分布的随机函数,此次实验只介绍其中几个常用的命令.

（1）均匀分布

MATLAB 软件生成服从均匀分布随机变量的函数是 rand,具体使用格式如下:

```
rand(1,m)
rand(m,n)
unifrnd(a,b,m,n)
```

命令 rand(1,m) 生成在 [0,1] 上服从均匀分布的 1 行 m 列的随机数向量;命令 rand(m,n) 生成在 [0,1] 上服从均匀分布的 m×n 随机数矩阵;命令 unifrnd(a,b, m,n) 生成在 [a,b] 上服从均匀分布的 m×n 随机数矩阵.

（2）二项分布

MATLAB 软件生成服从二项分布随机变量的函数是 binornd,具体使用格式如下:

```
binornd(n,p,m,s)
```

此命令生成 m×s 个服从参数为 n 和 p 的二项分布的样本随机数.

（3）泊松分布

MATLAB 软件生成服从泊松分布随机变量的函数是 poissrnd,具体使用格式如下:

```
poissrnd(lambda)
poissrnd(lambda,m)
poissrnd(lambda,m,n)
```

命令 poissrnd(lambda) 生成服从参数为 lambda 的泊松分布的随机数;命令 poissrnd(lambda,m) 生成服从参数为 lambda 的泊松分布的 m 阶随机数矩阵;命令 poissrnd(lambda,m,n) 生成服从参数为 lambda 的泊松分布的 m×n 随机数矩阵.

（4）正态分布

MATLAB 软件生成服从标准正态分布随机变量的函数是 randn,具体使用格式如下:

```
randn(1,m)
randn(m,n)
normrnd(mu,sigm,m,n)
```

命令 randn(1,m)生成服从标准正态分布的 1×m 随机数向量;命令 randn(m,n)生成服从标准正态分布的 m×n 随机数矩阵;命令 normrnd(mu,sigm,m,n)生成服从数学期望为 mu,标准差为 sigm 的正态分布的 m×n 随机数矩阵.

生成服从指数分布随机数的命令是 exprnd,读者可用 help 命令查询学习.

示例 1　随机生成 20 个服从数学期望为 4,标准差为 2 的正态分布的随机数,并画图观察.

实验过程　在 MATLAB 软件命令行窗口中执行命令

```
suijishu=normrnd(4,2,1,20)
```

可显示 20 个服从数学期望为 4,标准差为 2 的正态分布的随机数(每次生成的样本具有随机性,未必相同).

```
suijishu = 4.9388 2.1929 4.0718 2.7449 5.0708 5.1058 3.5926 -0.1086
           4.2651 7.1859 6.0368 0.8392 3.8427 2.6367 1.9509   1.5313
           4.5776 3.1414 4.1116 3.2643
```

继续运行下列程序:

```
x=0:0.1:8;
y=1/sqrt(8*pi)*exp(-(x-4).^2/8);
x1=[4.9388   2.1929   4.0718   2.7449   5.0708   5.1058   3.5926
-0.1086   4.2651   7.1859   6.0368   0.8392   3.8427   2.6367   1.9509
1.5313   4.5776   3.1414   4.1116   3.2643];
```

`mn=mean(x1);`	% 计算这 20 个随机数的期望
`nn=var(x1);`	% 计算这 20 个随机数的方差
`t=sort(x1);`	% 将 x 按照从小到大排序
`y1=1/sqrt(2*pi*nn)*exp(-(t-mn).^2/(2*nn));`	% 计算相应 t 处的概率密度
`plot(x,y,'m--')`	% 绘制正态分布 N(4,4)的概率密度曲线
`hold on`	
`plot(t,y1,'m*-')`	% 描绘产生的随机数

程序运行后显示如图 7.1 所示图形,其中星号表示这 20 个随机数,虚线表示正态分布的概率密度曲线.读者可以上机选取 200 乃至 2000 多个随机数进行画图观察.

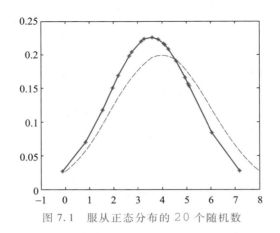

图 7.1　服从正态分布的 20 个随机数

1. 产生在 $[1,3]$ 上服从均匀分布的 20 个随机数, 并绘图观察.

2. 随机生成服从数学期望为 2, 标准差为 1 的 200, 2000 个正态分布的样本随机数, 并画图观察.

2.　用 MATLAB 软件计算随机变量的概率分布

（1）二项分布

当随机变量 $X \sim B(n, p)$ 时, MATLAB 软件用命令

```
P=binopdf(x,n,p)
```

计算事件发生次数为 x 的概率; 用命令

```
P=binocdf(x,n,p)
```

计算随机变量在 $[0, x]$ 上取值的概率.

（2）泊松分布

当随机变量 $X \sim P(\lambda)$ 时, MATLAB 软件用命令

```
P=poisspdf(x,lamda)
```

计算随机变量取值为 x 的概率; 用命令

```
P=poisscdf(x,lamda)
```

计算随机变量在 $[0, x]$ 上取值的概率.

（3）均匀分布

当随机变量 $X \sim U[a, b]$ 时, MATLAB 软件用命令

```
P=unifpdf(x,a,b)
```

计算随机变量的概率密度在 x 处的值; 用命令

```
P=unifcdf(x,a,b)
```

计算随机变量分布函数在 x 处的值.

（4）正态分布

当随机变量 $X \sim N(\mu, \sigma^2)$ 时，MATLAB 软件用命令

```
P=normpdf(x,mu,sigma)
```

计算随机变量的概率密度在 x 处的值;用命令

```
P=normcdf(x,mu,sigma)
```

计算随机变量分布函数在 x 处的值.

示例 2 向空中抛掷一枚质量分布均匀的硬币 100 次,正面朝上的次数记为 X.（1）试计算 $\{X=45\}$ 的概率和 $\{X \leq 45\}$ 的概率;（2）绘出随机变量 X 的分布函数图形和分布律图形;（3）已知 $F(x)=P\{X \leq x\}=0.32$, 求 x.

实验过程 （1）在 MATLAB 软件命令行窗口中执行命令

```
P1=binopdf(45,100,0.5)
```

得抛掷一枚质量分布均匀的硬币 100 次,正面朝上的次数为 45 的概率

```
P1=0.0485
```

执行命令

```
P2=binocdf(45,100,0.5)
```

结果为

```
P2=0.1841
```

（2）编写 MATLAB 程序为

```
x=1:100;
p=binocdf(x,100,0.5);
px=binopdf(x,100,0.5);
plot(x,p,'+')
figure
plot(x,px,'*')
```

运行程序显示图 7.2.

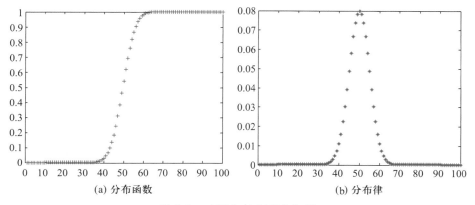

(a) 分布函数   (b) 分布律

图 7.2 二项分布 $B(100,0.5)$

（3）在命令行窗口中执行命令

```
x=binoinv(0.32,100,0.5)
```

运行结果为

```
x=48
```

表示 100 次实验中正面朝上的次数不超过 48 次的概率为 0.32. 读者也可以执行命令

```
icdf('bino',0.32,100,0.5),
```

查看结果.

示例 3　验证泊松定理.

实验过程　绘制 $B(100, 0.02)$ 的分布律曲线和 $P(100×0.02)$ 的分布律曲线. 在 MATLAB 软件命令行窗口中执行命令

```
n=100;p=0.02;
x=0:20;
y=binopdf(x,n,p);
plot(x,y,'m.')
lamda=n*p;
hold on
y1=poisspdf(x,lamda);
plot(x,y1,'bo','markersize',10)
```

程序运行后, 显示如图 7.3 所示图形, 其中"实心点列"表示二项分布的分布律, "圆圈点列"表示泊松分布的分布律. 可以发现, 在 n 比较"大", p 比较"小", 而 np 大小"适中"时, 二项分布近似于泊松分布, 验证了泊松定理.

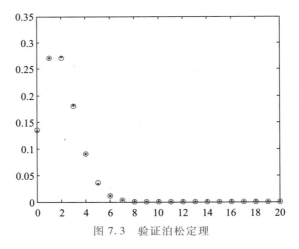

图 7.3　验证泊松定理

练习 2

1. 随机变量 $X\sim P(3)$.

（1）试生成 21 个随机数（3 行 7 列）；

（2）若已知分布函数 $F(x) = 0.45$，求 x；

（3）画出 X 的分布律和分布函数图形.

2. 设随机变量 $X \sim U[2,6]$，求概率 $P\{2.11 < X < 2.22\}$，并画出随机变量 X 的分布函数和概率密度图形.

3. 设某电子元件厂生产的电子元件的寿命（单位：h）$X \sim exp(3\ 000)$，该厂规定寿命低于 300 h 的元件可以退换，求退换的产品占总产品的比例.

4. 公共汽车车门的高度是按成年男子与车门框碰头的概率在 0.01 以下的标准设计的. 根据统计资料，成年男子的身高 X 服从均值为 168 cm，方差为 7 cm^2 的正态分布，那么车门的高度应该至少设计为多少？

5. 利用 MATLAB 软件生成服从二项分布的随机数，验证泊松定理.

3. 统计中的 MATLAB 命令

（1）直方图绘制

MATLAB 软件描绘频数直方图的命令有下面三种格式.

`[n,x]=hist(data,k)`

此命令将区间 `[min(data),max(data)]` 分为 k 个小区间（缺省为 10），返回数组 data 落在每一个小区间的频数 n 和每一个小区间的中点 x，得到频数表.

`hist(data,k)`

此命令描绘数组 data 的频数直方图.

`histfit(data)`

此命令描绘数组 data 的频数直方图与拟合曲线.

示例 4 某高校在一次全校公共课考试后，随机抽取了 90 名学生的成绩如下：

80,78,80,81,85,82,80,81,76,79,97,79,46,79,78,50,80,79,90,78,79,72,78,81,79,82,81,90,64,60,85,88,80,91,68,81,65,80,79,81,82,79,80,79,81,81,79,79,79,81,80,80,79,80,83,80,79,80,78,80,78,80,81,81,80,79,80,81,77,80,81,82,91,90,79,75,84,81,82,80,79,88,90,65,83,87,76,65,55,96.

描绘该样本数组的频数直方图.

实验过程 首先将学生成绩装入向量 data 中，然后在 MATLAB 软件命令行窗口中执行命令 `[n,x]=hist(data,k)` 得频数表（读者可上机查看），再执行 `hist(data)` 得图 7.4 所示的直方图，最后执行 `histfit(data)` 得到数组 data 的频数直方图与直方图正态拟合曲线（读者可上机查看）.

（2）最小二乘拟合直线绘制

MATLAB 软件绘制最小二乘拟合直线的命令是 `lsline`，其功能是根据坐标面上的点添加一条根据最小二乘算法得到的一条拟合直线. 读者可通过执行下面的程序来熟悉此命令.

```
y=[1.2,1.3,1.1,1.15,1.12,1.09,1.05,1,1.2,1.06];
plot(y,'*')
lsline
```

程序执行后显示图形 7.5.

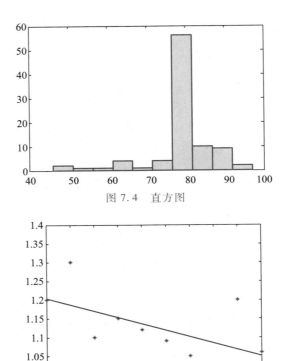

图 7.4　直方图

图 7.5　最小二乘拟合直线

（3）经验累积分布函数图形

MATLAB 软件描绘经验累积分布函数图形的命令格式为

```
cdfplot(X)
[h,stats]=cdfplot(X)
```

其中向量 X 为样本，stats 表示样本的一些特征，h 表示绘制的曲线的一些特征.

示例 5　用 normrnd 函数产生 50 个服从标准正态分布的随机数，做经验累积分布函数曲线，并与标准正态分布函数的曲线比较.

实验过程　程序为

```
x=normrnd(0,1,50,1);
[h,stats]=cdfplot(x)
y=linspace(min(x),max(x));
p=normcdf(y,0,1);      % 计算标准正态分布函数在 y 处的值
hold on
plot(y,p,'--')
legend('经验累积分布函数','标准正态分布函数','Location','best')
```

程序运行得到结果及图形 7.6（执行结果具有随机性）.

```
h =      Color: [0 0.4470 0.7410]
         LineStyle:'-'
```

```
             LineWidth: 0.5000
                Marker:'none'
            MarkerSize: 6
       MarkerFaceColor:'none'
                 XData: [1×102 double]
                 YData: [1×102 double]
                 ZData: [1×0 double]
stats =   min: -2.1860
          max: 1.8140
         mean: 0.0142
       median: 0.0776
          std: 0.9798
```

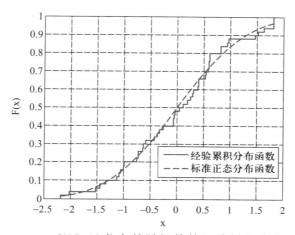

图 7.6 服从 $N(0,1)$ 分布的随机数的经验累积分布函数

请读者上机实验,如果产生 100,1000 个,甚至更多的随机数,其经验分布函数图又将如何?

(4) 样本的概率图形

MATLAB 软件描绘样本的概率图形的命令格式为

```
p = capaplot ( data , specs )
```

其中 data 为所给样本数据,specs 为指定范围,p 表示样本的估计分布的随机变量落在指定范围内的概率.

读者在 MATLAB 软件的命令行窗口中执行命令

```
data = normrnd ( 0 , 1 , 30 , 1 );
p = capaplot ( data , [ -2 , 1 ])
```

程序执行后显示如下结果与图 7.7(执行结果具有随机性).

```
p = 0.8214
```

(5) 统计中其他常用 MATLAB 命令

1) mean (x)   % 计算样本 x 的均值

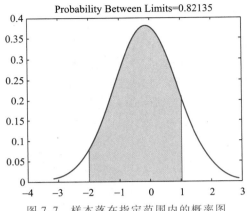

图 7.7   样本落在指定范围内的概率图

2) var(x)   % 计算样本 x 的方差

3) std(x)   % 计算样本 x 的标准差

4) cov(x,y)   % 计算样本 x 与 y 的协方差

5) corrcoef(x,y)   % 计算样本 x 与 y 的相关系数

6) min(x)   % 计算样本 x 的最小值

7) max(x)   % 计算样本 x 的最大值

8) median(x)   % 计算样本 x 的中位数

9) sort(x)   % 对样本 x 进行升序排列

10) y = prctile(x,p)   % 返回数组 x 中元素的百分位 p 的分位数,p 取
                             [0,100]中的数或向量

示例 6   运行以下程序:

```
x = unifrnd(-1,2,1,10)
jz = mean(x)
fc = var(x)
zws = median(x)
sx = sort(x)
y = prctile(x,90)
ysx = prctile(sx,90)
yabsx = prctile(abs(x),90)
yx = prctile(x,[20,50,90])
```

请读者自己查看运行结果(执行结果具有随机性).

练习 3

1. 描绘以下数组的频数直方图,画出最小二乘拟合直线.

3.8,27.6,31.6,32.4,33.7,34.9,43.2,52.8,63.8,41.4,51.8,61.7,67.9,68.7,77.5,95.9,137.4,155.

2. 来自总体的样本观测值如下,计算样本均值、样本方差、样本中位数、样本极差. 画出频率直方图、经验分布函数图.

16,25,19,20,25,33,24,23,20,24,25,17,15,21,22,26,15,23,22,20,14,16,11,14,28,18,13,27,
31,25,24,16,19,23,26,17,14,30,21,18,16,18,19,20,22,19,22,18,26,26,13,21,13,11,19,23,18,
24,28,13,11,25,15,17,18,22,16,13,12,13,11,09,15,18,21,15,12,17,13,14,12,16,10,08,23,
18,11,16,28,13,21,22,12,08,15,21,18,16,16,19,28,19,12,14,19,28,28,13,21,28,19,11,15,
18,24,18,16,28,19,15,13,22,14,16,24,20,28,18,18,28,14,13,28,29,24,28,14,18,18,08,
21,16,24,32,16,28,19,15,18,18,10,12,16,18,19,33,08,11,18,27,23,11,22,22,13,28,14,22,
18,26,18,16,32,27,25,24,17,17,28,33,16,20,28,32,19,23,18,28,15,24,28,29,16,17,19,18.

3. 给出 200 名学生的身高(单位:cm)与体重(单位:kg).

(1) 计算样本均值、样本标准差、中位数;

(2) 作出身高与体重的频率直方图;

(3) 估计身高与体重的关系.

4. 统计量数据模拟实验

我们可以用取随机数的方法来验证一些统计量的特征并模拟一些随机现象,本次实验仅举以下几例.

示例 7(模拟概率)　用取随机数的方法模拟检验:抛掷一枚均匀的硬币 n 次,检验出现正面的频率是否逼近 1/2.

实验过程　在区间 $[0,1]$ 上取若干随机数,1000 倍取整后用偶数表示扔硬币出现正面,奇数表示出现反面,编写下面的程序统计出现正反面的频率.

```
n = 200;                            % 抛掷硬币的次数
odd = 0;
even = 0;
format long
for i = 1:n
   x = fix(1000 * rand(1));
   if mod(x,2) == 0
      even = even+1;                % 统计出现正面的次数
   else
      odd = odd+1;                  % 统计出现反面的次数
   end
end
odd                                 % 显示出现反面的次数
even                                % 显示出现正面的次数
odd/n                               % 显示出现反面的频率
even/n                              % 显示出现正面的频率
```

请读者运行上面的程序查看结果,观察出现正反面的频率各是多少. 应当注意,这种数据模拟概率统计现象的方法,程序虽然简单,但很具有实用价值.

示例 8(模拟数学期望)　在区间 $[0,1]$ 上生成服从均匀分布的 2 000 个样本随机数,验证样本均值是数学期望的无偏估计量.

实验过程　服从$[0,1]$上均匀分布的随机变量的数学期望是$1/2$. 编写下面的程序:

```
pjz = [ ];
n = 2000;                      % 每次选取的样本点数
for k = 1:20                   % 实验 20 次
x = rand ( 1,n );
pjz = [pjz,sum ( x )/n ];
end
plot ( 1:20,pjz )
```

程序运行后显示图7.8.

从图7.8可以看出,虽然每次实验产生样本随机数的均值未必等于数学期望$1/2$,但是,均在$1/2$附近.

示例9(模拟会面问题)　两人相约中午12时到13时在某地会面,双方约定,先到者必须等候对方15分钟,过了15分钟如果对方仍未到达则离去,试用随机数据模拟的方法计算两人会面的概率.

实验过程　假设两人可以在约定时间段内的任意时刻到达,这样两人到达的时间可以理解为服从区间$[0,60]$上均匀分布的两个随机变量. 从理论上不难算得两人能够会面的概率是

$$P(A) = \frac{60^2 - 45^2}{60^2} = \frac{7}{16} = 0.437\,5.$$

该结果从图7.9亦可清楚地得到:图中阴影部分的面积与正方形的面积比即为会面的概率.

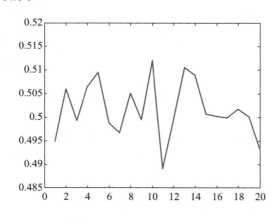

图7.8　均匀分布的数学期望检验

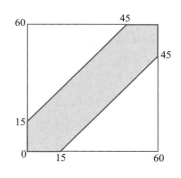

图7.9　约会问题

下面的程序模拟实现这个过程.

```
clear
n = input ( 'n =' )
k = 0 ;
```

```
x = rand ( 1,n );
y = rand ( 1,n );
for i = 1:n
    if abs ( x ( i )-y ( i ))<1/4
        k = k+1;
    end
end
p = k / n
```

程序执行时输入 n = 100000,显示 p = 0.4372(因为程序中取了随机数,所以,每次执行的结果未必完全相同)与理论值 $P(A) = \dfrac{7}{16} = 0.437\,5$ 非常接近.

示例 10(模拟中心极限定理)　设 $X_1, X_2, \cdots, X_n$ 是独立同分布的随机变量,其中对于任意的 $i = 1, 2, \cdots, n$, $E(X_i) = \mu$, $D(X_i) = \sigma^2$, 则 $\overline{X} = \dfrac{1}{n} \sum_{i=1}^{n} X_i$ 在 n 充分大时近似服从 $N\left(\mu, \dfrac{\sigma^2}{n}\right)$.

实验过程　基本思想是:首先,生成服从区间 $[0,1]$ 上均匀分布的 $m \times n$ 随机数矩阵 $(X_{ij})_{m \times n}$,计算 $Y_j = \dfrac{1}{m} \sum_{i=1}^{m} X_{ij}$,给定 $\alpha\,(0 < \alpha < 1)$,求出 $u_{\frac{\alpha}{2}}\left(\text{标准正态分布的上侧}\dfrac{\alpha}{2}\text{分位数}\right)$,再统计满足 $\left| \dfrac{Y_j - 0.5}{\sqrt{\dfrac{1}{12m}}} \right| > \left| u_{\frac{\alpha}{2}} \right|$, $j = 1, 2, \cdots, n$ 中 Y_j 的个数 k,计算 $p = \dfrac{k}{n}$,则当 $n \to +\infty$ 时,$\alpha - p$ 会越变越小.其次,绘制样本值 $Y_1, Y_2, \cdots, Y_n$ 的频率直方图,并与正态分布的概率密度曲线比较.程序如下:

```
m = 900;
n = 500;
x = rand ( m,n );                    % 生成 m×n 随机数矩阵
alpha = 0.05;
[ mu,sigma ] = unifstat ( 0,1 );     % 计算区间 [ 0,1 ] 上均匀分布的均值
                                       mu 和方差 sigma
s = sum ( x )/ m;                    % 计算矩阵 x 的每一列元素的平均值
wi = ( s-mu )/ sqrt ( sigma / m );
ii = abs ( wi )>= 1.96;
k = sum ( ii )                       % 计算满足 $\left| \dfrac{Y_j - 0.5}{\sqrt{\dfrac{1}{12m}}} \right| > \left| u_{\frac{\alpha}{2}} \right|$, $j = 1, 2, \cdots,$
                                       $n$ 中 $Y_j$ 的个数 k
k / n
abs ( k / n-alpha )
```

```
    [ps,t]=hist(s,20);              % 计算数组 s 的频数表,返回频数行向
                                       量 ps 和子区间中点行向量 t
    d=(max(s)-min(s))/20;           % 计算子区间的长度
    y=ps/n/d;
    bar(t,y)                        % 以 t 为横坐标,y 为纵坐标绘制频率
                                       直方图

    hold on
    u=0.45:0.001:0.55;
    pp=1/sqrt(2*pi*sigma/m)*exp(-(u-mu).^2*m/2/sigma);

    plot(u,pp,'linewidth',3)        % 绘制正态分布 N(μ, σ²/n) 的概率密度曲
                                       线

    axis([0.45 0.55 0 50])
```

$pp=1/\sqrt{2*pi*sigma/m}*\exp(-(u-mu).^2*m/2/sigma);$ 对应 % 绘制正态分布 $N\left(\mu, \dfrac{\sigma^2}{n}\right)$ 的概率密度曲线

程序执行后,显示图 7.10 及如下运行结果(注意:由于程序中用了随机数,所以每次执行的结果未必相同).

```
k =      29
ans =   0.0580
ans =   0.0080
```

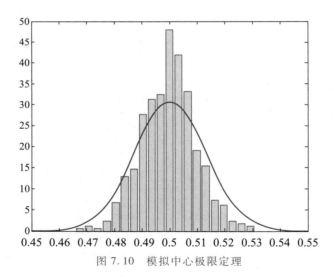

图 7.10　模拟中心极限定理

读者也可以增大 n 的取值,运行程序并观察实验结果,对此,你能得到什么结论?

练习 4

1. 随机变量的数学期望有许多无偏估计量,你知道哪些? 类似于示例 7,用数据模拟的方法进行模拟实验,讨论在你所给出的无偏估计量(至少三个)里哪一个最好?

2. 用数据模拟的方法,实验讨论无偏估计量中方差最小估计量的统计意义.

3. 用此次实验中讲到的数据模拟方法,你还能模拟哪些概率统计内容?

5. 用 MATLAB 软件进行统计推断

统计推断中的常用 MATLAB 命令:

(1) phat=mle(x,'distribution',dist)　　% 返回由 dist 指定的分布的参数估计,其中 dist 可以取为 norm(正态分布),poiss(泊松分布),exp(指数分布),unif(均匀分布),bino(二项分布)等.

(2) [muHat,sigmaHat,muCI,sigmaCI]=normfit(x,alpha)　　% 对正态总体在显著性水平 alpha 下由样本 x 进行有关参数估计,其中 muHat 表示样本均值(总体均值的点估计值),sigmaHat 表示样本标准差(总体标准差的点估计值),mu-CI 是总体均值的置信水平为 100(1-alpha)% 的置信区间,sigmaCI 是总体标准差的置信水平为 100(1-alpha)% 的置信区间

(3) h=ztest(x,m,sigma,alpha,tail)　% 正态总体中方差为 sigma 时均值为 m 的检验,alpha 是显著性水平,缺省值为 0.05. 尾部 tail 取值为 both(双侧检验),right(备择假设为 mu>m)或 left(备择假设为 mu<m),缺省为 both. 返回值 h=1 表示拒绝原假设,h=0 表示不拒绝原假设

(4) h=ttest(x,m,alpha,tail)　　% 正态总体中方差未知时均值为 m 的检验

(5) h=ttest2(x,y,alpha,tail)　　% 在给定 alpha 下进行两个正态总体方差未知且相等时均值差为 0 的检验

(6) h=vartest(x,s,alpha,tail)　　% 正态总体中均值未知时方差为 s 的检验

(7) h=vartest(x,y,alpha,tail)　　% 两个正态总体中均值未知时方差比为 1 的检验

(8) h=chi2gof(x,alpha,tail)　　% 卡方拟合优度检验

示例 11　一台包装机装洗衣粉,额定标准质量为 500 g,根据以往经验,包装机的实际装袋质量服从正态分布,其标准差为 2 g. 某天为检验包装机工作是否正常,随机抽取 9 袋,称得洗衣粉质量数据如下(单位:g):499,501,502,505,495,507,510,489,500. 若取显著性水平为 0.05,问这天包装机工作是否正常?

实验过程　编写程序如下:

```
x=[499,501,502,505,495,507,510,489,500];
[muHat,sigmaHat,muCI,sigmaCI]=normfit(x)
h=ztest(x,500,2)
```

运行结果如下:

```
muHat = 500.8889
sigmaHat = 6.3136
muCI =  496.0359
        505.7419
sigmaCI = 4.2645
         12.0953
h =  0
```

因此,这批洗衣粉的平均质量为 500.888 9g,标准差为 6.313 6g,平均质量的置信水平为 95% 的置信区间为 (496.035 9,505.741 9),平均质量的标准差的置信水平为 95% 的置信区间为 (4.264 5,12.095 3).

在总体方差已知情况下,检验 $H_0:\mu=500,H_1:\mu\neq500$,在显著性水平 0.05 下不拒绝原假设.

练习 5

1. 某食品厂用自动装罐机装罐头食品,每罐标准质量为 500 g,每隔一定时间需要检查机器工作情况. 现抽得 10 罐,测得其质量为(单位:g):455,510,505,498,503,492,592,612,407,506. 假定质量服从正态分布,在显著性水平 0.05 下检验机器工作是否正常?

2. 某部门对当前市场的价格情况进行调查. 以鸡蛋为例,在所抽查的全省 20 个集市上,售价分别为(单位:元/500 g):3.05,3.31,3.34,3.82,3.30,3.16,3.84,3.10,3.90,3.18,3.88,3.22,3.28,3.34,3.62,3.28,3.30,3.22,3.54,3.30. 已知往年的平均售价一直稳定在 3.25 元/500 g 左右,在显著性水平 0.01 下,能否认为全省当前的鸡蛋售价明显高于往年?

3. 从正态总体 $N(\mu,\sigma^2)$ 中抽取 10 个样本,测得观测值为:5.8,6.10,6.5,6.23,5.9,6.45,6.8,6.25,6.5,5.7. 在 $\alpha=0.01$ 下检验假设 $H_0:\sigma^2=0.25,H_0:\sigma^2\neq0.25$.

4. 甲、乙两台车床加工同种零件,从两台车床加工的产品中随机抽取若干件,测得产品的直径(单位:cm)为

甲:1.45,1.49,1.52,1.51,1.49,1.48,1.54;

乙:1.47,1.52,1.50,1.53,1.49,1.48,1.49,1.46.

假设两台车床加工的产品直径都服从正态分布,问两台车床产品的直径是否可以认为服从同一分布($\alpha=0.05$)?

5. 一颗骰子掷了 100 次,得结果如下:

点数 i	1	2	3	4	5	6
频数 f_i	14	17	15	21	13	20

在 $\alpha=0.05$ 下,检验这颗骰子是否均匀?

实验八 近似计算

实验目的

1. 掌握泰勒级数在近似计算中的应用,从而理解数值逼近思想.
2. 了解数值积分理论,掌握几种计算定积分的近似值的方法.
3. 了解圆周率 π 的计算历史,掌握计算圆周率 π 近似值的多种方法.
4. 了解无理数 e 和欧拉常数 C 的由来历史.
5. 利用幂级数展开式计算无理数 e 和欧拉常数 C 的近似值.

理论知识

1. 泰勒定理

设函数 $f(x)$ 在区间 I 上 $n+1$ 阶可导,$x_0 \in I$,则对于任意的 $x \in I$,在 x 与 x_0 之间至少存在一点 ξ,使得

$$f(x) = \sum_{k=0}^{n} \frac{f^{(k)}(x_0)}{k!}(x-x_0)^k + \frac{f^{(n+1)}(\xi)}{(n+1)!}(x-x_0)^{n+1}$$

成立,称上式为 $f(x)$ 在 x_0 处的泰勒公式,称

$$P_n(x) = \sum_{k=0}^{n} \frac{f^{(k)}(x_0)}{k!}(x-x_0)^k$$

为函数 $f(x)$ 在 x_0 处的泰勒多项式,称

$$R_n(x) = \frac{f^{(n+1)}(\xi)}{(n+1)!}(x-x_0)^{n+1}$$

为拉格朗日(Lagrange)余项.

事实上,如果函数 $f(x)$ 在区间 $[a,b]$ 上 $n+1$ 阶可导,并且存在常数 $M>0$,使得对任意的 $x \in I$,$|f^{(n+1)}(x)| \leqslant M$,则当 $n \to +\infty$ 时,

$$|R_n(x)| = \frac{|f^{(n+1)}(\xi)|}{(n+1)!}|x-x_0|^{n+1} \leqslant \frac{M}{(n+1)!}(b-a)^{n+1} \to 0.$$

因此,只要 $f^{(n+1)}(x)$ 在区间 $[a,b]$ 上有界,则在区间 $[a,b]$ 上,用泰勒多项式 $P_n(x)$ 近似代替函数 $f(x)$,绝对误差 $|R_n(x)|$ 随泰勒多项式 $P_n(x)$ 的次数增大可任意变小.

2. 无理数 e

已知函数 $y = e^x$ 在 $x=0$ 处的泰勒展开式为

$$e^x = 1 + x + \frac{x^2}{2!} + \frac{x^3}{3!} + \frac{x^4}{4!} + \cdots + \frac{x^n}{n!} + \cdots,$$

从而就有

$$e = 1 + 1 + \frac{1}{2!} + \frac{1}{3!} + \frac{1}{4!} + \cdots + \frac{1}{n!} + \cdots. \tag{8-1}$$

关于无理数 e, 除有上述的级数表示外, 还有下面的极限表示形式

$$\lim_{n \to +\infty} \left(1 + \frac{1}{n}\right)^n = e, \tag{8-2}$$

其中, 数列 $\left\{\left(1 + \frac{1}{n}\right)^n\right\}_{n=1}^{+\infty}$ 单调上升, 且有上界 e.

3. 欧拉常数 C

设 n 为正整数, 调和级数

$$1 + \frac{1}{2} + \frac{1}{3} + \cdots + \frac{1}{n} + \cdots$$

的部分和为

$$s_n = 1 + \frac{1}{2} + \frac{1}{3} + \cdots + \frac{1}{n},$$

容易证明不等式

$$\ln(n+1) < s_n < \ln(n+1) + 1,$$

该不等式变形后得

$$0 < s_n - \ln(n+1) < 1,$$

即数列 $\{s_n - \ln(n+1)\}$ 有界, 而且也可以证明该数列是单调上升的, 因此根据单调有界原理可知, 该数列存在极限. 此极限就是著名的欧拉 (Euler) 常数 C, 即

$$C = \lim_{n \to +\infty} [s_n - \ln(n+1)]. \tag{8-3}$$

欧拉常数是在 1735 年由欧拉定义的, 当时也称为欧拉 - 马歇罗尼 (Mascheroni) 常数. 公式 (8-3) 在计算极限或级数求和时较为有效.

例如, 求极限

$$\lim_{n \to +\infty} \left(\frac{1}{n+1} + \frac{1}{n+2} + \cdots + \frac{1}{n+n}\right)$$

$$= \lim_{n \to +\infty} \{[s_{2n} - \ln(2n+1)] - [s_n - \ln(n+1)] + \ln(2n+1) - \ln(n+1)\}$$

$$= C - C + \lim_{n \to +\infty} \ln \frac{2n+1}{n+1} = \ln 2.$$

例如, 无穷级数 $\displaystyle\sum_{n=1}^{+\infty} \frac{(-1)^{n-1}}{n}$ 求和, 由于 $C = \lim_{n \to +\infty} [s_n - \ln(n+1)]$, 即

$$s_n - \ln(n+1) = C + \alpha_n \quad \left(\lim_{n \to +\infty} \alpha_n = 0\right),$$

则

$$s_n = \ln(n+1) + C + \alpha_n,$$

由于

$$\frac{1}{2} + \frac{1}{4} + \cdots + \frac{1}{2n} = \frac{1}{2} s_n, \quad 1 + \frac{1}{3} + \frac{1}{5} + \cdots + \frac{1}{2n-1} = s_{2n} - \frac{1}{2} s_n,$$

$$\sum_{n=1}^{+\infty} \frac{(-1)^{n-1}}{n} = \lim_{n \to \infty} \left(s_{2n} - \frac{1}{2} s_n - \frac{1}{2} s_n\right) = \lim_{n \to \infty} (s_{2n} - s_n)$$

$$= \lim_{n \to +\infty} [\ln(2n+1) - \ln(n+1)] = \ln 2.$$

实验内容

1. 数值积分

若 $f(x)$ 在有界闭区间 $[a,b]$ 上连续,则定积分 $\int_a^b f(x)\,\mathrm{d}x$ 一定存在. 若已知被积函数 $f(x)$ 的一个原函数 $F(x)$,则

$$\int_a^b f(x)\,\mathrm{d}x = F(b) - F(a).$$

但在实际应用问题中,我们常常会碰到一些具有实际应用背景的函数,理论上这些函数存在原函数,但它们的原函数却很难计算,有些甚至是不可求的. 在这种情况下,利用求原函数的方法来求这些定积分是很难实现的. 这时,我们转求它们满足一定精度的近似值,数值积分法就是最常用的计算定积分近似值的方法. 本次实验只介绍几种简单的数值积分方法,不讨论它们的误差问题.

(1)矩形数值积分公式. 先将区间 $[a,b]$ 做如下划分 $a = x_0 < x_1 < x_2 < \cdots < x_n = b$,然后在每一个小区间上用"矩形面积"近似代替"曲边梯形面积",即得矩形数值积分公式

$$\int_a^b f(x)\,\mathrm{d}x \approx \sum_{i=1}^n [f(x_{i-1}) \cdot (x_i - x_{i-1})], \quad (左矩形公式)$$

$$\int_a^b f(x)\,\mathrm{d}x \approx \sum_{i=1}^n [f(x_i) \cdot (x_i - x_{i-1})], \quad (右矩形公式)$$

$$\int_a^b f(x)\,\mathrm{d}x \approx \sum_{i=1}^n \left[f\left(\frac{x_i + x_{i-1}}{2}\right) \cdot (x_i - x_{i-1}) \right]. \quad (中矩形公式)$$

(2)梯形数值积分公式. 在每一个小区间上用"梯形面积"近似代替"曲边梯形面积",即得梯形数值积分公式

$$\int_a^b f(x)\,\mathrm{d}x \approx \sum_{i=1}^n \left[\frac{f(x_{i-1}) + f(x_i)}{2}(x_i - x_{i-1}) \right].$$

(3)抛物形数值积分公式. 抛物线形数值积分公式(请读者自己分析其含义)

$$\int_a^b f(x)\,\mathrm{d}x \approx \sum_{i=1}^n \frac{x_i - x_{i-1}}{6} \cdot \left[f(x_{i-1}) + 4f\left(\frac{x_i + x_{i-1}}{2}\right) + f(x_i) \right].$$

MATLAB 软件求数值积分的命令有下面几种(详细用法可用 help+具体的命令得到,例如 help quad 等).

quad   用辛普森(Simpson)法计算积分
trapz   用梯形法计算积分
sum   用等宽矩形法计算积分

与这些命令相关的还有 quad8,fnint,dblquad,cumtrapz,cumsum 等,其中 dblquad 是用来做多重数值积分的指令,这里不做介绍.

quad 命令完整的使用格式为

quad('f',a,b,tol,trace,p1,p2)

其中 tol,trace,p1,p2 是可选项,f 是被积函数表达式. tol 是指定的误差范围. 当

tol 的形式为二维向量 [rel_tol,abs_tol] 时,它们分别表示相对误差和绝对误差,若缺省则约定求积的相对误差为 10^{-3}. trace 是输入的可选参数,当 trace 不为零时,表示以动态点图的形式实现积分的整个过程;a,b 表示积分区间的端点. 常用的省略格式有如下三种形式:

```
quad('f',a,b)
quad('f',a,b,tol)
quad('f',a,b,tol,trace)
```

trapz 命令常用的省略格式有如下两种形式:

```
trapz(y)
trapz(x,y)
```

trapz(y) 表示通过梯形法计算 y 的数值积分(采用单位间距). 当 y 为向量时,trapz(y) 返回 y 的数值积分值. 当 y 为矩阵时,按矩阵 y 的列返回一个以积分值为元素的行向量.

trapz(x,y) 表示用梯形法计算 y 对 x 的数值积分,x 和 y 是长度相等的向量.

示例 1　用多种方法计算 $\int_0^1 \dfrac{\sin x}{x}\mathrm{d}x$ 的近似值.

实验过程　被积函数 $\dfrac{\sin x}{x}$ 在区间 $[0,1]$ 上,除有一个第一类可去间断点 $x=0$ 外是连续的,所以根据定积分存在性定理可知该积分是存在的. 定积分 $\int_0^1 \dfrac{\sin x}{x}\mathrm{d}x$ 存在意味着图 8.1 中曲边梯形的面积是可求的.

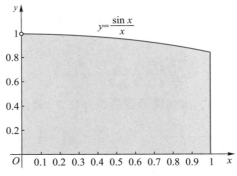

图 8.1　曲边梯形面积

被积函数在区间 $(0,1)$ 内连续,根据原函数存在定理,函数 $f(x)=\dfrac{\sin x}{x}$ 在 $(0,1)$ 内存在原函数,但是它的原函数我们很难求出,所以要计算该积分,牛顿-莱布尼茨公式无法应用. 下面我们采用数值积分法计算其近似值. 将积分区间 $[0,1]$ 划分成 n 等份,即

$$[0,1]=\left[0,\frac{1}{n}\right]\cup\left[\frac{1}{n},\frac{2}{n}\right]\cup\left[\frac{2}{n},\frac{3}{n}\right]\cup\cdots\cup\left[\frac{n-1}{n},1\right].$$

方法一:矩形法

在每个小区间上,统一选取区间的左端点、中点和右端点做积分和. 编写下面的程

序,其中变量 left_sum 记选取左端点的积分和,特别地,在 $x=0$ 处补充定义函数值为 1;变量 right_sum 记选取右端点的积分和,变量 mid_sum 记选取中点的积分和.程序中的 n 表示等分区间的份数.程序以 n=10 为例计算.

```
clc;                        % 清除命令行窗口
format long                 % 显示小数点后 15 位有效数字
n = 10;
x = 0:1/n:1;
left_sum = 0;
mid_sum = 0;
right_sum = 0;
for i = 1:n
    if i == 1
        left_sum = left_sum+1/n;
    else
        left_sum = left_sum+sin(x(i))/x(i)*(1/n);
    end
    mid_sum = mid_sum+sin((x(i)+x(i+1))/2)/((x(i)+x(i+1))/2)
*(1/n);
    right_sum = right_sum+sin(x(i+1))/x(i+1)*(1/n);
end
left_sum
mid_sum
right_sum
```

计算的结果是

```
left_sum = 0.953758522626510
mid_sum = 0.946208578843145
right_sum = 0.937905621107300
```

表 8.1 分别给出不同的等分区间数对应的积分和(近似值).

表 8.1 积分 $\int_0^1 \dfrac{\sin x}{x} \mathrm{d}x$ 的近似值(矩形法)

n	50	150	200	500
left_sum	0.947658	0.946610	0.946479	0.946241
mid_sum	0.946088	0.946084	0.946083	0.946083
right_sum	0.944488	0.945554	0.945686	0.945924

从算得的结果可以看出:统一取左端点、中点和右端点得到的积分和有下面的关系:

```
left_sum>mid_sum>right_sum
```

这与函数 $f(x)=\dfrac{\sin x}{x}$ 在区间 $(0,1)$ 上单调下降是一致的.但随着等分数 n 的逐渐增大,三个数值逐渐靠近.

方法二：梯形法

对上面的程序稍做修改即得用梯形数值积分公式计算其近似值的程序.计算结果如表 8.2 所示,表 8.2 中 T_sum 表示积分和(近似值).

表 8.2　积分 $\int_0^1 \dfrac{\sin x}{x}\mathrm{d}x$ 的近似值(梯形法)

n	50	150	200	500
T_sum	0.946073	0.946082	0.946082	0.946083

(4) 利用近似函数计算定积分.对于计算定积分 $\int_a^b f(x)\mathrm{d}x$,当被积函数 $f(x)$ 的原函数不容易求时,我们可以寻找 $f(x)$ 的一个简单近似函数 $p(x)$,然后用定积分 $\int_a^b p(x)\mathrm{d}x$ 的值近似代替 $\int_a^b f(x)\mathrm{d}x$. 本次实验我们不专门讨论这种近似函数的获得和计算积分产生的误差问题,只简单介绍这种思想.

示例 2　计算 $\int_0^1 \mathrm{e}^{-x^2}\mathrm{d}x$ 的近似值.

实验过程　用三种方法计算积分的近似值.

方法一：取被积函数 $y=\mathrm{e}^{-x^2}$ 在 $x=0$ 处泰勒多项式 $T_n(x)$ 作为函数 $y=\mathrm{e}^{-x^2}$ 的近似表达式,用 $\int_0^1 T_n(x)\mathrm{d}x$ 近似代替 $\int_0^1 \mathrm{e}^{-x^2}\mathrm{d}x$.

分别选取当 $n=10,20,50,100$ 时函数 $y=\mathrm{e}^{-x^2}$ 在 $x=0$ 处泰勒多项式 $T_{10}(x),T_{20}(x)$, $T_{50}(x)$ 和 $T_{100}(x)$ 作为函数 $y=\mathrm{e}^{-x^2}$ 的近似函数,编写下面的程序分别计算 $\int_0^1 \mathrm{e}^{-x^2}\mathrm{d}x$ 的近似值 $\int_0^1 T_{10}(x)\mathrm{d}x, \int_0^1 T_{20}(x)\mathrm{d}x, \int_0^1 T_{50}(x)\mathrm{d}x$ 和 $\int_0^1 T_{100}(x)\mathrm{d}x$.

```
n=50                    % 定义泰勒多项式的阶数,可以更改
syms x
y=exp(-x.^2);
p=taylor(y,'order',n);
jifen=int(p,0,1);
format long
jieguo=double(jifen)
```

表 8.3 给出的是泰勒多项式的不同阶数积分的 $\int_0^1 \mathrm{e}^{-x^2}\mathrm{d}x$ 近似值.

表 8.3　定积分 $\int_0^1 \mathrm{e}^{-x^2}\mathrm{d}x$ 的近似值

n	10	20	50	100
积分近似值	0.747 486 772 486 773	0.746 824 120 701 185	0.746 824 132 812 427	0.746 824 132 812 427

方法二：分区间用积分和计算 $\int_0^1 e^{-x^2}dx$ 的近似值.

根据定积分的定义,有

$$\int_0^1 e^{-x^2}dx = \lim_{\max \Delta x_i \to 0} \sum_{i=1}^n f(\xi_i)\Delta x_i.$$

将积分区间 $[0,1]$ n 等分,在每一个小区间上,选取左端点为 ξ_i,编写下面的程序计算 $\int_0^1 e^{-x^2}dx$ 的近似值.

```
n=500;    % 定义等分积分区间数,可以更改
i=0:1/n:1;
s=0;
for k=1:length(i)-1
    s=s+(exp(-i(k)^2)*1/n);
end
s
```

表 8.4 给出的是不同等分区间数计算 $\int_0^1 e^{-x^2}dx$ 的近似值.

表 **8.4** 定积分 $\int_0^1 e^{-x^2}dx$ 的近似值

n	100	500	1 000	5 000
积分近似值	0.749 978 604 262 113	0.747 456 008 118 262	0.747 140 131 778 599	0.746 887 342 415 783

方法三：用多项式插值函数计算 $\int_0^1 e^{-x^2}dx$ 的近似值.

将积分区间 $[0,1]$ n 等分,即

$$[0,1]=\left[0,\frac{1}{n}\right]\cup\left[\frac{1}{n},\frac{2}{n}\right]\cup\left[\frac{2}{n},\frac{3}{n}\right]\cup\cdots\cup\left[\frac{n-1}{n},1\right],$$

然后用过 $n+1$ 个点 $\left(\dfrac{i}{n}, e^{-\left(\frac{i}{n}\right)^2}\right)$, $i=0,1,2,\cdots,n$ 的 n 次插值多项式 $P_n(x)$ 的积分 $\int_0^1 P_n(x)dx$ 来近似代替 $\int_0^1 e^{-x^2}dx$.

编写下面的程序计算 $\int_0^1 e^{-x^2}dx$ 的近似值.

在编辑器窗口输入

```
function p=lagrange(x,y)
L=length(x);
A=ones(L);
for j=2:L
    A(:,j)=A(:,j-1).*x';
end
```

```
X = inv ( A ) * y';
for i = 1:L
    p ( i ) = X ( L-i+1 );
end
```

用 lagrange 为文件名保存,就可以进行调用. 在命令行窗口执行下面程序:

```
n = 6;    % 定义插值多项式的阶数,可以更改
x = 0:1/n:1;
y = exp ( -x.^2 );
format short
p = lagrange ( x,y )    % 定义插值多项式的系数
t = sym ( 't' );
ft = poly2sym ( p,t );
jifen = int ( ft,0,1 );
format long
jieguo = double ( jifen )
```

结果为

```
P = 0.0273 -0.3219  0.7353 -0.0877   -0.9841   -0.0011   1.0000
jieguo = 0.746823756570942
```

以下的实验步骤请读者自己完成:

（1）分别选取当 $n = 200,500$ 时函数 $y = e^{-x^2}$ 在 $x = 0$ 处泰勒多项式 $T_{200}(x), T_{500}(x)$ 作为函数 $y = e^{-x^2}$ 的近似函数,计算 $\int_0^1 e^{-x^2} dx$ 的近似值 $\int_0^1 T_{200}(x) dx, \int_0^1 T_{500}(x) dx$.

（2）请读者自己分析过 $n+1$ 个点 $\left(\dfrac{i}{n}, e^{-\left(\frac{i}{n}\right)^2} \right)$, $i = 0,1,2,\cdots,n$ 的 n 次多项式 $P_n(x)$ 是否存在? 若存在是否唯一? 在 $P_n(x)$ 存在的情况下,选取不同的 n,用 $\int_0^1 P_n(x) dx$ 近似代替 $\int_0^1 e^{-x^2} dx$,你会发现什么? 针对你的发现,可以采取什么方法来提高近似计算精度?

练习 1

1. 已知标准正态分布的概率密度为 $\varphi(x) = \dfrac{1}{\sqrt{2\pi}} e^{-\frac{x^2}{2}}$, $x \in (-\infty, +\infty)$. 根据概率密度的性质有 $\int_{-\infty}^{+\infty} \dfrac{1}{\sqrt{2\pi}} e^{-\frac{x^2}{2}} dx = 1$. 用数值积分法验证这一事实(精度为 10^{-4}).

2. 用多种数值积分方法计算定积分 $\int_0^{\pi/4} \dfrac{1}{1 - \sin x} dx$,与精确值进行比较,观察不同方法对应的误差.

3. 图 8.2 所示是某平面区域的示意图.

图 8.2　某平面区域示意图

在选取自西向东的方向为 x 轴的正向,自南向北的方向为 y 轴正向的情况下,测得该平面区域边界上的一些数据如表 8.5 所示.

表 8.5　平面区域坐标数据

x	2.0 (最西端)	8.6	12.0	21.8	35.4	42.9	45.6	61.1	69.8	87.2
y_1	14.5	21.6	22.4	25.8	20.6	23.8	36.8	28.8	30.4	38.7
y_2	94.5	76.8	91.5	118.6	124.2	140.6	172.8	206.6	175.5	198.6

x	120.5	146.8	168.5	189.8	220.4	255.0	286.6	302.5	350.1 (最东端)
y_1	52.8	98.6	55.5	69.4	23.4	51.9	46.8	52.8	66.6
y_2	145.6	186.8	352.4	423.8	386.7	415.4	358.2	245.2	198.9

请你用多种方法估计该平面区域的面积.

2. 圆周率 π 的近似计算

(1) π 的计算历史

古今中外,历史上许多对科学有着执着追求的人做了大量关于圆周率 π 的研究与计算工作.为了这个神秘的数,中外许多数学家付出了无尽的心血.19 世纪前及整个 19 世纪,虽然圆周率 π 的计算进度相当缓慢,仅靠手工计算,但记录却不断地被刷新.到 20 世纪,伴随计算机技术的发展,圆周率 π 的计算得到长足发展.

在 1609 年,德国卢多尔夫(Ludolph)几乎耗尽了一生的时间,获得了圆周率 π 的 35 位精确值.为了对这份成绩予以肯定,当时在德国圆周率 π 被称为卢多尔夫数.

在 1761 年,兰伯特(Lambert)证明了圆周率 π 是无理数.

在 1874 年,英国的威廉·尚克斯(William Shanks)用了 15 年的时间算出了圆周率 π 小数点后的 707 位.但最令人惋惜的是,后来发现,他从第 528 位开始就算错了.

在 1882 年,林德曼(Lindemann)证明了圆周率 π 是超越数后,圆周率 π 就不再那么神秘了.

现在,继续执着地追求计算圆周率 π 的更多精确位数,已经没有多大的实际意义了.因为,现代科技领域使用的圆周率 π 值,有十几位已经足够.有研究表明:用卢多尔夫在 1609 年算出的 35 位精度的圆周率 π 值,计算一个能包含太阳系的圆的周长,其误差还不到质子直径的百万分之一.然而,这种追求科学的精神是积极的.

2002 年两位日本人高桥大辅（Daisuke Takahashi）和金田康正（Yasumasa Kanada）利用一台超级计算机，使用新的计算方法，耗时 400 多小时，计算出圆周率 π 小数点后 1.24 万亿位数，刷新圆周率 π 当时的最新计算纪录. 比他们于 1999 年 9 月计算出的小数点后 2061 亿位提高了六倍. 圆周率 π 这么多位数是个什么概念呢？如果用计算机一秒钟读一位数，大约四万年后才能读完. 如果将这些数字打印在 A4 大小的复印纸上，每页印 2 万位数字，那么，这些纸摞起来将高达 2 700 米. 有记录显示，日本科学家近藤茂（Shigeru Kondo）曾成功地将圆周率 π 计算到小数点后 5 万亿位.

当然，利用当今有效的数学计算软件也可以直接得到圆周率 π 小数点后的若干位. 但必须明确的是：无论用什么样的软件直接得到圆周率 π 的近似值（例如，执行命令 vpa(pi,50)就能得到小数点后的 49 位），它的后台程序还是依然对应一个较为有效的圆周率 π 的计算方法，所以，我们这里介绍计算圆周率 π 的目的在于使读者了解一些相关近似计算的方法，而不是为了试图获得圆周率 π 小数点后更多的精确位数.

这里给出圆周率 π 小数点后 500 位如下（仅供参考）：

1415926535	8979323846	2643383279	5028841971	6939937510
5820974944	5923078164	0628620899	8628034825	3421170679
8214808651	3282306647	0938446095	5058223172	5359408128
4811174502	8410270193	8521105559	6446229489	5493038196
4428810975	6659334461	2847564823	3786783165	2712019091
4564856692	3460348610	4543266482	1339360726	0249141273
7245870066	0631558817	4881520920	9628292540	9171536436
7892590360	0113305305	4882046652	1384146951	9415116094
3305727036	5759591953	0921861173	8193261179	3105118548
0744623799	6274956735	1885752724	8912279381	8301194912

历史上，计算圆周率 π 一般是采用割圆法，即用圆的内接或外切正多边形周长来逼近圆的周长. 我国的刘徽用正 3072 边形得到小数点后的 5 位精确值. 卢多尔夫用正 2^{62} 边形得到了小数点后的 35 位精确值. 这种方法虽然经典，但相当耗时. 后来产生了许多利用级数来近似计算圆周率 π 的方法. 这里仅列举部分较为有名的计算过程.

（a）用无穷级数

$$\arctan x = x - \frac{x^3}{3} + \frac{x^5}{5} - \frac{x^7}{7} + \cdots + (-1)^{n-1} \frac{x^{2n-1}}{2n-1} + \cdots$$

计算 π 时，如果利用 $\arctan 1 = \frac{\pi}{4}$，取 $x=1$，则因为 x 太大，级数收敛很慢. 将 x 减小，比如 $x = \frac{1}{2}$，则必须知道 $\arctan \frac{1}{2}$ 与 π 的关系. 记 $\alpha = \arctan \frac{1}{2}$，$\beta = \frac{\pi}{4} - \alpha$，则 $\tan \beta = \frac{1}{3}$，于是得到下面的公式

$$\pi = 4 \left(\arctan \frac{1}{2} + \arctan \frac{1}{3} \right).$$

如果令 $x = \frac{1}{5}$，采用上面的办法，可以得到公式

$$\pi = 16\arctan\frac{1}{5} - 4\arctan\frac{1}{239}.$$

这个公式是由英国天文学教授约翰·梅钦（John Machin）在 1706 年发现的，他利用这个公式计算到了圆周率 π 的小数点后 100 位.

（b）1914 年，印度数学家拉马努金（Ramanujan）发表了下面的公式：

$$\pi = \frac{9\,801}{2\sqrt{2}\displaystyle\sum_{n=0}^{\infty}\frac{(4n)!}{4^{4n}(n!)^4}\cdot\frac{1\,103 + 26\,390n}{99^{4n}}}.$$

在 1985 年，戈斯珀（Gosper）用这个公式计算到了圆周率 π 的小数点后 17 500 000 位.

（c）在 1985 年，乔纳森·博温（Jonathan Borwein）和彼得·博温（Peter Borwein）共同发表了计算圆周率 π 的四次迭代公式.

选取初值：$a_0 = 6 - 4\sqrt{2}$，$\quad y_0 = \sqrt{2} - 1$，

迭代计算：$y_{n+1} = \dfrac{1 - (1 - y_n^4)^{1/4}}{1 + (1 - y_n^4)^{1/4}}$，$\quad a_{n+1} = a_n(1 + y_{n+1})^4 - 2^{2n+1}y_{n+1}(1 + y_{n+1} + y_{n+1}^2)$，

最后计算：

$$\pi \approx \frac{1}{a_n}.$$

类似地还有高斯-勒让德（Gauss-Legendre）公式：

选取初值：$a = x = 1$，$\quad b = \dfrac{1}{\sqrt{2}}$，$\quad c = \dfrac{1}{4}$.

迭代计算：$y = a$，$\quad a = \dfrac{a+b}{2}$，$\quad b = \sqrt{by}$，$\quad c = c - x(a-y)^2$，$\quad x = 2x$，

最后计算：$\pi \approx \dfrac{(a+b)^2}{4c}$.

在 1999 年，高桥大辅和金田康正用这个算法，历时 37 小时 21 分 04 秒，算出了圆周率 π 小数点后的 206 158 430 000 位，创出新的世界纪录.

（d）在 1989 年，戴维（David）和格雷戈里·丘德诺夫斯基（Gregory Chudnovsky）发表了公式

$$\frac{1}{\pi} = 12\sum_{n=0}^{+\infty}\frac{(-1)^n(6n)!}{(3n)!\,(n!)^3}\cdot\frac{13\,591\,409 + 545\,140\,314n}{640\,320^{3n+3/2}},$$

并在 1994 年计算到了 4 044 000 000 位. 它的另外一种形式是

$$\pi = \frac{426\,880\sqrt{10\,005}}{\displaystyle\sum_{n=0}^{+\infty}\frac{(6n)!\,(545\,140\,134n + 13\,591\,409)}{(n!)^3(3n)!\,(-640\,320)^{3n}}}.$$

（e）在 1995 年，由戴维·贝利（David Bailey），彼得·博温和西蒙·普劳夫（Simon Plouffe）共同发表了下面的圆周率 π 计算公式（简称 BBP 公式）

$$\pi = \sum_{n=0}^{+\infty}\frac{1}{16^n}\left(\frac{4}{8n+1} - \frac{2}{8n+4} - \frac{1}{8n+5} - \frac{1}{8n+6}\right).$$

该公式的最大优点在于：经后来人将该公式变形后打破了传统的计算方法，可以直

接计算圆周率 π 小数点后的任意第 n 位数,而不用先计算前面的 $n-1$ 位数.

（f）在 1997 年,法布里斯·贝拉尔(Fabrice Bellard)发表了一个比 BBP 算法更快的公式

$$\pi = \frac{1}{64} \sum_{n=0}^{+\infty} \left(\frac{-1}{1\,024} \right)^n \left(-\frac{32}{4n+1} - \frac{1}{4n+3} + \frac{256}{10n+1} - \frac{64}{10n+3} - \frac{4}{10n+5} - \frac{4}{10n+7} + \frac{1}{10n+9} \right),$$

大大地降低了圆周率 π 近似值的计算量.

（2）圆周率 π 的幂级数计算方法

利用一些特殊函数的幂级数展开式计算圆周率 π 的近似值通常是一种比较简单且易行的方法.

示例 3　完成下面的实验任务.

（1）用 MATLAB 软件计算函数 $\arctan x$ 的麦克劳林展开式,计算圆周率 π 的近似值.

（2）利用下面 4 个等式计算圆周率 π 的近似值,并与(1)比较.

(a) $\dfrac{\pi^2}{8} = \sum\limits_{n=1}^{+\infty} \dfrac{1}{(2n-1)^2}$;　　　　(b) $\dfrac{\pi^2}{12} = \sum\limits_{n=1}^{+\infty} \dfrac{(-1)^{n-1}}{n^2}$;

(c) $\dfrac{\pi^3}{32} = \sum\limits_{n=1}^{+\infty} \dfrac{(-1)^{n-1}}{(2n-1)^3}$;　　　　(d) $\dfrac{\pi(\pi-1)}{8} = \sum\limits_{n=1}^{+\infty} \dfrac{\sin(2n-1)}{(2n-1)^3}$.

实验过程　（1）执行下面的程序,可得函数 $\arctan x$ 的 9 阶麦克劳林展开式.

```
syms x
n=10
taylor(atan(x),'order',n)
```

执行后得到 $\arctan x$ 的 9 阶麦克劳林展开式为

```
ans=x^9/9-x^7/7+x^5/5-x^3/3+x
```

更改程序中 n 的值,可得函数 $\arctan x$ 更高阶麦克劳林展开式

$$\arctan x = x - \frac{x^3}{3} + \frac{x^5}{5} - \cdots + \frac{(-1)^{n+1} x^{2n-1}}{2n-1} + \cdots.$$

根据 $\arctan 1 = \dfrac{\pi}{4}$,自然得到

$$\pi = 4 \left[1 - \frac{1}{3} + \frac{1}{5} - \cdots + \frac{(-1)^{n+1}}{2n-1} + \cdots \right]. \tag{8-4}$$

编写下面的程序:

```
n=10;                          % 选择展开式的次数
s=0;
digits(22);
for k=1:n
    s=s+4*(-1)^(k+1)/(2*k-1);
end
vpa(s,20)                      % 定义显示精度为 20 位
```

表 8.6 给出的是分别取不同的 n 由式(8-4)算得圆周率 π 的近似值.

表 8.6　圆周率 π 的近似值

$n=10$	3.041 839 618 929 403 243 9	$n=10\ 000$	3.141 492 653 590 034 489 5
$n=100$	3.131 592 903 558 553 686 6	$n=100\ 000$	3.141 582 653 589 719 775 8
$n=1\ 000$	3.140 592 653 839 794 135 0	$n=1\ 000\ 000$	3.141 591 653 589 774 324 5

从计算结果发现:用 $\arctan x$ 的麦克劳林展开式计算圆周率 π 的近似值,收敛速度很慢.当 $n=1\ 000\ 000$ 时,才精确至小数点后的第五位(3.141 592 653 589 79).

思考　依据泰勒展开式,如何得出下面的式子?

$$\pi \approx 16\sum_{k=1}^{n}\frac{(-1)^{k-1}}{(2k-1)5^{2k-1}} - 4\sum_{k=1}^{n}\frac{(-1)^{k-1}}{(2k-1)239^{2k-1}},$$

据此式计算圆周率 π 的近似值,其收敛速度与式(8-4)相比是快还是慢?

(2) 首先请读者自己思考,如何从理论上证明这些等式是成立的?

我们选取同样多的项数,比较各自收敛于圆周率 π 的快慢.程序中分别用 sa,sb, sc 和 sd 表示给出的四个等式算得圆周率 π 的近似值.

```
sa = 0;
sb = 0;
sc = 0;
sd = 0;
n = 1000;
digits(22)
for k = 1:n
    sa = sa+1/(2*k-1)^2;
    sb = sb+(-1)^(k-1)/k^2;
    sc = sc+(-1)^(k-1)/(2*k-1)^3;
    sd = sd+sin(2*k-1)/(2*k-1)^3;
end
sa = vpa(sqrt(8*sa),20)
sb = vpa(sqrt(12*sb),20)
sc = vpa((32*sc)^(1/3),20)
sd = vpa((1+sqrt(1+32*sd))/2,20)
```

表 8.7 给出的是计算结果(已知 $\pi=3.141\ 592\ 653\ 589\ 793\ 238\ 462\ 643\ 38\dots$).

表 8.7　圆周率 π 的近似值

	$n=10$	$n=100$	$n=1\ 000$
sa	3.109 625 457 988 647 756 5	3.138 407 967 067 091 242 1	3.141 274 327 602 740 168 4
sb	3.132 977 195 469 482 278 9	3.141 498 114 035 649 713 6	3.141 591 699 614 915 800 3
sc	3.141 526 087 929 505 717 3	3.141 592 586 052 465 385 6	3.141 592 653 522 246 259 0
sd	3.141 538 602 696 021 698 1	3.141 592 599 756 393 156 0	3.141 592 653 631 021 470 1

由表 8.7 给出的计算结果可以看出:用不同的等式,取相同的项数计算圆周率 π 的近似值时,其收敛的速度是不一样的. 当 $n = 1\,000$ 时,它们分别精确到小数点后的第 3,5,10 和 9 位.

图 8.3 显示上述五种近似算法收敛于圆周率 π 的速度. 绘图程序如下:

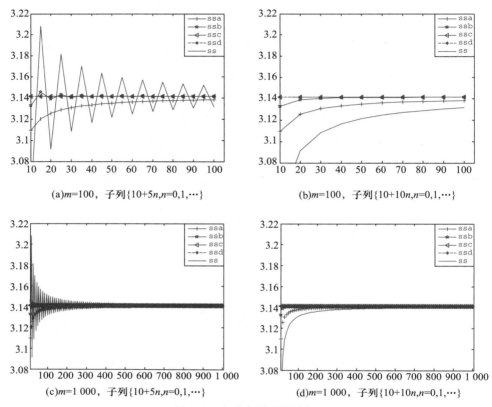

图 8.3　多项式逼近圆周率 π

```
ssa = [ ];ssb = [ ];ssc = [ ];ssd = [ ];ss = [ ];
m = 100;                          % 选取的项数,可以更改
sa = 0;sb = 0;sc = 0;sd = 0;s = 0;
for k = 1:m
    sa = sa+1 ／ (2 * k-1)^2;
    sb = sb+(-1)^(k-1)/k^2;
    sc = sc+(-1)^(k-1)/(2 * k-1)^3;
    sd = sd+sin(2 * k-1)/(2 * k-1)^3;
    s = s+4 * (-1)^(k+1)/(2 * k-1);
    ssa = [ssa,sqrt(8 * sa)];
    ssb = [ssb,sqrt(12 * sb)];
    ssc = [ssc,(32 * sc)^(1/3)];
    ssd = [ssd,(1+sqrt(1+32 * sd))/2];
```

```
    ss = [ ss,s];
end
n = 10:5:m;
plot(n,ssa(n),'+-',n,ssb(n),'p-',n,ssc(n),'<-',n,ssd(n),'* --',n,
ss(n))                          % 绘制部分和序列的子列{10+5n,n=0,
                                1,…}对应的点
axis([10 m+5 3.08 3.22])
legend('ssa','ssb','ssc','ssd','ss')
```

读者也可自行选取不同的迭代项数 m 和部分和序列的其他子列来观察逼近圆周率 π 的情况.应该注意观察:在选取项数、步长为不同的数时,其近似值逼近圆周率 π 的情况.

(3)圆周率 π 的数值积分计算方法

用定积分的定义可以间接地计算圆周率 π 的近似值.

示例 4 利用定积分 $\int_0^1 \dfrac{1}{1+x^2}\mathrm{d}x = \dfrac{\pi}{4}$ 计算圆周率 π 的近似值.

实验过程 根据定积分的定义,有

$$\int_0^1 \frac{1}{1+x^2}\mathrm{d}x = \lim_{\max \Delta x_i \to 0} \sum_{i=1}^n f(\xi_i)\Delta x_i.$$

将积分区间 $[0,1]$ 分成 n 等份,在每一个小区间上,选取中点为 ξ_i,编写下面的程序计算圆周率 π 的近似值.

```
n = 50;                          % 定义等分积分区间数,可以更改
i = 0:1/n:1;
s = 0;
for k = 1:length(i)-1
    s = s+(1/(1+((i(k)+i(k+1))/2)^2))*1/n;
end
4*s
```

表 8.8 给出的是不同等分区间数计算出圆周率 π 的近似值.

表 8.8 圆周率 π 的近似值

等分区间数 n	圆周率 π 的近似值	等分区间数 n	圆周率 π 的近似值
10	3. 142 425 985 001 098	500	3. 141 592 986 923 124
20	3. 141 800 986 893 093	1 000	3. 141 592 736 923 131
50	3. 141 625 986 923 004	5 000	3. 141 592 656 923 131
100	3. 141 600 986 923 123		

（4）圆周率 π 的数值模拟计算方法（蒙特卡罗法）

如图 8.4 所示，正方形的面积是 1，弧线是 $\frac{1}{4}$ 单位圆周. $\frac{1}{4}$ 单位圆的面积是 $\frac{\pi}{4}$. 试想：可以在单位正方形区域内等概率地随机各处取点，所取点落入 $\frac{1}{4}$ 单位圆内的概率应该是 $\frac{1}{4}$ 单位圆的面积与正方形面积之比，即 $\frac{\pi}{4}$. 用在单位正方形区域内取随机数来代替取点 (x, y)，点落入 $\frac{1}{4}$ 单位圆内的条件是 $x^2 + y^2 \leq 1$（事实上，满足条件 $x^2 + y^2 < 1$ 也可以）. 编写下面的程序，即可计算出圆周率 π 的近似值.

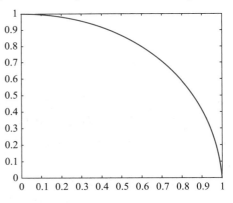

图 8.4　$\frac{1}{4}$ 单位圆周与单位正方形

```
format long
cs = 0;
n = 3000;        % 随机取点数
for i = 1:n
    a = rand(1,2);
    if a(1)^2+a(2)^2 <= 1
        cs = cs+1;
    end
end
4*cs/n
```

依次取 $n = 500, 1\,000, 3\,000, 5\,000, 50\,000$ 算得圆周率 π 的近似值分别如下（结果具有随机性）：

3.096 000 000 000 00

3.212 000 000 000 00

3.158 666 666 666 67

3.138 400 000 000 00

3.147 840 000 000 00

从计算结果看：这种数据模拟算法收敛的速度很慢. 虽然在实验次数较少时，算得的近似值距离真实值误差较大，但这种数据模拟方法简单易行. 在精度要求不是很高的情况下，这种取随机数来进行数据模拟的方法还是有一定的实用价值的，通过简单编程可以模拟出许多数学现象.

（5）圆周率 π 的繁分式计算法

取 $\pi = \dfrac{31\,415\,926\,535}{10\,000\,000\,000}$，作辗转相除法可得到圆周率 π 的连分式表达式：

$$\pi = 3 + \cfrac{1}{7 + \cfrac{1}{15 + \cfrac{1}{1 + \cfrac{1}{292 + \cfrac{1}{1 + \cfrac{1}{1 + \cfrac{1}{1 + \cfrac{1}{2 + \cfrac{1}{1 + \cfrac{1}{3 + \cdots}}}}}}}}}}$$

前几位近似分数为 $3, \dfrac{22}{7}, \dfrac{355}{113}, \dfrac{103\,993}{33\,102}, \dfrac{104\,348}{33\,215}, \dfrac{208\,341}{66\,317}$. 请读者自己编程, 尝试用此连分式计算圆周率 π 的近似值.

思考　本节给出了计算圆周率 π 的多种方法, 你认为哪一种方法比较好? 为什么?

练习 2

1. 用 MATLAB 软件完成下面的实验任务:

(1) 求函数 $y = \ln(1 + x)$ 和 $y = \ln\dfrac{1 + x}{1 - x}$ 在 $x = 0$ 处的泰勒展开式; 用这两个泰勒展开式分别计算 $\ln 2$ 的近似值, 在精度要求为 10^{-4} 的情况下, 哪一个较好?

(2) 求出函数 $y = \ln(1 + x)$ 在 $x = 2$ 处的泰勒展开式, 计算 $\ln 2$ 的近似值, 与 (1) 比较, 哪一种更好?

(3) 请再找出 3 种以上计算 $\ln 2$ 近似值的方法, 相互比较, 哪一个更好?

2. 用不同的方法计算下列积分的近似值:

(1) $\displaystyle\int_0^1 \frac{1}{\sqrt{1 + x^4}}\mathrm{d}x$;　　(2) $\displaystyle\int_0^{\frac{\pi}{2}} \mathrm{e}^{\sin x}\mathrm{d}x$;　　(3) $\displaystyle\int_0^{\frac{\pi}{2}} \mathrm{e}^{x^3}\cos 2x\,\mathrm{d}x$

3. 用下面几种方法计算 π 的近似值:

(1) 设序列 $x_n = 4\displaystyle\sum_{k=1}^{n} \frac{(-1)^{k-1}}{2k - 1}$, 可以证明 $\displaystyle\lim_{n \to +\infty} x_n = \pi$, 取 $n = 1, 2, \cdots, 50\,000$, 计算 x_n, 即 π 的近似值.

(2) 用 BBP 公式

$$\pi = \sum_{n=0}^{+\infty} \frac{1}{16^n}\left(\frac{4}{8n + 1} - \frac{2}{8n + 4} - \frac{1}{8n + 5} - \frac{1}{8n + 6} \right)$$

计算 π 的近似值.

(3) 取 $a_0 = \sqrt{2}, b_0 = 0, p_0 = 2 + \sqrt{2}$, 定义

$$\begin{cases} a_{n+1} = \dfrac{1}{2}\left(\sqrt{a_n} + 1/\sqrt{a_n}\right), \\[2mm] b_{n+1} = \dfrac{\sqrt{a_n}\,(1 + b_n)}{a_n + b_n}, \qquad n = 0, 1, 2, \cdots, \\[2mm] p_{n+1} = \dfrac{p_n b_{n+1}(1 + a_{n+1})}{1 + b_{n+1}}, \end{cases}$$

则当 $n\to+\infty$ 时，$p_n\to\pi$. 由此计算 π 并与（2）比较.

（4）设 $a_0=6-4\sqrt{2}$，$b_0=\sqrt{2}-1$，定义

$$\begin{cases} b_{n+1}=\dfrac{1-(1-b_n^4)^{1/4}}{1+(1-b_n^4)^{1/4}}, & \\ a_{n+1}=a_n(1+b_{n+1})^4-2^{2n+3}b_{n+1}(1+b_{n+1}+b_{n+1}^2), & \end{cases} \quad n=0,1,2,\cdots,$$

则当 $n\to+\infty$ 时，$a_n\to1/\pi$. 由此计算 π，并和（2）、（3）比较，哪个收敛更快一些呢？

（5）利用韦达（Vieta）公式

$$\frac{2}{\pi}=\frac{\sqrt{2}}{2}\frac{\sqrt{2+\sqrt{2}}}{2}\frac{\sqrt{2+\sqrt{2+\sqrt{2}}}}{2}\frac{\sqrt{2+\sqrt{2+\sqrt{2+\sqrt{2}}}}}{2}\cdots$$

计算 π 的近似值，要求精确至小数后的第 8 位. 你能从理论上推算出这个公式吗？

提示：

$$\cos\frac{\pi}{4}=\frac{\sqrt{2}}{2}, \quad \cos\frac{\pi}{8}=\frac{\sqrt{2+\sqrt{2}}}{2}, \quad \cdots, \quad \cos\frac{\pi}{2^{n+1}}=\frac{\sqrt{2+\sqrt{2+\cdots+\sqrt{2}}}}{2} (n\text{ 重根号})，$$

注意 $\displaystyle\prod_{n=1}^{+\infty}\cos\frac{\pi}{2^{n+1}}=\frac{2}{\pi}$.

（6）你自己还能设计出哪些计算圆周率 π 近似值的方法？

4. 尝试用圆外切正多边形与圆内接正多边形的方法计算圆周率 π 的近似值.

5. 设有一制作均匀的冰淇淋可以看成由圆锥面 $z=\sqrt{x^2+y^2}$ 和球面 $x^2+y^2+(z-1)^2=1$ 围成，用蒙特卡罗（Monte Carlo）法计算这个冰淇淋的体积.

6. 自己想想，还有哪些数学问题可以用取随机数的方法来模拟计算？至少举出三例，并进行类似的数值模拟实验.

3. 无理数 e 的计算

（1）无理数 e 与欧拉常数 C 的发现者——欧拉

欧拉（Euler），瑞士数学家及自然科学家. 1707 年 4 月 15 日出生于瑞士的巴塞尔，牧师家庭出身. 13 岁时入读巴塞尔大学，15 岁大学毕业，16 岁获硕士学位，是 18 世纪数学界最杰出的人物之一. 1783 年 9 月 18 日于俄国圣彼得堡去世.

欧拉是数学史上最多产的数学家，平均每年写出八百多页的论文，还写了大量的力学、分析学、几何学、变分法等教材.《无穷小分析引论》《微分学原理》《积分学原理》等都成为数学中的经典著作. 有许多以他的名字命名的重要常数、公式和定理. 欧拉不但为数学界做出贡献，而且把数学推至几乎整个物理领域. 在 1739 年，欧拉写下了《音乐新理论的尝试》一书，书中试图把数学和音乐结合起来. 后来一位传记作家写道：这是一部为精通数学的音乐家和精通音乐的数学家写的"著作".

无理数 e 就是欧拉最早发现的，他以自己姓名 Euler 的第一个字母的小写 e 来命名这个无理数. 无理数 e 小数点后的 40 位数值是

　　　　e = 2. 718 281 828 459 045 235 360 287 471 352 662 497 757 2.

（2）无理数 e 的有趣事实

在计算无理数 e 的近似值之前，我们先做一个简单而有趣的实验.

示例 5　假设有人在银行存款 1 000 元，银行的利率是一年 100%. 期间可以按实存

时间结算,仍然保持年利率不变.请你帮忙替该储户计算,分别按年、半年、月、日、小时、分钟(假如银行容许这样做)存取,储户一年后应得本息是多少?

实验过程　设储户的本金为 x,银行的年利率为 α,则一年后储户的本息是 $x(1+\alpha)$;若按半年存取,一年后储户的本息是 $x\left(1+\dfrac{\alpha}{2}\right)^2$;若按月存取,一年后储户的本息是 $x\left(1+\dfrac{\alpha}{12}\right)^{12}$;同样地,若按日存取,一年后储户的本息是 $x\left(1+\dfrac{\alpha}{365}\right)^{365}$.按此方式,可类推.

执行下面的程序,可算得分别按年、半年、月、日、小时、分钟(假如银行容许这样做)存取方式,一年后储户可以得到的本息.程序中变量 acount_y、acount_hy、acount_m、acount_d、acount_h、acount_m 分别表示按年、半年、月、日、小时、分钟循环存取方式一年后储户可以得到的本息.

```
digits(22)
acount_y=vpa(1000*(1+1),20)
acount_hy=vpa(1000*(1+1/2)^2,20)
acount_m=vpa(1000*(1+1/12)^12,20)
acount_d=vpa(1000*(1+1/(12*365))^(12*365),20)
acount_h=vpa(1000*(1+1/(12*365*24))^(12*365*24),20)
acount_m=vpa(1000*(1+1/(12*365*24*60))^(12*365*24*60),20)
```

程序执行后得到

```
acount_y=2000.0
acount_hy=2250.0
acount_m=2613.0352902246759186
acount_d=2717.9715872424990266
acount_h=2718.2688991729828558
acount_m=2718.2816136905216808
```

从上面计算的结果可以看见:随着存取时间段的缩小,储户所得本息越来越多.若在存取时间段容许任意小的情况下,这个增长会不会很大呢? 再将每分钟分为 10 段(不考虑这种分段的实际限制),可以算得一年后该储户的本息为 2 718.281 819 052 526 771.

从计算的结果看,储户所得本息在增加,但增加并没有想象的那么快.换句话说,若本金为 1 元,则所得本息逐渐接近一个数 2.718 282,而不会超过 3.这个逐渐接近的数就是著名的无理数 e.

事实上,若设本金为 x,银行的年利率为 α,一年内存取时间段数为 n,则一年后所得本息为 $x\left(1+\dfrac{\alpha}{n}\right)^n$.而

$$\lim_{n\to+\infty}x\left(1+\frac{\alpha}{n}\right)^n=x\mathrm{e}^\alpha,$$

即随着存取时间段数的无限增加,一年后所得本息不会超过 $x\mathrm{e}^\alpha$.也就是说,本金为 1 元时,一年后的本息不会超过无理数 e^α.

（3）无理数 e 的幂级数计算法

示例 6　按要求完成下面的实验任务：

1）利用函数 $y=e^x$ 的麦克劳林展开式，计算无理数 e 的近似值.

2）利用数列极限 $\lim\limits_{n\to+\infty}\left(1+\dfrac{1}{n}\right)^n=e$，计算无理数 e 的近似值，同（1）比较，哪种方法收敛的速度较快？

实验过程　1）执行下面的 MATLAB 程序可得函数 $y=e^x$ 在 $x=0$ 点的 9 次麦克劳林展开式.通过更改程序中 n 的值，可以得到不同阶数的麦克劳林展开式.

```
syms x
n=10;
taylor(exp(x),x,0,'order',n)
```

执行后得

```
ans=x^9/362880+x^8/40320+x^7/5040+x^6/720+x^5/120+x^4/24+
x^3/6+x^2/2+x+1
```

利用式（8-1），下面的程序计算 e^x 的麦克劳林展开式前 n 项和在 $x=1$ 处的值 he，用 he 近似代替无理数 e 的值.

```
he=1;
ji=1;
n=30;          % 取前 30 次多项式
digits(25)
for k=1:n
    ji=ji*k;
    he=he+1/ji;
end
e=vpa(he,20)
```

计算结果是

```
e=2.7182818284590455349
```

注意　程序中我们使用了 MATLAB 软件的两个函数 digits 和 vpa.函数 digits 用来设置数值计算相对精度位数，函数 vpa 用来设置显示数值的相对精度位数.读者可用 help 命令查询得更为详细的使用方法和解释.

表 8.9 列出的是用 e^x 的不同次数的麦克劳林展开式逼近无理数 e 的计算结果.

表 8.9　无理数 e 的近似值

$n=5$	2.716 666 666 666 666 666 666 666 666 666 666 666 666 666 666 67
$n=10$	2.718 281 801 146 384 513 145 903 838 449 157 774 448 394 775 39
$n=20$	2.718 281 828 459 045 534 884 808 148 490 265 011 787 414 550 78
$n=50$	2.718 281 828 459 045 534 884 808 148 490 265 011 787 414 550 78
$n=100$	2.718 281 828 459 045 534 884 808 148 490 265 011 787 414 550 78

从表中可以看出,当 $n=20$ 时,式(8-1)右端的和与无理数 e 已经接近至小数点后的 15 位了.

2)数列 $\left(1+\dfrac{1}{n}\right)^n$ 单调递增且有上界 e.编写下面的程序计算无理数 e 的近似值.

```
e = [ ];                % 存储数列不同的项对应 e 的近似值
for n = 100:1:1000      % 计算数列的 100 至 1000 项
    e = [e,(1+1/n)^n];
end
e
```

请读者自己执行上面的程序查看数列 $\left(1+\dfrac{1}{n}\right)^n$ 逼近无理数 e 的情况,这里略去程序执行的结果.可以发现:用式(8-2)来计算无理数 e 的近似值时,收敛的速度很慢,当 $n=1\,000$ 时, $\left(1+\dfrac{1}{n}\right)^n \approx 2.716\,923\,932\,235\,594$,距离无理数 e 的真实值还相差甚远.同(1)比较,说明用此数列来计算无理数 e 的真实值远不及用函数 $y=e^x$ 的泰勒展开式收敛得快.

(4)无理数 e 的连分式计算法

我们知道,无理数 e 还可以表示成下面的连分式:

$$e = 2 + \cfrac{1}{1 + \cfrac{1}{2 + \cfrac{1}{1 + \cfrac{1}{1 + \cfrac{1}{4 + \cfrac{1}{1 + \cfrac{1}{1 + \cfrac{1}{6 + \cfrac{1}{1 + \cfrac{1}{\cdots}}}}}}}}}}$$

请读者自己编程,尝试用此连分式计算无理数 e 的近似值.

(5)无理数 e 的数值模拟方法

设有 n 个球,编号依次为 $1,2,\cdots,n$;还有 n 个盒子,依次编号为 $1,2,\cdots,n$.假设每个盒子只能放一个球.如果第 i 个球放入了第 i 个盒子,则称为一个匹配.现将这 n 个球依次放入 n 个盒子.令 $A = \{$至少有一个匹配$\}$,则 A 的概率为

$$P(A) = 1 - \frac{1}{2!} + \frac{1}{3!} - \cdots + (-1)^{n-1}\frac{1}{n!}.$$

可以证明, $\lim\limits_{n \to +\infty} P(A) = 1 - e^{-1}$,即 $e = \left(1 - \lim\limits_{n \to +\infty} P(A)\right)^{-1}$.

MATLAB 软件编程时,在整数 1 至 n 中随机产生两个整数 x,y,分别表示盒子和球的号码,重复取 n 次,计算 x 和 y 是否至少有一次相等.相同实验重复多次,计算 x 和 y 至少有一次相等的频率.重复多次试验,算出频率的平均值,进而利用上式计算 e,此实

验过程留给读者自己完成.

练习 3

1. 按要求完成下面的任务：

（1）求出函数 $f(x)=e^{-x^2}$ 在 $x=0$ 处的泰勒展开式，由此计算无理数 e 的近似值；

（2）在精确位数相同的情况下，同函数 $f(x)=e^x$ 在 $x=0$ 处的泰勒展开式比较，哪一个展开式计算无理数 e 需要选取的项数较多？

2. 自己选取 $x_0\neq 0$，求出函数 $f(x)=e^x$ 在 $x=x_0$ 处的泰勒展开式，并利用此展开式计算无理数 e 的近似值，在相同精度的要求下，同前题比较，哪一种更优？

3. 编写程序完成无理数 e 的数值模拟实验.

4. 欧拉常数 C 的计算

由式（8-3）知，欧拉常数

$$C=\lim_{n\to+\infty}\left[\left(1+\frac{1}{2}+\frac{1}{3}+\cdots+\frac{1}{n}\right)-\ln(n+1)\right]. \tag{8-5}$$

示例 7　按要求完成下面的任务：

（1）图 8.5 中的曲线是 $y=\dfrac{1}{x}$，$x>0$，观察图形，你能否从中看出数列 $\{s_n-\ln(n+1)\}$ 是单调上升的且有上界 1？

（2）图 8.5 中的哪部分面积表示欧拉常数 C？你能否看出 $C>\dfrac{1}{2}$？

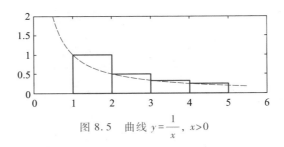

图 8.5　曲线 $y=\dfrac{1}{x}$，$x>0$

（3）根据表达式（8-5），计算欧拉常数的近似值.

实验过程　（1），（2）略.

（3）编写下面的程序：

```
s=0;
n=100;
for i=1:n
    s=s+1/i;
end
c=s-log(n+1)
```

表 8.10 给出选取不同的 n 算得欧拉常数的近似值.

表 8.10 欧拉常数的近似值

n	欧拉常数的近似值	n	欧拉常数的近似值
10	0.531 072 981 169 883	500	0.576 217 328 905 655
100	0.572 257 000 798 361	5 000	0.577 115 681 565 500

练习 4

1. 自己设计一种计算欧拉常数近似值的方法,看你对欧拉常数的计算能精确到小数点后多少位?

2. 设 $f(x) = \begin{cases} \left\{ \dfrac{1}{x} \right\}, & x \in (0,1], \\ 0, & x = 0, \end{cases}$ 其中函数 $\{x\}$ 表示取数 x 的小数部分,可以证明 $f(x)$ 在 $[0,1]$ 上

可积,且 $\int_0^1 f(x)\,\mathrm{d}x = 1 - C$, C 是欧拉常数. 试用此公式编写程序计算欧拉常数 C.

综合实验篇

实验九　线性函数极值求解

实验目的

1. 学会根据实际问题建立线性规划模型.
2. 掌握用 MATLAB 软件求解线性函数极值问题.
3. 学会建立整数规划模型,掌握用 MATLAB 软件求解整数规划问题.

理论知识

1. 线性规划(线性函数极值)模型

用 n 维向量 $\boldsymbol{x} = (x_1, x_2, \cdots, x_n)^{\mathrm{T}}$ 表示未知变量,求目标函数 $f(\boldsymbol{x})$ 在 $\boldsymbol{x}$ 允许的范围 $\boldsymbol{x} \in \Omega$ 内的极小值(极大值)问题,可统一表述为如下模型:

$$\text{模型 I} \quad \max_{\boldsymbol{x}}(\min) f(\boldsymbol{x}), \tag{9-1}$$

$$\text{s. t.}\ \boldsymbol{x} \in \Omega. \tag{9-2}$$

Ω 称为可行域,常用一组关于 $\boldsymbol{x}$ 的不等式(或等式) $g_i(\boldsymbol{x}) \leqslant 0, i = 1, 2, \cdots, m$ 来确定,式 (9-2)称为约束条件.满足约束条件的解为可行解,同时满足式(9-1)的解 $\boldsymbol{x}^*$ 称为最优解.模型 I 亦称为约束优化问题,若模型 I 没有条件(9-2)的约束时,则称为无约束优化问题.

特别地,当模型 I 中决策变量 $\boldsymbol{x}$ 的所有分量 $x_i, i = 1, 2, \cdots, n$ 均为实数且 $f(\boldsymbol{x}), g_i(\boldsymbol{x})$ 都是 x_i 的线性函数时,则称模型 I 为线性规划模型.若 $f(\boldsymbol{x}), g_i(\boldsymbol{x})$ 中至少有一个是非线性函数,则称模型 I 为非线性规划模型.对于线性规划模型也可表示为:

$$\text{模型 II} \quad \max(\min) f(\boldsymbol{x}) = \boldsymbol{c}^{\mathrm{T}} \boldsymbol{x}, \tag{9-3}$$

$$\text{s. t.} \begin{cases} A\boldsymbol{x} \leqslant \boldsymbol{b}, \\ \boldsymbol{x} \geqslant \boldsymbol{0}. \end{cases} \tag{9-4}$$

其中 $\boldsymbol{c} = (c_1, c_2, \cdots, c_n)^{\mathrm{T}}, \boldsymbol{x} = (x_1, x_2, \cdots, x_n)^{\mathrm{T}}$.

下面的模型 III 是线性规划问题的标准形式.

$$\text{模型 III} \quad \max(\min) f(\boldsymbol{x}) = \boldsymbol{c}^{\mathrm{T}} \boldsymbol{x}, \tag{9-5}$$

$$\text{s. t.} \begin{cases} A\boldsymbol{x} = \boldsymbol{b}, \\ \boldsymbol{x} \geqslant \boldsymbol{0}. \end{cases} \tag{9-6}$$

一般的模型可以通过引入松弛变量(增加变量)转化为标准形式,标准形式有如下特点:

(1) 所有约束条件是等式;

(2) 约束条件右端常数项非负;

(3) 所有变量非负.

2. 线性规划模型 II 的解法

线性规划模型 II 有多种求解方法,如图解法、单纯形算法、对偶算法等,这里只介绍图解法和理论解法.

（1）图解法

对于二维的模型Ⅱ,满足条件(9-4)的解称为可行解,所有可行解构成的集合称为可行域.对于每一个固定的 z 值,使目标函数 $f(\boldsymbol{x})$ 等于 z 的点构成的直线称为目标函数等值线.根据 z 的不同取值,可得到一族平行的等值线,通过上、下平移目标函数的等值线来找出相应的最优解.通常情况下,与可行域的最后一个交点 $\boldsymbol{x}^*$ 为最优解.

图解法的步骤如下:

1）作出可行域的图形;

2）作出目标函数等值线;

3）将目标函数等值线自坐标原点开始向上（下）平移,与可行域的最后一个交点就是最优解;

4）求最优解坐标和最优值.

（2）理论解法

对于二维的线性规划问题,可用画等值线的方法（图解法）求得其最优解;对于三维的线性规划问题,也可以通过画等值面的方法类似得到其最优解.对于一般的线性规划问题,有下面的理论解法.

设 $\boldsymbol{A}$ 是秩为 m 的 $m\times n$ 矩阵, $\boldsymbol{A}$ 的 m 个线性无关的列向量构成的子矩阵 $\boldsymbol{A}_{\mathrm{B}}$ 称为模型Ⅱ的一个基（基阵）, $\boldsymbol{A}_{\mathrm{B}}$ 的列向量称为基列（基向量）,相应于基列的变量称为基变量.自然地,其余的列称为非基向量,相应的变量称为非基变量.不失一般性,矩阵 $\boldsymbol{A}$ 及向量 $\boldsymbol{x}$ 可分块表示为

$$\boldsymbol{A}=(\boldsymbol{A}_{\mathrm{B}},\boldsymbol{A}_{\mathrm{N}}),\quad \boldsymbol{x}=\begin{pmatrix}\boldsymbol{x}_{\mathrm{B}}\\ \boldsymbol{x}_{\mathrm{N}}\end{pmatrix},$$

其中 $\boldsymbol{A}_{\mathrm{B}}$ 为基阵, $\boldsymbol{A}_{\mathrm{N}}$ 为非基阵, $\boldsymbol{x}_{\mathrm{B}}$ 由基变量构成, $\boldsymbol{x}_{\mathrm{N}}$ 由非基变量构成.由

$$\boldsymbol{A}\boldsymbol{x}=(\boldsymbol{A}_{\mathrm{B}},\boldsymbol{A}_{\mathrm{N}})\begin{pmatrix}\boldsymbol{x}_{\mathrm{B}}\\ \boldsymbol{x}_{\mathrm{N}}\end{pmatrix}=\boldsymbol{A}_{\mathrm{B}}\boldsymbol{x}_{\mathrm{B}}+\boldsymbol{A}_{\mathrm{N}}\boldsymbol{x}_{\mathrm{N}}=\boldsymbol{b}$$

得 $\boldsymbol{x}_{\mathrm{B}}=\boldsymbol{A}_{\mathrm{B}}^{-1}(\boldsymbol{b}-\boldsymbol{A}_{\mathrm{N}}\boldsymbol{x}_{\mathrm{N}})$,那么

$$\boldsymbol{x}=\begin{pmatrix}\boldsymbol{x}_{\mathrm{B}}\\ \boldsymbol{x}_{\mathrm{N}}\end{pmatrix}=\begin{pmatrix}\boldsymbol{A}_{\mathrm{B}}^{-1}(\boldsymbol{b}-\boldsymbol{A}_{\mathrm{N}}\boldsymbol{x}_{\mathrm{N}})\\ \boldsymbol{x}_{\mathrm{N}}\end{pmatrix}$$

为 $\boldsymbol{A}\boldsymbol{x}=\boldsymbol{b}$ 的一个解,若令 $\boldsymbol{x}_{\mathrm{N}}=\boldsymbol{0}$,则称

$$\tilde{\boldsymbol{x}}=\begin{pmatrix}\boldsymbol{A}_{\mathrm{B}}^{-1}\boldsymbol{b}\\ \boldsymbol{0}\end{pmatrix}$$

为模型Ⅱ的一个基本解;若 $\boldsymbol{A}_{\mathrm{B}}^{-1}\boldsymbol{b}\geqslant\boldsymbol{0}$,则称 $\tilde{\boldsymbol{x}}$ 为模型Ⅱ的一个基本可行解,这时的基阵 $\boldsymbol{A}_{\mathrm{B}}$ 称为可行基.

模型Ⅱ具有下列常用性质:

性质 1　模型Ⅱ的可行域 $D=\{\boldsymbol{x}\mid \boldsymbol{A}\boldsymbol{x}\leqslant\boldsymbol{b},\boldsymbol{x}\geqslant\boldsymbol{0}\}$ 是凸多面体（凸集）,特别地,当目标函数是二元函数时,可行域是凸多边形;当目标函数是三元函数时,可行域是凸多面体.

性质 2　$\boldsymbol{x}$ 是模型Ⅱ可行域 D 的顶点等价于 $\boldsymbol{x}$ 是模型Ⅱ的基本可行解.

性质 3　如果模型Ⅱ存在最优解 $\boldsymbol{x}^*$,则最优解 $\boldsymbol{x}^*$ 一定能在可行域的顶点上取到.

模型 II 的最优解一定是一个基本可行解,又因为 A 至多有 C_n^m 个基,所以,模型 II 至多有 C_n^m 个基本可行解.这样,当 C_n^m 较小时,我们可先求出所有的基本可行解,然后,在基本可行解中找出使目标函数值最优(最大或最小)的一个解即为模型 II 的最优解.

实验内容

线性规划(linear programming,LP)是运筹学的一个重要分支,不仅许多实际问题属于线性规划问题,而且运筹学其他分支的一些问题也可转化为线性规划问题,因此,线性规划问题求解在最优化中占有重要的地位.

1. 用 MATLAB 软件求解一般线性规划问题

MATLAB 软件求解标准形式的线性规划问题的命令是 linprog,调用格式如下:

x=linprog(c,A,b)

该命令求解线性规划问题

$$\min z = c^{\mathrm{T}} x,$$

$$\mathrm{s.\,t.}\ Ax \leqslant b.$$

[x,fval]=linprog(c,A,b,aeq,beq,vlb,vub)

该命令求解线性规划问题

$$\min z = c^{\mathrm{T}} x,$$

$$\mathrm{s.\,t.}\ \begin{cases} Ax \leqslant b, \\ aeq \cdot x = beq, \\ vlb \leqslant x \leqslant vub. \end{cases}$$

vlb 为变量 x 的下界,vub 为变量 x 的上界,若没有等式约束,则令 aeq = [ ],beq = [ ],x 为该线性规划问题的最优解,fval 为最小值.

示例 1　求解线性规划问题:

$$\min z = 6x_1 + 3x_2 + 4x_3,$$

$$\mathrm{s.\,t.}\ \begin{cases} x_1 + x_2 + x_3 = 120, \\ x_1 \geqslant 30, \\ 0 \leqslant x_2 \leqslant 50, \\ x_3 \geqslant 20. \end{cases}$$

实验过程　问题可改写为

$$\min z = (6 \quad 3 \quad 4) \begin{pmatrix} x_1 \\ x_2 \\ x_3 \end{pmatrix},$$

$$\mathrm{s.\,t.}\ (1 \quad 1 \quad 1) \begin{pmatrix} x_1 \\ x_2 \\ x_3 \end{pmatrix} = 120,$$

$$(0 \quad 1 \quad 0)\begin{pmatrix} x_1 \\ x_2 \\ x_3 \end{pmatrix} \leqslant 50, \begin{pmatrix} 30 \\ 0 \\ 20 \end{pmatrix} \leqslant \begin{pmatrix} x_1 \\ x_2 \\ x_3 \end{pmatrix}.$$

编写程序如下：

```
c=[6,3,4];
A=[0,1,0];
b=[50];
aeq=[1,1,1];
beq=[120];
vlb=[30;0;20];
vub=[];
[x,fval]=linprog(c,A,b,aeq,beq,vlb,vub)
```

程序运行结果为

```
x=30
50
40
fval=490
```

由此可得当 $x_1=30, x_2=50, x_3=40$ 时，目标函数取得最小值490.

示例2（生产计划问题）　某工厂生产每件产品需经 A，B，C 三个车间，每个车间所需的工时数如表9.1所示.

表9.1　工时数分配表

车间	A	B	C
生产单位甲产品需工时数	2	1	0
生产单位乙产品需工时数	1	1	1
一周可用工时数	10	8	7

已知生产单位甲产品工厂可获利4万元，生产单位乙产品工厂可获利3万元，问该厂如何安排生产，才能使每周获得的利润最大？

实验过程　这是一个有约束的优化问题，其模型包括决策变量：生产甲、乙两种产品的产量 x_1, x_2；目标函数：工厂的周利润 z；约束条件：三个车间使用工时之和以及非负性约束，由此得如下模型：

$$\max z = 4x_1 + 3x_2,$$

$$\text{s. t.} \begin{cases} 2x_1 + x_2 \leqslant 10, \\ x_1 + x_2 \leqslant 8, \\ x_2 \leqslant 7, \\ x_1 \geqslant 0, \quad x_2 \geqslant 0. \end{cases}$$

（1）理论解法

首先引入松弛变量 x_3, x_4 和 x_5，将上述线性规划问题由一般形式化成标准形式：

$$\min(-z) = -4x_1 - 3x_2,$$

$$\text{s. t.} \begin{cases} 2x_1 + x_2 + x_3 = 10, \\ x_1 + x_2 + x_4 = 8, \\ x_2 + x_5 = 7, \\ x_j \geqslant 0, j = 1, 2, 3, 4, 5. \end{cases}$$

现在求其基本可行解. 由于每确定一个基矩阵 $\boldsymbol{B}$, 就能得到一个基本解, 因此, 分别选择不同的基矩阵 $\boldsymbol{B}$, 求出所有基本解, 再从中找出基本可行解. 首先将约束矩阵 $\boldsymbol{A}$ 分块, 相应的基本解为 $\boldsymbol{x} = (x_1, x_2, x_3, x_4, x_5)^{\mathrm{T}}$.

$$\boldsymbol{A} = \begin{pmatrix} 2 & 1 & 1 & 0 & 0 \\ 1 & 1 & 0 & 1 & 0 \\ 0 & 1 & 0 & 0 & 1 \end{pmatrix} = (\boldsymbol{P}_1, \boldsymbol{P}_2, \boldsymbol{P}_3, \boldsymbol{P}_4, \boldsymbol{P}_5).$$

1）选取基矩阵 $\boldsymbol{B} = (\boldsymbol{P}_1, \boldsymbol{P}_2, \boldsymbol{P}_3)$, 解得基本解 $\boldsymbol{x}^{(1)} = (1, 7, 1, 0, 0)^{\mathrm{T}}$;

2）选取基矩阵 $\boldsymbol{B} = (\boldsymbol{P}_1, \boldsymbol{P}_2, \boldsymbol{P}_5)$, 解得基本解 $\boldsymbol{x}^{(2)} = (2, 6, 0, 0, 1)^{\mathrm{T}}$;

3）选取基矩阵 $\boldsymbol{B} = (\boldsymbol{P}_2, \boldsymbol{P}_3, \boldsymbol{P}_4)$, 解得基本解 $\boldsymbol{x}^{(3)} = (0, 7, 3, 1, 0)^{\mathrm{T}}$;

4）选取基矩阵 $\boldsymbol{B} = (\boldsymbol{P}_1, \boldsymbol{P}_4, \boldsymbol{P}_5)$, 解得基本解 $\boldsymbol{x}^{(4)} = (5, 0, 0, 3, 7)^{\mathrm{T}}$;

5）选取基矩阵 $\boldsymbol{B} = (\boldsymbol{P}_3, \boldsymbol{P}_4, \boldsymbol{P}_5)$, 解得基本解 $\boldsymbol{x}^{(5)} = (0, 0, 10, 8, 7)^{\mathrm{T}}$;

6）选取基矩阵 $\boldsymbol{B} = (\boldsymbol{P}_1, \boldsymbol{P}_2, \boldsymbol{P}_4)$, 解得基本解 $\boldsymbol{x}^{(6)} = (1.5, 7, 0, -0.5, 0)^{\mathrm{T}}$;

7）选取基矩阵 $\boldsymbol{B} = (\boldsymbol{P}_1, \boldsymbol{P}_3, \boldsymbol{P}_5)$, 解得基本解 $\boldsymbol{x}^{(7)} = (8, 0, -6, 0, 7)^{\mathrm{T}}$;

8）选取基矩阵 $\boldsymbol{B} = (\boldsymbol{P}_2, \boldsymbol{P}_3, \boldsymbol{P}_5)$, 解得基本解 $\boldsymbol{x}^{(8)} = (0, 8, 2, 0, -1)^{\mathrm{T}}$;

9）选取基矩阵 $\boldsymbol{B} = (\boldsymbol{P}_2, \boldsymbol{P}_4, \boldsymbol{P}_5)$, 解得基本解 $\boldsymbol{x}^{(9)} = (0, 10, 0, -2, -3)^{\mathrm{T}}$.

以上对所有的基矩阵都进行了计算, 得到 9 个基本解, 其中 $\boldsymbol{x}^{(1)}, \boldsymbol{x}^{(2)}, \boldsymbol{x}^{(3)}, \boldsymbol{x}^{(4)}, \boldsymbol{x}^{(5)}$ 是基本可行解, 然后将这 5 个基本可行解代入目标函数进行比较, 得 $\boldsymbol{x}^{(2)}$ 为问题的最优解, 此时目标函数的最优值为 26.

（2）图解法

该线性规划问题可用图解法求解, 图 9.1 中, 顶点分别为 O, A, B, C, D 五点的凸五边形为可行域.

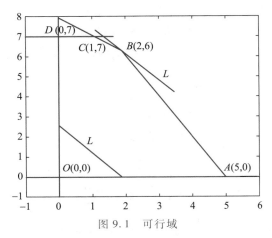

图 9.1　可行域

直线 L 为目标函数等值线,因此,不难得出顶点 B 即为问题的最优值点. B 点的坐标是直线 $2x_1+x_2=10$ 和 $x_1+x_2=8$ 的交点 $(2,6)$,与上述通过基本可行解得到的最优值点 $x^{(2)}$ 是一致的.读者不难发现:这与前面介绍到的性质 2 是吻合的.前面得到的 5 个基本解 $x^{(1)},x^{(2)},x^{(3)},x^{(4)},x^{(5)}$ 的前两个分量刚好分别是图 9.1 中可行域的 5 个顶点的坐标.

通过示例 2 可以看到:当线性规划问题是二元规划时,只要有最优解,用图解法很容易求得它的最优解.当线性规划问题是二元以上且"规模较小"时,只要有最优解,可按下面的步骤得到它的最优解.

1)将线性规划问题的模型标准化,找出线性规划问题的所有基矩阵;

2)对找出的每一个基矩阵求得一个基本解;

3)在所有的基本解中找出基本可行解;

4)在所有的基本可行解中找出最优解;

5)最优解处的目标函数值即为最优值.

当 C_n^m 较大时,采用理论解法计算量就会很大,这显然是不可取的.在这种情况下,也可采用单纯形方法求解,有关单纯形方法,感兴趣的读者可以参考运筹学方面的书籍.

（3）软件解法

编写下面的程序,用 MATLAB 软件求该线性规划问题.

```
c = [ -4 , -3 ] ;
A = [ 2 , 1 ; 1 , 1 ; 0 , 1 ] ;
b = [ 10 ; 8 ; 7 ] ;
aeq = [ ] ;
beq = [ ] ;
vlb = [ 0 ; 0 ; 0 ] ;
vub = [ ] ;
[ x , fval ] = linprog ( c , A , b , aeq , beq , vlb , vub )
maxz = -fval
```

程序运行结果为:

```
x = 2.0000
    6.0000
fval = -26
maxz = 26
```

即 $x_1=2,x_2=6$ 时,目标函数取得最大值 26.

对示例 2,我们分别用理论解法、图解法和软件解法得到的答案是一致的.由于该问题的目标函数是二元函数,因此用图解法最为简捷,而理论解法最为繁琐.

练习 1

1. 求解线性规划问题:

（1）max $z=3x_1+x_2$,

$$\text{s. t.} \begin{cases} x_1 - x_2 \geqslant -2, \\ x_1 - 2x_2 \leqslant 2, \\ 3x_1 + 2x_2 \leqslant 14; \end{cases}$$

(2) $\min z = 3x_1 + x_2 - x_3,$

$$\text{s. t.} \begin{cases} x_1 + x_2 - 2x_3 \geqslant 2, \\ x_1 - 2x_2 + x_3 \geqslant 2, \\ 3x_1 + 2x_2 - x_3 = 14, \\ x_1, x_2, x_3 \geqslant 0. \end{cases}$$

2. 某车间有甲、乙、丙三台车床可用于加工三种零件,这三台车床可用于工作的最多时间分别为 700 h,800 h 和 900 h,需要加工的三种零件的数量分别为 300,400 和 500.不同车床加工不同的零件所用时间和费用如表 9.2 所示,在完成任务的前提下,如何分配加工任务,才能使加工费最少?

表 9.2　工时数分配表

车床名称	加工单位零件所需时数			加工单位零件所需费用			可用于工作的时数
	零件 1	零件 2	零件 3	零件 1	零件 2	零件 3	
甲	0.6	0.5	0.5	7	8	8	700
乙	0.4	0.7	0.5	8	7	8	800
丙	0.8	0.6	0.6	7	9	8	900

3. 某工厂利用甲、乙两种原料生产 A_1, A_2, A_3 三种产品.每月可供应的原料数量(单位:t)、每万件产品所需各种原料的数量及每万件产品的价格如表 9.3 所示:

表 9.3　原料价格表

原料	每万件产品所需原料/t			每月原料可供应量/t
	A_1	A_2	A_3	
甲	4	3	1	180
乙	2	6	3	200
价格/(万元·万件$^{-1}$)	12	5	4	

应如何制订每月的最优生产计划,使得总收益最大?

4. 某棉纺厂的原棉需从仓库运送到各车间.各车间原棉需求量、单位产品从各仓库运往各车间的运输费以及各仓库的库存容量如表 9.4 所列,问如何安排运输任务使得总运费最小?

表 9.4　需求量、运输费和库存容量情况表

运输费		车间			库存容量
		1	1	3	
仓库	1	2	1	3	50
	2	2	2	4	30
	3	3	4	2	10
需求量		40	15	35	

2. 用 MATLAB 软件求解混合整数线性规划问题

整数规划问题的理论解法有分支定界法与割平面法,这里不做介绍,感兴趣的读者可参考有关专业书籍. MATLAB 软件求解标准形式的混合整数线性规划问题的命令是 intlinprog,调用格式如下:

```
[x,fval]=intlinprog(c,intcon,A,b,aeq,beq,vlb,vub)
```

该命令求解线性规划问题

$$\min z = c^{\mathrm{T}} x,$$

$$\mathrm{s.\,t.} \begin{cases} Ax \leqslant b, \\ aeq \cdot x = beq, \\ vlb \leqslant x \leqslant vub, \\ x \text{ 中的分量取整.} \end{cases}$$

示例 3　求解混合整数线性规划问题

$$\min f = 8x_1 + x_2,$$

$$\mathrm{s.\,t.} \begin{cases} x_1 + 2x_2 \geqslant -14, \\ -4x_1 - x_2 \leqslant -33, \\ 2x_1 + x_2 \leqslant 20, \\ x_2 \text{ 取整数.} \end{cases}$$

实验过程　编写程序如下:

```
c=[8;1];
intcon=2;    % x 中的第二个分量取整数
A=[-1,-2;-4,-1;2,1];
b=[14;-33;20];
[x f]=intlinprog(c,intcon,A,b)
```

程序运行结果为

```
x = 6.5000
    7.0000
f =59.0000
```

示例 4(人员配置问题)　某城市 110 巡警大队要求每天各个时间段均有一定数量

的警员值班,随时处理突发事件,每人连续工作6小时.表9.5是一天8班次所需值班警员的人数统计.在不考虑时间段中间有警员上班和下班的情况下,该城市110巡警大队至少需要多少警员才能满足值班要求?

表 9.5   值班警员的人数统计

班次	时间段	人数	班次	时间段	人数
1	6:00—9:00	70	5	18:00—21:00	80
2	9:00—12:00	80	6	21:00—24:00	100
3	12:00—15:00	65	7	24:00—3:00	120
4	15:00—18:00	90	8	3:00—6:00	90

实验过程   设第 $i(i=1,2,\cdots,8)$ 个班次开始上班的警员数为 x_i,建立以下整数规划模型:

$$\min z = x_1 + x_2 + x_3 + x_4 + x_5 + x_6 + x_7 + x_8,$$

$$\text{s. t.}\begin{cases} x_1 + x_8 \geqslant 70, \\ x_1 + x_2 \geqslant 80, \\ x_2 + x_3 \geqslant 65, \\ x_3 + x_4 \geqslant 90, \\ x_4 + x_5 \geqslant 80, \\ x_5 + x_6 \geqslant 100, \\ x_6 + x_7 \geqslant 120, \\ x_7 + x_8 \geqslant 90, \\ x_i \geqslant 0, x_i \text{ 取整数}, i=1,\cdots,8. \end{cases}$$

为求解此模型,编写下面的程序:

```
intcon=1:8;   % x 中的每个分量取整
c=[1,1,1,1,1,1,1,1];
A=[-1,0,0,0,0,0,0,-1;-1,-1,0,0,0,0,0,0;
0,-1,-1,0,0,0,0,0;0,0,-1,-1,0,0,0,0;
0,0,0,-1,-1,0,0,0;0,0,0,0,-1,-1,0,0;
0,0,0,0,0,-1,-1,0;0,0,0,0,0,0,-1,-1];
b=[-70;-80;-65;-90;-80;-100;-120;-90];
aeq=[];beq=[];
lb=[0 0 0 0 0 0 0 0]';ub=[inf;inf;inf;inf;inf;inf;inf;inf];
[x,f]=intlinprog(c,intcon,A,b,aeq,beq,lb,ub)
```

程序运行的结果为

```
x =25
      55
```

```
    10
    80
     0
    100
    20
    70
f = 360
```

由此可得至少需要 360 名警员.

3. 用 MATLAB 软件求解 0-1 规划问题

0-1 规划是一种特殊形式的整数规划,要求决策变量仅取值 0 或 1. 由于 0 或 1 是开与关、取与弃、有与无等现象的数量化描述,所以,0-1 规划非常适合描述和解决如线路设计、工厂选址、旅行购物、背包问题、人员安排、代码选取、资源分配、装载问题以及投资决策等问题.

（1）0-1 规划模型

$$\min z = \boldsymbol{c}^{\mathrm{T}} \boldsymbol{x},$$

$$\text{s. t.} \begin{cases} \boldsymbol{Ax} \leqslant \boldsymbol{b}, \\ \boldsymbol{aeq} \cdot \boldsymbol{x} = \boldsymbol{beq}, \\ x_i \in \{0, 1\}, i = 1, 2, \cdots, n. \end{cases}$$

其中,$\boldsymbol{A}$ 和 $\boldsymbol{aeq}$ 为矩阵,$\boldsymbol{c}$,$\boldsymbol{b}$ 和 $\boldsymbol{beq}$ 为列向量,若没有等式约束,则令 $\boldsymbol{aeq} = [\ ]$,$\boldsymbol{beq} = [\ ]$. $\boldsymbol{c} = (c_1, c_2, \cdots, c_n)^{\mathrm{T}}$,$\boldsymbol{x} = (x_1, x_2, \cdots, x_n)^{\mathrm{T}}$.

（2）MATLAB 软件 7.0 版本求解 0-1 规划模型命令是 bintprog,常用格式如下:

```
x = bintprog ( c )              % 求解无约束 0-1 规划问题
x = bintprog ( c,A,b )          % 求解带约束条件 A·x≤b 的 0-1 规划问题
x = bintprog ( c,A,b,Aeq,beq )  % 求解带约束条件 A·x≤b,Aeq·x=beq 的
                                  0-1 规划问题
```

（3）MATLAB 软件 R2018b 版本没有 0-1 规划命令 bintprog,我们可以用混合整数线性规划问题的命令 intlinprog 来解决 0-1 规划问题.

示例 5 求解下列 0-1 规划问题:

$$\max f = -3x_1 + 2x_2 - 5x_3,$$

$$\text{s. t.} \begin{cases} x_1 + 2x_2 - x_3 \leqslant 2, \\ x_1 + 4x_2 + x_3 \leqslant 4, \\ x_1 + x_2 \leqslant 3, \\ 4x_2 + x_3 \leqslant 6, \\ x_1, x_2, x_3 \in \{0, 1\}. \end{cases}$$

实验过程 首先将 $\max f = -3x_1 + 2x_2 - 5x_3$ 转化为 $\min -f = 3x_1 - 2x_2 + 5x_3$,编写下面的程序:

（1）用 bintprog 命令(MATLAB 软件 7.0 版本下运行):

```
c = [ 3,-2,5 ];
```

```
a = [1,2,-1;1,4,1;1,1,0;0,4,1];
b = [2;4;3;6];
[x,fval]=bintprog(c,a,b);
xmax=x,fmax=-fval
```

运行结果为

```
xmax = 0
        1
        0
fmax = 2
```

（2）用 intlinprog 命令：

```
intcon=1:3;  % x 中的每个分量取整
a = [1,2,-1;1,4,1;1,1,0;0,4,1];
b = [2;4;3;6];
aeq = [];beq = [];
lb = [0 0 0]';ub = [1;1;1];
[x,f]=intlinprog(c,intcon,a,b,aeq,beq,lb,ub);
xmax=x,fmax=-f
```

运行结果为

```
xmax = 0
        1
        0
fmax = 2
```

示例 6 在 5 处拟选厂址中选 3 处建生产同一产品的工厂，各厂址所需投资、占用农田以及建成以后的生产能力等数据如表 9.6 所示.

表 9.6 数 据 表

地点	1	2	3	4	5
所需投资/万元	320	280	240	210	180
占用农田/亩	20	18	15	11	8
生产能力/万吨	70	55	42	28	11

现有总投资 800 万元，占用农田指标 60 亩，应如何选择厂址，使建成后工厂的总生产能力最大？

实验过程 5 个 0-1 变量 $x_1, x_2, \cdots, x_5$ 分别表示为

$$x_i = \begin{cases} 0, & \text{表示在 } i \text{ 地不建厂,} \\ 1, & \text{表示在 } i \text{ 地建厂,} \end{cases} \quad i = 1, \cdots, 5,$$

建立如下模型：

$$\max z = 70x_1 + 55x_2 + 42x_3 + 28x_4 + 11x_5,$$

$$s.t. \begin{cases} 320x_1 + 280x_2 + 240x_3 + 210x_4 + 180x_5 \leqslant 800, \\ 20x_1 + 18x_2 + 15x_3 + 11x_4 + 8x_5 \leqslant 60, \\ x_1 + x_2 + x_3 + x_4 + x_5 = 3, \\ x_1, x_2, x_3, x_4, x_5 \in \{0,1\}. \end{cases}$$

为求解该模型,编写如下的程序:

(1) 用 bintprog 命令(MATLAB 软件 7.0 版本下运行):

```
f = [-70;-55;-42;-28;-11];
A = [320 280 240 210 180;20 18 15 11 8];
b = [800;60];
aeq = [1 1 1 1 1];beq = [3];
[x,fval] = bintprog(f,A,b,aeq,beq);
x,z = -fval
```

运行结果为

```
x = 1
    0
    1
    1
    0
z = 140
```

(2) 用 intlinprog 命令

```
intcon = 1:5;    % x 中的每个分量取整
c = [-70;-55;-42;-28;-11];
a = [320 280 240 210 180;20 18 15 11 8];
b = [800;60];
aeq = [1 1 1 1 1];beq = [3];
lb = zeros(1,5);ub = ones(1,5);
[x,f] = intlinprog(c,intcon,a,b,aeq,beq,lb,ub);
x,z = -f
```

运行结果为

```
x =  1
     0
     1
     1
     0
z = 140
```

运行结果显示选择在地点 1,3,4 处建厂,总投资 770 万元,占用农田 46 亩,总生产能力可达到 140 万吨.

示例 7　某校经预赛选出 A,B,C,D 四名学生,派他们去参加该地区的竞赛.此次竞赛的四门课程考试在同一时间进行,每人只能参加一门竞赛,竞赛结果将按团体总分计名次(不计个人名次).表9.7是四名学生选拔时的成绩,问如何组队较好?

表 9.7   四名学生选拔时的成绩

学　　生	课　　程			
	数学	物理	化学	语文
A	90	95	78	83
B	85	89	73	80
C	93	91	88	79
D	79	85	84	87

实验过程　将 A,B,C,D 四名学生编号为 $i=1,2,3,4$,数学、物理、化学、语文四门课程编号为 $j=1,2,3,4$,设

$$x_{ij} = \begin{cases} 1, & i \text{ 号学生参加第 } j \text{ 门课程考试}, \\ 0, & i \text{ 号学生不参加第 } j \text{ 门课程考试}, \end{cases} \quad i=1,2,3,4, \quad j=1,2,3,4.$$

$$\text{设 } \boldsymbol{A} = (a_{ij})_{4\times4} = \begin{pmatrix} 90 & 95 & 78 & 83 \\ 85 & 89 & 73 & 80 \\ 93 & 91 & 88 & 79 \\ 79 & 85 & 84 & 87 \end{pmatrix},$$

建立如下模型:

$$\max z = \sum_{i=1}^{4} \sum_{j=1}^{4} a_{ij} x_{ij},$$

$$\text{s. t.} \begin{cases} \sum_{j=1}^{4} x_{ij} = 1, i=1,2,3,4, \\ \sum_{i=1}^{4} x_{ij} = 1, j=1,2,3,4, \\ x_{ij} \in \{0,1\}, i,j=1,2,3,4. \end{cases}$$

为求解该模型,编写如下的程序:

```
intcon = 1:16;
c = (-1)*[90 95 78 83   85 89 73 80 93 91 88 79 79 85  84  87]';
a = [];b = [];
aeq = [1  1  1  1  0  0  0  0  0  0  0  0  0  0  0  0
       0  0  0  0  1  1  1  1  0  0  0  0  0  0  0  0
       0  0  0  0  0  0  0  0  1  1  1  1  0  0  0  0
       0  0  0  0  0  0  0  0  0  0  0  0  1  1  1  1
       1  0  0  0  1  0  0  0  1  0  0  0  1  0  0  0
       0  1  0  0  0  1  0  0  0  1  0  0  0  1  0  0
       0  0  1  0  0  0  1  0  0  0  1  0  0  0  1  0
       0  0  0  1  0  0  0  1  0  0  0  1  0  0  0  1];
beq = ones(8,1);
```

```
lb=zeros(1,16);ub=ones(1,16);
[x,f]=intlinprog(c,intcon,a,b,aeq,beq,lb,ub);
xx=reshape(x,4,4),z=-f
```

运行结果：

```
xx = 0    1    0    0
      1    0    0    0
      0    0    1    0
      0    0    0    1

z = 355
```

结果表示学生 A 参加物理竞赛, 学生 B 参加数学竞赛, 学生 C 参加化学竞赛, 学生 D 参加语文竞赛.

示例 8(背包问题)　现有容积为 $1.5\ \mathrm{m}^3$ 的背包, 6 件物品的价格(单位:万元)分别为 $0.7, 0.5, 0.4, 0.6, 0.8, 0.55$, 物品的体积(单位: m^3)分别为 $0.35, 0.3, 0.6, 0.4, 0.7, 0.5$, 试确定一种方案:选取哪几件物品装入包内, 可使背包所装物品的总价值最大?

实验过程　该问题的实质是如何选择物品装入背包, 在背包的容量限定之内使得所装物品的总价值达到最大, 该优化问题称为背包问题. 每件物品只有被选取与没有被选取两种可能, 用 0 表示没有被选取, 1 表示被选取, 用 $x_i, i=1,2,\cdots,6$ 分别表示第 i 件物品. 用长度为 6 的 0-1 字符串代表一个装包策略. 若 $x_i=1$, 则表示第 i 件物品装入包中; 若 $x_i=0$, 则表示第 i 件物品没有装入包中, 这样, 一个背包策略就对应一个序列 $\boldsymbol{X}=(x_1,x_2,x_3,x_4,x_5,x_6)$. 我们采用穷举所有可能的策略, 比较各种不同策略所产生的总价值, 得到最优策略.

建立如下模型：

$$\max f(x_1,x_2,x_3,x_4,x_5,x_6)=0.7x_1+0.5x_2+0.4x_3+0.6x_4+0.8x_5+0.55x_6,$$

$$\mathrm{s.t.}\begin{cases}0.35x_1+0.3x_2+0.6x_3+0.4x_4+0.7x_5+0.5x_6\leqslant 1.5,\\ x_i=\{0,1\},i=1,2,\cdots,6.\end{cases}$$

编写下面的程序对该模型进行求解：

```
jz=[0.7,0.5,0.4,0.6,0.8,0.55];
tj=[0.35,0.3,0.6,0.4,0.7,0.5];
k=1;
for x1=0:1
    for x2=0:1
        for x3=0:1
            for x4=0:1
                for x5=0:1
                    for x6=0:1
                        fa=[x1,x2,x3,x4,x5,x6];
                        if tj*fa'<=1.5
                            fa_jz(k,1:6)=fa;
                            k=k+1;
```

```
                          end
                       end
                    end
                 end
              end
           end
        end
fa_lr=fa_jz*jz';
[f,i]=max(fa_lr)
zj_fa=fa_jz(i,1:6)
fa_tz=tj*zj_fa'
```

运行结果为

```
f=2.1000
i=28
zj_fa= 1   0   0   1   1   0
fa_tz=1.4500
```

说明选取第 1 件, 第 4 件, 第 5 件物品, 体积之和为 $1.45\mathrm{m}^3$, 此时背包所装物品的总价值最大, 其最大值为 2.1 万元.

　　注意 (1) 用穷举法列举出所有可能的策略, 能保证求得最优解, 但当物品数量很大时, 计算量就会很大, 用时就会很长.

　　(2) 贪婪算法是求解背包问题的另一种方法: 如果将物品按价值密度 $a(i)=jz(i)/tj(i), i=1,2,\cdots,6$ 的大小降序排列, 然后依该次序将相应的物品装入背包, 直到超出背包的容积限制为止. 运用这种贪婪算法的思想能求得背包问题较好的近似解, 但不能保证一定是最优解, 编写程序如下:

```
jz=[0.7,0.5,0.4,0.6,0.8,0.55];
tj=[0.35,0.3,0.6,0.4,0.7,0.5];
a=jz./tj;
n=length(a);
for i=1:n
    for j=i+1:n
        if a(i)<a(j)
          c=a(i);b=jz(i);d=tj(i);
          a(i)=a(j);jz(i)=jz(j);tj(i)=tj(j);
          a(j)=c;jz(j)=b;tj(j)=d;
        end
    end
end
he=0;k=0;f=0;
for i=1:n
```

```
    if he<=1.5
        he=he+tj(i);
        k=k+1;
        f=jz(i)+f;
    end
end
m=k-1
he=he-tj(k)
jz
tj
f=f-jz(k)
```

运行结果为

```
m=3
he=1.0500
jz=0.7000    0.5000    0.6000    0.8000    0.5500    0.4000
tj=0.3500    0.3000    0.4000    0.7000    0.5000    0.6000
f=1.8000
```

即:选取第 1 件,第 2 件,第 4 件物品,体积之和为 1.05 m^3,此时背包所装的物品的总价值最大,最大值为 1.8 万元.

注意　读者亦可用求 0-1 规划的命令直接求解.

练习 2

1. 某单位有 300 万元可用于投资,共有 6 个项目可供选择,其投资额(单位:万元)分别为 40,60, 80,50,90,70,预计三年后可获利润(单位:万元)分别为 10,12,15,11,16,13,试确定一种投资方案可使得三年后获得的利润最大.

2. 某校学生在大学三年级第一学期必须要选修的课程(必修课)只有一门(2 个学分);可供限定选修的课程有 8 门,任意选修课程有 10 门.由于一些课程之间互有联系,所以可能在选修某门课程时必须同时选修其他课程,这 18 门课程的学分数和要求同时选修课程的相应信息如表 9.8 所示.

表 9.8　课程信息表

限定选修课	课号	1	2	3	4	5	6	7	8		
	学分	5	5	4	4	3	3	3	2		
	选修要求					1		2			
任意选修课	课号	9	10	11	12	13	14	15	16	17	18
	学分	3	3	3	2	2	2	1	1	1	1
	选修要求	8	6	4	5	7	6				

按学校规定,每个学生每学期选修的总学分不能少于 21 学分,因此,学生必须在上述 18 门课程中至少选修 19 学分,学校同时还规定学生每学期选修任意选修课的学分不能少于 3 学分,也不能超过 6 学分.为了达到学校的要求,试为该学生确定一种选课方案.

3. 比较示例 8 中的两种方法,为什么会产生两种不同的结果?你对此两种算法有何认识?考虑怎样改进贪婪算法,既能提高运算速度,又保证一定能够找到最优解?

4. 某医院每日至少需要护士值班人数如表 9.9 所示.

表 9.9   值班护士的人数

班次	时间段	人数	班次	时间段	人数
1	6:00—10:00	60	4	18:00—22:00	50
2	10:00—14:00	70	5	22:00—2:00	20
3	14:00—18:00	60	6	2:00—6:00	30

每班的护士在值班开始时向病房报到,连续工作 8 h,医院至少需要多少护士才能满足值班要求?

5. 某厂要求每日 8 小时的产量不低于 1 800 件,为了便于进行质量控制,计划聘请两种不同水平的检验员.一级检验员的标准为 25 件/h,正确率 98%,计时工资 40 元/h;二级检验员的标准为 15 件/h,正确率 95%,计时工资 30 元/h;检验员每检错一次,工厂要损失 20 元.为使总检验费用最省,该工厂应聘一级、二级检验员各几名?

6. 某校篮球队拟从以下 6 名预备队员中选拔 3 名作为正式队员,并使队员平均身高尽可能高,这 6 名预备队员情况如表 9.10 所示.

表 9.10   预备队员情况

号码	预备队员	身高/cm	位置
1	小张	193	中锋
2	小李	191	中锋
3	小王	187	前锋
4	小赵	186	前锋
5	小田	180	后卫
6	小周	185	后卫

队员的挑选要满足:(1)至少补充一名后卫队员;(2)小李或小田中间只能入选一名;(3)最多补充一名中锋;(4)如果小李或小赵入选,小周就不能入选,问应如何挑选队员?

4. 最佳投资组合

示例 9   表 9.11 给出 4 只股票在同一时期内的平均收益率 $r_i\%$,购买股票时交易费率为 $p_i\%$,风险损失率 $q_i\%$,且同期银行存款利率是 $r_0 = 5\%$,既无交易费又无风险.由于投资者承受风险的程度不一样,投资越分散,风险越小,若给定风险一个界限 a,即每种股票风险不超过 a 的情况下,为投资者建议一种投资策略,使其尽可能获得最大收益.

表 9.11 股票平均收益率、交易费率、风险损失率表　　　　　单位:%

股票	r_i	q_i	p_i
1	28	2.5	1
2	21	1.5	2
3	23	5.5	4.5
4	25	2.6	6.5

实验过程　为了建立最佳投资组合模型,我们分以下三步来完成此实验.

(1)条件假设.假设银行存款为 X_0,投资四种股票的资金分别为 X_1,X_2,X_3,X_4,总投资资金为 M.设四种股票之间是相互独立的,且在投资的同一时期内 r_i,p_i,q_i,r_0 都为定值,不受意外因素影响.为了方便,不妨记 $p_0=q_0=0$,亦即银行存款没有交易费用和风险损失.

(2)建立模型.投资四种股票的风险度分别为 $q_iX_i/M,i=1,2,3,4$;购买四种股票时所付交易费分别为 $p_iX_i,i=1,2,3,4$,则购买四种股票的收益分别为 $(r_i-p_i)X_i,i=1,2,3,4$.为使投资者获得最大收益,且每种股票风险不超过 a 的情况下,可建立如下模型:

$$\max \sum_{i=0}^{4} (r_i - p_i)X_i,$$

$$\text{s.t.} \begin{cases} \sum_{i=0}^{4} X_i = M, \\ q_iX_i/M \leqslant a, i=1,2,3,4, \\ X_i \geqslant 0, i=0,1,2,3,4. \end{cases}$$

(3)模型求解.将模型简化为

$$\max \sum_{i=0}^{4} (r_i - p_i)x_i,$$

$$\text{s.t.} \begin{cases} \sum_{i=0}^{4} x_i = 1, \\ q_ix_i \leqslant a, i=1,2,3,4, \\ x_i \geqslant 0, i=0,1,2,3,4, \end{cases}$$

其中 $x_i = X_i/M, i=0,1,2,3,4$.将表 9.11 中给定的数据代入模型得

$$\min f = -0.05x_0 - 0.27x_1 - 0.19x_2 - 0.185x_3 - 0.185x_4,$$

$$\text{s.t.} \begin{cases} x_0 + x_1 + x_2 + x_3 + x_4 = 1, \\ 0.025x_1 \leqslant a, \\ 0.015x_2 \leqslant a, \\ 0.055x_3 \leqslant a, \\ 0.026x_4 \leqslant a, \\ x_i \geqslant 0, i=0,1,\cdots,4. \end{cases}$$

不同的投资者承受风险度的能力不同,本次实验从 $a=0$ 开始,以步长 $\Delta a = 0.001$ 编写下面的程序进行循环搜索.

```
a = 0;
while(1.1-a)>1
    c = [-0.05,-0.27,-0.19,-0.185,-0.185];
aeq = [1,1,1,1,1];
beq = [1];
    A = [0,0.025,0,0,0;0,0,0.015,0,0;0,0,0,0.055,0;0,0,0,0,0.026];
    b = [a;a;a;a];
    vlb = [0,0,0,0,0];vub = [];
    [x,val]=linprog(c,A,b,aeq,beq,vlb,vub);
    a                    % 风险度
    x = x'
    Q = -val          % 风险度 a 对应的收益率
plot(a,Q,'.')
axis([0,0.1,0,0.5])
hold on
    a = a+0.001;
end
xlabel('a'),ylabel('Q')
```

程序运行后显示图 9.2 和风险度 a 及对应的最佳收益率 Q.

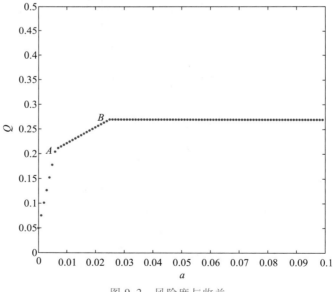

图 9.2   风险度与收益

列出部分运行结果如下:

a = 0   x = 1.0000   0.0000   0.0000   0.0000   0.0000   Q =

0.0500

    a = 0.0010   x = 0.8367   0.0400   0.0667   0.0182   0.0385

Q = 0.0758

    ......

    a = 0.0050   x = 0.1834   0.2000   0.3333   0.0909   0.1923

Q = 0.1789

    a = 0.0060   x = 0.0201   0.2400   0.4000   0.1091   0.2308

Q = 0.2047

    a = 0.0070   x = 0   0.2800   0.4667   0   0.2533

Q = 0.2111

    a = 0.0080   x = 0   0.3200   0.5333   0   0.1467

Q = 0.2149

    ......

    a = 0.0240   x = 0   0.9600   0.0400   0   0

Q = 0.2668

    a = 0.0250   x = 0   1.0000   0   0   0

Q = 0.2700

    a = 0.0260   x = 0   1.0000   0   0   0

Q = 0.2700

    ......

    a = 0.0990   x = 0   1.0000   0   0   0

Q = 0.2700

从运行结果以及图 9.2,可得下面的结论:

1)风险大,收益也大;

2)当投资越分散时,投资者承担的风险越小,这与题意一致,即冒险的投资者会出现集中投资的情况,保守的投资者则尽量分散投资.

3)图 9.2 曲线上的点表示当风险水平(横坐标)给定时能获得的最大收益率(纵坐标).

4)分别在 $a = 0.007$ 和 $a = 0.025$ 附近有两个转折点 A 和 B,在 $a = 0.007$ 点左边,当风险增加时,收益率增长较快;在 $a = 0.007$ 点右边,且在 $a = 0.025$ 点左边当风险增加时,收益率增长较缓慢;在 $a = 0.025$ 右边当风险增加时,收益率不再增长,达到稳定值 0.27.对风险厌恶型投资者来说,应该选择曲线左边的转折点 A 作为最优投资组合,此时 $a = 0.007$,$Q = 21.11\%$,投资组合方案一可用表 9.12 表示.

表 9.12   投资组合方案一

风险度	收益率	x_0	x_1	x_2	x_3	x_4
0.007 0	21.11%	0	0.28	0.4667	0	0.253 3

对于风险喜好型投资者来说,应该选择曲线右边的转折点 B 作为最优投资组合,此时 $a = 0.025$,$Q = 27\%$,投资组合方案二可用表 9.13 表示.

表 9.13 投资组合方案二

风险度	收益率	x_0	x_1	x_2	x_3	x_4
0.025 0	27%	0	1	0	0	0

本实验着重介绍线性规划问题,即线性函数的极值求解问题.其特征有:一是目标函数是决策变量的线性函数,二是约束条件是决策变量的线性等式或不等式.可以说它是一种较为简单而又特别的约束极值问题.通常能转化为线性规划问题的有:生产决策问题、一般性的投资问题、材料问题、场址选择问题、运输问题以及前面提到的人员安排问题和计划分工问题等.与此相关的内容还有灵敏度分析以及影子价格等,读者若感兴趣,可进一步阅读相关专业书籍.

练习 3

1. 设有三种证券 S_1, S_2, S_3,期望收益率分别为 10%,15% 和 40%,风险分别是 10%,5% 和 20%,假定投资总风险用最大一种投资股票的风险来度量,且同期银行存款利率为 $r_0 = 5\%$,无风险,为投资者建议一种投资策略(投资比例),使其尽可能获得最大收益.

2. 制定投资计划时,不仅要考虑可能获得的盈利,而且还要考虑可能出现的亏损.某投资人打算投资甲、乙两个项目.根据预测,甲、乙两个项目可能的最大盈利率分别为 100%,50%,可能的最大亏损率分别为 30% 和 10%.投资人计划投资金额不超过 10 万元.要求确保可能的资金亏损不超过 1.8 万元.问投资人对甲、乙两个项目应如何投资,才能使可能的利润最大?

实验十 非线性函数极值求解

实验目的

1. 学会建立非线性函数极值模型并求解.
2. 学会用 MATLAB 软件求非线性函数的极值.

理论知识

1. 极值

设函数 $f(x)$ 在点 x_0 的某邻域内有定义,若存在 $\delta > 0$,使对于任意 $x \in U(x_0, \delta)$ 时,不等式 $f(x) \leq f(x_0) (f(x) \geq f(x_0))$ 成立,则称 $f(x)$ 在点 x_0 处取得无约束极大(小)值 $f(x_0)$,称点 x_0 为函数 $f(x)$ 的一个极大(小)值点,极大值与极小值统称为极值.

2. 二次型

称关于 n 个变量 $x_1, x_2, \cdots, x_n$ 的二次齐次多项式函数

$$f(\boldsymbol{x}) = a_{11}x_1^2 + 2a_{12}x_1x_2 + 2a_{13}x_1x_3 + \cdots + 2a_{1n}x_1x_n +$$
$$a_{22}x_2^2 + 2a_{23}x_2x_3 + \cdots + 2a_{2n}x_2x_n + \cdots + a_{nn}x_n^2$$

为 n 元二次型,如果系数 $a_{ij} \in \mathbf{R}$,则称 $f(\boldsymbol{x})$ 为实二次型. 二次型的矩阵形式为

$$f(\boldsymbol{x}) = \boldsymbol{x}^{\mathrm{T}}\boldsymbol{A}\boldsymbol{x},$$

其中 $\boldsymbol{A} = \begin{pmatrix} a_{11} & a_{12} & \cdots & a_{1n} \\ a_{12} & a_{22} & \cdots & a_{2n} \\ \vdots & \vdots & & \vdots \\ a_{1n} & a_{2n} & \cdots & a_{nn} \end{pmatrix}, \boldsymbol{x} = (x_1, x_2, \cdots, x_n)^{\mathrm{T}}.$

实验内容

在工程技术、经济管理等领域中,只要问题的解决方法不是唯一的,就存在最优化问题,即在一系列条件下寻求使所关注的某个指标达到最优的问题. 如:设计师要在满足强度要求下选择材料的形状和尺寸使其总重量最轻;经济活动中在资源有限的条件下,如何合理安排使经济效益达到最大;投资者要选择一些股票债券等使得利润最大. 最优化问题在数学上可归纳为求一个函数的最大值或最小值问题.

1. 用 MATLAB 软件求无约束条件函数的极值

由于求函数 $f(x)$ 的极大值可以转化为求 $-f(x)$ 的极小值,所以,对于 n 元函数极值问题模型我们只讨论

$$\min_{x} f(\boldsymbol{x}), \boldsymbol{x} = (x_1, x_2, \cdots, x_n)^{\mathrm{T}} \in \mathbf{R}^n.$$

（1）一元函数的极值

MATLAB 软件求一元函数极小值的命令是 fminbnd,调用格式如下：

x=fminbnd(fun,x1,x2)　% 求解目标函数 fun 在区间（x1,x2）内的极小值点 x.

[x,fmin]=fminbnd(fun,x1,x2)　% 求解目标函数 fun 在区间（x1,x2）内的极小值点 x 与极小值 fmin.

命令 fminbnd 的算法基于黄金分割法和二次插值法,它要求函数 fun 必须是连续函数.

这里需要注意:目标函数 fun 可以用字符串定义,可以用 inline 函数定义,也可以用 M 文件定义.但是,用 M 文件定义的目标函数在求极值时必须在函数名前面加函数句柄操作符@ ,即

[x,fmin]=fminbnd(@fun,x1,x2)

示例 1　边长为 6 dm 的正方形铁板,在四角剪去相等的正方形制成方形无盖水槽,问如何剪可使水槽的容积最大?

实验过程　设剪去正方形的边长为 x,则水槽的容积为 $x(6-2x)^2$,建立下面的极值模型:

$$\max f(x) = x(6-2x)^2, \quad 0 < x < 3.$$

fminbnd 是求函数极小值,在此需要给函数 $x(6-2x)^2$ 加负号把求极大值转换为极小值.编写程序如下:

```
f ='-(6-2*x)^2*x';
[x,fval]=fminbnd(f,0,3)
fmax =-fval
```

程序运行结果为

```
x=1.0000
fval=-16.0000
fmax=16.0000
```

即剪去正方形的边长为 1 dm 时,水槽的容积最大,其最大容积为 16 dm^3.

本题也可以编写如下程序.首先定义函数文件

```
function f=myfun(x)
f=-(6-2*x)^2*x;
```

保存为文件 myfun.m,在命令行窗口编写程序

```
[x,fval]=fminbnd(@myfun,0,3)
fmax =-fval
```

请读者自行运行该程序.

示例 2　求函数 $y = \sin^2 x e^{-0.2x} - 0.9|x|$ 在 $-10 < x < -7$ 内的极大值与极小值.

实验过程　编写程序如下:

```
y ='sin(x)^2*exp(-0.2*x)-0.9*abs(x)';
y1 ='-1*(sin(x)^2*exp(-0.2*x)-0.9*abs(x))';
```

```
[xmin,ymin]=fminbnd(y,-10,-7);
[xmax,y1min]=fminbnd(y1,-10,-7);
xmin
ymin
xmax
ymax=-y1min
ezplot(y,[-10,-1])
```

运行程序后,会显示如图 10.1 所示图形及如下结果:

```
xmin =   -9.4919
ymin =   -8.5127
xmax =   -7.8606
ymax =   -2.2579
```

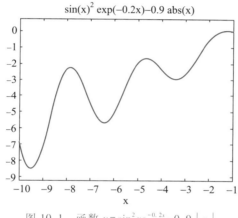

图 10.1　函数 $y = \sin^2 x e^{-0.2x} - 0.9 \left| x \right|$

（2）多元函数的极值

MATLAB 软件求多元函数极小值的命令是 fminsearch 和 fminunc,常用格式如下:

x=fminsearch(fun,x0)或 x=fminunc(fun,x0)% 求解目标函数为 fun 的局部极小值点 x,选取初值为 x0

[x,fmin]=fminsearch(fun,x0)或 [x,fmin]=fminunc(fun,x0)　% 求解目标函数为 fun 的局部极小值点 x 和极小值 fmin,选取初值为 x0

MATLAB 软件中,命令 fminsearch 采用单纯形法求极小值点和极小值,而 fminunc 采用牛顿法求局部极小值点和极小值.

示例 3　求 $f(x) = 2x_1^3 + 4x_1 x_2^3 - 10x_1 x_2 + x_2^2$ 的极小值.

实验过程　编写程序如下:

```
f='2*x(1)^3+4*x(1)*x(2)^3-10*x(1)*x(2)+x(2)^2';
x0=[0,0];
[x,fmin]=fminsearch(f,x0)
```

程序运行结果为:

```
x=1.0016    0.8335
fmin=-3.3241
```

示例 4　求 $f(x)=3x_1^2+2x_1x_2+x_2^2$ 的极小值.

实验过程　创建目标函数的 M 文件,文件名为 funmin1.m,程序如下:

```
function f=funmin1(x)
f=3*x(1)*x(1)+2*x(1)*x(2)+x(2)*x(2);
```

用 fminunc 命令,求以 [1,1] 为初值的极小值点与极小值.

```
x0=[1,1];
[x,fval]=fminunc(@funmin1,x0)
```

运行结果:

```
x=1.0e-06*
   0.2541  -0.2029
fval=1.3173e-13
```

用 fminsearch 命令,求以 [1,1] 为初值的极小值点与极小值.

```
x0=[1,1];
[x,fval]=fminsearch(@funmin1,x0)
```

运行结果:

```
x=1.0e-04*
 -0.0675    0.1715
fval=1.9920e-10
```

从实验结果可以看出,对于同一个函数,用 fminunc 命令和 fminsearch 命令计算出来的极小值与极小值点虽有区别,但相差很小,这是由于命令 fminunc 和 fminsearch 的算法不同.事实上,经过简单计算和曲面绘制,不难发现该函数在 (0,0) 处取得极小值 0.

示例 5　Rosenbrock 函数 $f(x_1,x_2)=100(x_2-x_1^2)^2+(1-x_1)^2$ 的极小值点为 $x^*=(1,1)$,极小值 $f(1,1)=0$,用 fminsearch 命令求其极小值加以验证,选取初值为 $x_0=(-1.6,2)$.

实验过程　为获得直观认识,画出 Rosenbrock 函数的图形,如图 10.2(a) 和 (b) 所示,绘图程序如下:

```
[x,y]=meshgrid(-2:0.1:2,-1:0.1:3);
z=100*(y-x.^2).^2+(1-x).^2;
mesh(x,y,z)
```

画等高线的程序如下:

```
contour(x,y,z,20)
```

由图 10.2 可以看出,Rosenbrock 函数呈绕过原点的弯曲形状,从初始点到最优点有一狭长通道,不利于沿负梯度方向下降,是检验优化算法的有名函数.下面用 fminsearch 命令搜索最优值.

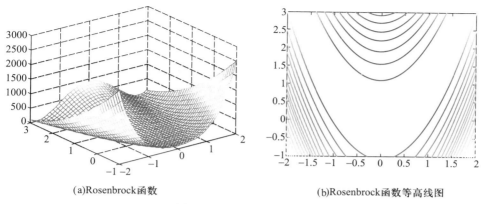

(a)Rosenbrock函数　　　　　　　　　(b)Rosenbrock函数等高线图

图 10.2　Rosenbrock 函数

在 MATLAB 软件命令行窗口输入以下命令：

```
f='100*(x(2)-x(1)^2)^2+(1-x(1))^2';
[x,minf]=fminsearch(f,[-1.6,2])
```

运行结果为：

```
x=1.0000    1.0000
minf=2.3338e-10
```

示例 6(产销量的最佳安排)　产销量的最佳安排是指：如果工厂生产甲、乙两个型号的同种类产品，工厂计划人员希望确定两个型号产品各自的产量，在有效的资源下，使总的利润最大．为简单起见，下面只在产销平衡的情况下进行讨论，即假设工厂的产品都能售出，并等于市场上的销量．工厂的利润既取决于销量和(单件)价格，又依赖于产量和(单件)成本．按照市场经济规律，甲的价格会随其销量的增加而降低，同时乙的销量的增加也会使甲的价格有一定的下降；乙的价格遵循同样的规律．甲、乙的成本都随各自产量的增加而降低．

某厂生产一种产品有甲、乙两个品牌，p_1，q_1 和 x_1 分别表示甲品牌的价格、成本和销量；p_2，q_2 和 x_2 分别表示乙品牌的价格、成本和销量．甲、乙两个品牌的成本与其产量的函数关系分别为

$$q_1=30\mathrm{e}^{-0.015x_1}+20,\quad q_2=100\mathrm{e}^{-0.02x_2}+30.$$

按照市场规律，甲、乙产品的价格与销量的函数关系分别为

$$p_1=100-x_1-0.1x_2,\quad p_2=280-0.2x_1-2x_2.$$

讨论在产销平衡的情况下(产量等于销量)，确定各自的产量使利润最大．

实验过程　利润是销售收入与生产支出之差，根据题意得利润为

$$z(x_1,x_2)=(p_1-q_1)x_1+(p_2-q_2)x_2$$
$$=(100-x_1-0.1x_2-30\mathrm{e}^{-0.015x_1}-20)x_1+(280-0.2x_1-2x_2-100\mathrm{e}^{-0.02x_2}-30)x_2.$$

该问题实际上是关于二元函数的极值问题，可以通过计算偏导数，求其驻点，然后再判别这些驻点是否为极值点．对此问题，若采用这种常规方法是很困难的．通常采用一些数值计算方法，如迭代算法、梯度法、拟牛顿法等，由于这些方法涉及许多专

业基础知识,这里暂不做介绍,仅介绍如何用 MATLAB 软件优化工具箱求其最优解的方法.

产销量的最佳安排问题是在产销平衡的情况下,确定甲和乙的产量 x_1, x_2,使利润 $z(x_1, x_2)$ 最大,令 $y(x_1, x_2) = -z(x_1, x_2)$,问题转化为求解

$$\min_{x_1, x_2} y(x_1, x_2) = -[(100 - x_1 - 0.1x_2 - 30e^{-0.015x_1} - 20)x_1 +$$
$$(280 - 0.2x_1 - 2x_2 - 100e^{-0.02x_2} - 30)x_2].$$

先忽略成本,问题转化为求

$$z(x_1, x_2) = p_1 x_1 + p_2 x_2 = (100 - x_1 - 0.1x_2)x_1 + (280 - 0.2x_1 - 2x_2)x_2$$

的极值.应用极值存在的必要条件,其解为 $x_1 = 47, x_2 = 69$.将此解作为原问题的初始值,再用 MATLAB 软件求解.

1) 编写如下程序,将目标函数文件命名为 fun.m:

```
function y = fun(x)
y1 = ((100-x(1)-0.1*x(2))-(30*exp(-0.015*x(1))+20))*x(1);
y2 = ((280-0.2*x(1)-2*x(2))-(100*exp(-0.02*x(2))+30))*x(2);
y = -y1-y2;
```

2) 编写求解程序:

```
x0 = [47,69];
[x,y] = fminunc(@fun,x0)
z = -y
```

程序运行结果为

```
x = 23.9025   62.4977
y = -6.4135e+03
z = 6.4135e+03
```

即当甲的产量为 23.902 5,乙的产量为 62.497 7 时利润最大,最大利润为 6 413.5.

注意   此处仅是从纯数学的角度给出了问题的解答,而没有考虑产量是否应取整的实际要求.试想:若有产量取整的要求,则最优产量应是什么?

练习 1

1. 求函数 $f(x) = 2e^{-x}\sin x$ 在 $0 < x < 8$ 内的最大值与最小值.

2. 求解下列极值问题:

(1) $\min_{1 \leqslant x \leqslant 8}(3\sin x + x)$;

(2) $\min f(x) = (4x_1^2 + 2x_2^2 + 4x_1 x_2 + 2x_2 + 1)e^{x_1}$;

(3) $\min f = 4x^2 + 5xy + 2y^2$.

3. 某企业在两个相互分离的市场上出售同一产品,两个市场的需求函数分别为 $p_1 = 18 - 2q_1$, $p_2 = 12 - q_2$,其中 p_1, p_2 分别表示该产品在两个市场上的价格(单位:万元/t),q_1, q_2 分别表示该产品在两个市场上的销售量(单位:t).该企业生产这种产品总成本函数为 $C = 2q + 5$,其中 q 表示该产品在两个市场上的销售总量,即 $q = q_1 + q_2$.在产销平衡的状态下:

(1) 如果该企业实行价格差别策略(即 $p_1 \neq p_2$),试确定两个市场上该产品的销售量和最优价格,

使该企业获得最大利润;

（2）如果该企业实行价格无差别策略（即 $p_1 = p_2$）,试确定两个市场上该产品的销售量和最优价格,使该企业获得最大利润,并比较两种价格策略下总利润的大小.

4. 一家制造计算机的公司计划生产 A、B 两种型号的计算机产品:它们使用相同的中央处理器,但 A 产品使用 27 英寸（1 英寸 = 2.54cm）显示器,B 产品使用 31 英寸显示器.除了 400 000 美元的固定费用外,每台 A 产品成本为 1 950 美元,每台 B 产品成本为 2 260 美元,公司建议每台 A 产品的零售价为 3 390 美元,每台 B 产品的零售价为 3 980 美元.营销人员估计,在销售这些计算机的竞争市场上,同一类型的计算机每多卖一台,它的价格就下降 0.15 美元;同时,一种类型的计算机的销售也会影响另一种计算机的销售,估计每销售一台 A 产品就会使 B 产品的零售价格下降 0.04 美元,每销售一台 B 产品就会使 A 产品的零售价格下降 0.06 美元.假设该公司制造的所有计算机产品都可以售出,那么,该公司应该生产每种计算机各多少台,才能使利润最大?

5. 一奶制品工厂用牛奶生产 A_1,A_2 两种初级奶制品,它们可以直接出售,也可以分别加工成 B_1,B_2 两种高级奶制品再出售.按目前技术每桶牛奶可加工成 2 kgA_1 和 3 kgA_2,每桶牛奶的买入价为 10 元,加工费为 5 元,加工时间为 15 h.每 kgA_1 可深加工成 0.8 kgB_1,加工费为 4 元,加工时间为 12 h;每 kgA_2 可深加工成 0.7 kgB_2,加工费为 3 元,加工时间为 10 h.初级奶制品 A_1,A_2 的售价分别为 10 元/kg 和 9 元/kg,高级奶制品 B_1,B_2 的售价分别为 30 元/kg 和 20 元/kg.工厂现有的加工能力为每周总共 2 000 h.根据市场状况,高级奶制品的需求量占全部奶制品需求量的 20% 至 40%.试在供需平衡的条件下为该厂制定（一周的）生产计划,使得利润最大.

2. 用 MATLAB 软件求有约束条件函数的极值

一般约束极值问题模型为

$$\min_{x} F(\boldsymbol{x}),$$

$$\text{s.t.} \begin{cases} \boldsymbol{Ax} \leqslant \boldsymbol{b}, \\ \boldsymbol{aeq} \cdot \boldsymbol{x} = \boldsymbol{beq}, \\ \boldsymbol{g}(\boldsymbol{x}) \leqslant \boldsymbol{0}, \\ \boldsymbol{ceq}(\boldsymbol{x}) = \boldsymbol{0}, \\ \boldsymbol{vlb} \leqslant \boldsymbol{x} \leqslant \boldsymbol{vub}, \end{cases}$$

其中 $\boldsymbol{x} = (x_1, x_2, \cdots, x_n)^{\mathrm{T}} \in \mathbf{R}^n$,$\boldsymbol{g}(\boldsymbol{x})$ 与 $\boldsymbol{ceq}(\boldsymbol{x})$ 为非线性函数,其他变量的含义与线性规划模型中的含义相同.用 MATLAB 软件求解上述问题分以下三步进行:

1）建立 M 文件 fun.m 定义目标函数.

```
function f=fun(x)
f=F(x)  % 函数表达式
```

2）若约束条件中有非线性约束 $\boldsymbol{g}(\boldsymbol{x}) \leqslant \boldsymbol{0}$ 或 $\boldsymbol{ceq}(\boldsymbol{x}) = \boldsymbol{0}$,则建立 M 文件 nonlcon.m 定义函数 $\boldsymbol{g}(\boldsymbol{x})$ 与 $\boldsymbol{ceq}(\boldsymbol{x})$.

```
function[g,ceq]=nonlcon(x)
g=函数表达式
ceq=函数表达式
```

3）fmincon 命令求解,调用格式如下:

```
[x,fval]=fmincon(@fun,x0,A,b,aeq,beq,vlb,vub)
[x,fval]=fmincon(@fun,x₀,A,b,aeq,beq,vlb,vub,nonlcon)
```

其中 fun 为目标函数的 M 文件，x0 为初值，A,b 为线性不等式约束的系数矩阵和常数向量，aeq,beq 为线性等式约束的系数矩阵和常数向量，vlb,vub 为 x 的下限和上限，nonlcon 表明约束条件中有非线性约束，返回局部极小值点 x 和极小值 fval.

示例 7　求解极值问题：

$$\min f(x_1, x_2, x_3) = x_1^2(x_2+2)x_3,$$

$$\text{s.t.} \begin{cases} 350-163x_1^{-2.86}x_3^{0.86} \leqslant 0, \\ 10-4\times10^{-3}x_1^{-4}x_2x_3^3 \leqslant 0, \\ x_1(x_2+1.5)+4.4\times10^{-3}x_1^{-4}x_2x_3^3-3.7x_3 \leqslant 0, \\ 375-3.56\times10^5x_1x_2^{-1}x_3^{-2} \leqslant 0, \\ 4-x_3/x_1 \leqslant 0, \\ 1 \leqslant x_1 \leqslant 4, \\ 4.5 \leqslant x_2 \leqslant 50, \\ 10 \leqslant x_3 \leqslant 30. \end{cases}$$

实验过程

1）建立 M 文件 fun1.m 定义目标函数

```
function f = fun1 ( x )
f = x ( 1 ) * x ( 1 ) * ( x ( 2 ) + 2 ) * x ( 3 )
```

2）建立 M 文件 fun2.m 定义非线性约束条件函数

```
function [ c,ceq ] = fun2 ( x )
c ( 1 ) = 350 - 163 * x ( 1 ) ^ ( -2.86 ) * x ( 3 ) ^ 0.86;
c ( 2 ) = 10 - 0.004 * ( x ( 1 ) ^ ( -4 ) ) * x ( 2 ) * ( x ( 3 ) ^ 3 );
c ( 3 ) = x ( 1 ) * ( x ( 2 ) + 1.5 ) + 0.0044 * ( x ( 1 ) ^ ( -4 ) ) * x ( 2 ) * ( x ( 3 ) ^ 3 ) - 3.7 * x ( 3 );
c ( 4 ) = 375 - 356000 * x ( 1 ) * ( x ( 2 ) ^ ( -1 ) ) * x ( 3 ) ^ ( -2 );
c ( 5 ) = 4 - x ( 3 ) / x ( 1 );
ceq = 0;
```

3）编写求解程序

```
x0 = [ 2 25 20 ]';
vlb = [ 1 4.5 10 ]';
vub = [ 4 50 30 ]';
[ x,fval ] = fmincon ( @fun1,x0,[],[],[],[],vlb,vub,@fun2 )
```

程序运算结果为

```
x = 1.0000
    4.5000
    10.0000
fval = 65.0005
```

练习2

1. 求解极值问题：

（1）$\min f(x) = -2x_1 - x_2$,

s. t. $\begin{cases} g_1(x) = 25 - x_1^2 - x_2^2 \geq 0, \\ g_2(x) = 7 - x_1^2 + x_2^2 \geq 0, \\ 0 \leq x_1 \leq 5, 0 \leq x_2 \leq 10; \end{cases}$

（2）$\min f(x) = e^{x_1 + x_2}(4x_1^2 + 2x_2^2 + 4x_1x_2 + 2x_2 + 1)$,

s. t. $\begin{cases} 1.5 + x_1x_2 - x_1 - x_2 \leq 0, \\ x_1x_2 \geq 10, \\ x_1 \geq 0, x_2 \geq 0. \end{cases}$

3. 用 MATLAB 软件求解有线性约束条件的二次规划问题

二次规划问题的数学模型为

$$\min_x z = \frac{1}{2}x^{\mathrm{T}}Hx + c^{\mathrm{T}}x,$$

$$\text{s. t. } \begin{cases} Ax \leq b, \\ aeq \cdot x = beq, \\ vlb \leq x \leq vub. \end{cases}$$

MATLAB 软件求解该模型的命令是 quadprog，调用格式有如下几种形式，请读者对比下面示例 8 的求解过程，不难发现这几种命令的使用方法.

（1）x = quadprog(H,c,A,b)

（2）x = quadprog(H,c,A,b,aeq,beq)

（3）x = quadprog(H,c,A,b,aeq,beq,vlb,vub)

（4）[x,fv] = quadprog(H,c,A,b,vlb,vub)

（5）[x,fv,ef,out,lag] = quadprog(H,c,A,b,aeq,beq,vlb,vub)

示例 8　$\min f(x_1, x_2) = 2x_1^2 + x_2^2 - x_1x_2 - 4x_1 - 3x_2$,

s. t. $\begin{cases} x_1 + x_2 \leq 4, \\ -x_1 + 3x_2 \leq 3, \\ x_1 \geq 0, x_2 \geq 0. \end{cases}$

实验过程　将该问题写成标准形式为

$$\min z = \frac{1}{2}(x_1, x_2)\begin{pmatrix} 4 & -1 \\ -1 & 2 \end{pmatrix}\begin{pmatrix} x_1 \\ x_2 \end{pmatrix} + (-4, -3)\begin{pmatrix} x_1 \\ x_2 \end{pmatrix},$$

$$\text{s. t. } \begin{pmatrix} 1 & 1 \\ -1 & 3 \end{pmatrix}\begin{pmatrix} x_1 \\ x_2 \end{pmatrix} \leq \begin{pmatrix} 4 \\ 3 \end{pmatrix}, \begin{pmatrix} 0 \\ 0 \end{pmatrix} \leq \begin{pmatrix} x_1 \\ x_2 \end{pmatrix}.$$

编写如下程序：

```
H = [4,-1;-1,2];
c = [-4;-3];
A = [1,1;-1,3];b = [4;3];
aeq = [];beq = [];
vlb = [0;0];vub = [];
```

```
[x,z]=quadprog(H,c,A,b,aeq,beq,vlb,vub)
```
程序运行结果为
```
x=1.5000    1.5000
z=-6.0000
```
即当 $x_1=1.5, x_2=1.5$ 时,函数取得极小值,极小值为 -6.

示例 9(投资组合问题)　　企业投资的目的是为了获得利润,由于投资环境瞬息万变,所以,投资的收益总是不确定的,具有一定风险. 如何度量收益和风险呢? 记 P_{At} 为证券 A 在第 t 周末的价格,定义

$$r_{At}=\frac{P_{At}-P_{At-1}}{P_{At-1}}$$

为证券 A 当周的收益率,由于投资初期不可预知将来的收益率,因此,收益率是一个随机变量. $r_{A1}, r_{A2}, \cdots, r_{AT}$ 为证券 A 从第一周到第 T 周的收益率分布,且定义该收益率分布的均值

$$E(r_A)=\frac{\sum\limits_{t=1}^{T} r_{At}}{T}$$

为证券 A 的期望收益率,并用该收益率分布的方差

$$\sigma_A^2=\frac{\sum\limits_{t=1}^{T}(r_{At}-E(r_A))^2}{T-1}$$

度量该证券 A 期望收益的偏差(称为风险). 同样可以计算证券 B 的期望收益率 $E(r_B)$ 及方差 σ_B^2. 两证券收益率分布间的协方差为

$$\sigma_{AB}=\mathrm{cov}(r_A,r_B)=\frac{1}{T-1}\sum\limits_{t=1}^{T}(r_{At}-E(r_A))(r_{Bt}-E(r_B)).$$

协方差给出了证券 A 和证券 B 收益率分布相互影响的程度. 相关系数

$$\rho_{AB}=\frac{\mathrm{cov}(r_A,r_B)}{\sigma_A\sigma_B}=\frac{\sigma_{AB}}{\sigma_A\sigma_B}$$

反映证券 A 和证券 B 线性相关的程度. 对于投资者来说,最关心的问题是证券 A 和证券 B 的投资比例分别为多少时风险最小,收益最大,这就是两种证券 A 和 B 的投资组合问题. 类似地,还可以引入三种或三种以上风险投资的投资组合问题.

股票的收益是随机的,一投资人经过慎重考虑,选择了三种股票作为投资对象. 根据统计数据分析得到:股票 A 的年期望收益率为 25%,标准差为 10%,股票 B 的年期望收益率为 32%,标准差为 24%,股票 C 的年期望收益率为 33.3%,标准差也为 33.3%;股票 A, B 收益的相关系数为 5/24,股票 B, C 收益的相关系数为 $-1/4$,股票 A, C 收益的相关系数为 -0.5. 如果投资人期望今年得到至少 20% 的投资回报,如何投资才能使得风险最小?

实验过程　　用决策变量 x_1, x_2, x_3 分别表示投资股票 A, B, C 的投资比例,记股票 A, B, C 的收益率分别为 S_1, S_2, S_3,根据题意,$S_i, i=1,2,3$ 是随机变量,投资的总收益率

$$S=x_1S_1+x_2S_2+x_3S_3$$

也是随机变量,用 E 和 D 分别表示随机变量的数学期望和方差,则有

$$E(S_1) = \frac{25}{100}, \quad E(S_2) = \frac{32}{100}, \quad E(S_3) = \frac{333}{1\,000},$$

$$D(S_1) = \frac{1}{100}, \quad D(S_2) = \frac{36}{625}, \quad D(S_3) = \frac{1}{9},$$

$$r_{12} = \frac{5}{24}, \quad r_{13} = -0.5, \quad r_{23} = -0.25.$$

由概率论知识可知

$$\mathrm{cov}(S_1, S_2) = r_{12}\sqrt{DS_1}\sqrt{DS_2} = \frac{5}{24} \times \frac{1}{10} \times \frac{24}{100} = 0.005,$$

$$\mathrm{cov}(S_2, S_3) = r_{23}\sqrt{DS_2}\sqrt{DS_3} = -0.25 \times \frac{24}{100} \times \frac{333}{1\,000} = -0.02,$$

$$\mathrm{cov}(S_1, S_3) = r_{13}\sqrt{DS_1}\sqrt{DS_3} = -0.5 \times \frac{1}{10} \times \frac{333}{1\,000} = -0.016\,666,$$

投资的总期望收益率为

$$y = E(S) = x_1 E(S_1) + x_2 E(S_2) + x_3 E(S_3) = \frac{25x_1}{100} + \frac{32x_2}{100} + \frac{333x_3}{1\,000}.$$

用总收益的方差衡量投资的风险时,投资总收益的方差为

$$
\begin{aligned}
z &= D(x_1 S_1 + x_2 S_2 + x_3 S_3) \\
&= D(x_1 S_1) + D(x_2 S_2) + D(x_3 S_3) + 2\mathrm{cov}(x_1 S_1, x_2 S_2) + \\
&\quad 2\mathrm{cov}(x_2 S_2, x_3 S_3) + 2\mathrm{cov}(x_1 S_1, x_3 S_3) \\
&= x_1^2 D(S_1) + x_2^2 D(S_2) + x_3^2 D(S_3) + 2x_1 x_2 \mathrm{cov}(S_1, S_2) + 2x_2 x_3 \mathrm{cov}(S_2, S_3) + 2x_1 x_3 \mathrm{cov}(S_1, S_3) \\
&= 0.01x_1^2 + 0.057\,6x_2^2 + 0.111\,1x_3^2 + 0.01x_1 x_2 - 0.04x_2 x_3 - 0.033\,3x_1 x_3.
\end{aligned}
$$

约束条件: 投资的收益率不低于 20%,即

$$y = E(S) = \frac{25x_1}{100} + \frac{32x_2}{100} + \frac{333x_3}{1\,000} \geqslant 20\%.$$

由于 x_1, x_2, x_3 分别表示投资股票 A, B, C 的投资比例,所以 $x_1 + x_2 + x_3 = 1$.

数学模型:

$$\min_x z(x_1, x_2, x_3) = 0.01x_1^2 + 0.057\,6x_2^2 + 0.111\,1x_3^2 + 0.01x_1 x_2 - 0.04x_2 x_3 - 0.033\,3x_1 x_3,$$

$$\mathrm{s.t.} \begin{cases} \dfrac{25x_1}{100} + \dfrac{32x_2}{100} + \dfrac{333x_3}{1\,000} \geqslant 20\%, \\[2mm] x_1 + x_2 + x_3 = 1. \end{cases}$$

编写程序如下:

```
h0 = [0.02,0.01,-0.0333;0.01,0.1152,-0.04;-0.0333,-0.04,
0.2222];
c = [0,0,0];
a1 = -[0.25,0.32,0.333];
b1 = -0.2;
```

```
A2 = [ 1,1,1 ];
b2 = 1;
[ x,fv ] = quadprog ( h0,c,a1,b1,A2,b2 )
F = sqrt ( fv )
S = -a1 * x
```

程序运行结果为

```
x = 0.7464
    0.0819
    0.1717
fv = 0.0050
F = 0.0708
S = 0.2700
```

由此可知, 股票 A,B,C 的投资比例分别为 74.64%, 8.19%, 17.17%, 此时风险率最小, 为 7.08%, 收益率为 27%.

练习 3

1. 求解二次规划问题:

(1) $\min f = -x_1 - 2x_2 + \dfrac{1}{2}x_1^2 + \dfrac{1}{2}x_2^2$,

$$\text{s. t.} \begin{cases} 2x_1 + 3x_2 \leqslant 6, \\ x_1 + 4x_2 \leqslant 5, \\ x_1, x_2 \geqslant 0; \end{cases}$$

(2) $\max f = 2x_1 + 6x_2 + x_1 x_2 - \dfrac{1}{2}x_1^2 - x_2^2$,

$$\text{s. t.} \begin{cases} x_1 + x_2 \leqslant 2, \\ x_1 - 2x_2 \geqslant -2, \\ 2x_1 + x_2 \leqslant 3, \\ x_1, x_2 \geqslant 0. \end{cases}$$

2. 某 3 只股票 49 个周末的收盘价如表 10.1 所示.

(1) 分别计算这 3 只股票 2—49 周的周收益率、平均收益率和周收益率的协方差矩阵;

(2) 在允许卖空的条件下, 给出这 3 只股票风险最小的投资策略.

表 10.1　A、B、C 三只股票 49 个周末的收盘价

周数	A 股票	B 股票	C 股票	周数	A 股票	B 股票	C 股票
1	10.3	0.77	10.6	5	10.8	0.90	11.6
2	10.6	0.81	11.2	6	10.8	0.93	11
3	10.8	0.89	11.9	7	11.2	1.01	12.1
4	10.7	0.93	11.7	8	11.3	0.96	13.2

续表

周数	A 股票	B 股票	C 股票	周数	A 股票	B 股票	C 股票
9	11	1	12.6	30	12.7	1.29	15.8
10	10.9	1.04	12.6	31	12.5	1.32	15.4
11	10.6	1.04	12.6	32	12.3	1.32	14.9
12	10.9	1.09	12.6	33	12.6	1.33	15.3
13	11.5	1.1	12.7	34	12.4	1.37	15.6
14	11.5	1.26	13.6	35	12.6	1.48	14.2
15	11.8	1.17	14.2	36	12.1	1.49	13.8
16	12.2	1.06	14.7	37	11.9	1.51	14
17	12	1.13	14.4	38	11.9	1.32	13.8
18	12.1	1.09	14.3	39	12.4	1.32	14.2
19	12.3	1.03	15	40	12.1	1.3	13.8
20	12.1	1.08	14.9	41	12	1.28	14
21	11.4	1.08	13.4	42	12.4	1.17	14.3
22	11.9	1.12	14	43	12	1.14	13.6
23	11.9	1.12	14.4	44	12	1.08	14.1
24	12	1.15	14.7	45	12	1.09	14.4
25	11.8	1.2	14.3	46	12.1	1.07	14.6
26	11.8	1.2	14.7	47	12	1.2	14.4
27	12.2	1.24	14.9	48	12	1.24	14.4
28	12.4	1.32	15.6	49	12.1	1.26	14.5
29	12.4	1.32	15.5				

实验十一　非线性方程（组）求解

实验目的

1. 熟悉 MATLAB 软件求解非线性方程（组）命令及其用法.
2. 掌握求非线性方程近似解的常用数值方法——迭代法.
3. 了解分叉与混沌概念.

理论知识

1. 零点定理

若 $f(x)$ 在闭区间 $[a,b]$ 上连续，且 $f(a)$ 与 $f(b)$ 异号，则至少存在一点 $c \in (a,b)$，使得 $f(c) = 0$.

2. 压缩映射原理

设定义在 $[a,b]$ 上的函数 $f(x)$ 满足：对于任意的 $x \in [a,b]$，有 $f(x) \in [a,b]$，且存在一个常数 $L > 0$，使得不等式

$$|f(x) - f(y)| \leqslant L|x - y|, \quad x, y \in [a,b]$$

成立，则当 $L < 1$ 时，函数 $f(x)$ 在 $[a,b]$ 上有唯一的不动点（即方程 $f(x) = x$ 有唯一的解）.

实验内容

1. 用 MATLAB 软件求方程的解

MATLAB 软件求方程 $f(x) = 0$ 近似解的命令是 `fzero`，具体使用方法如下：

（1）建立函数：

`f=inline('表达式')`

或建立匿名函数

`f=@(x)expr`

@ 是函数句柄的符号，x 表示参数，多个参数之间用逗号隔开，expr 是函数表达式，用以执行函数所要实现的功能，f 是一个变量，用以保存匿名函数的句柄以便后面使用.在很多情况下，匿名函数经常会在定义时直接使用，而不把它保存为一个变量.

（2）求函数零点：

`c=fzero(f,[a,b])`　%求函数 f(x)在区间[a,b]上的零点 c

`c=fzero(f,x0)`　　　%求函数 f(x)在点 x0 附近的零点 c

应当注意：在用命令 `fzero` 求函数 $f(x)$ 在区间 $[a,b]$ 上的零点时，MATLAB 软件要求 $f(a) \cdot f(b) < 0$，否则即使有解也会报出错信息.

特别地,MATLAB 软件求多项式方程

$$a_n x^n + \cdots + a_1 x + a_0 = 0 \tag{11-1}$$

解的命令是 roots,具体使用方法是

roots(c)

其中 c 是式(11-1)左端多项式的系数向量$(a_n, \cdots, a_1, a_0)$.

示例 1 求五次曲线 $y = x^5$ 与直线 $y = 1-x$ 交点的横坐标.

实验过程 求五次曲线 $y = x^5$ 与直线 $y = 1-x$ 交点的横坐标实际上等价求方程 $x^5 = 1-x$ 的解.令 $f(x) = x^5 + x - 1$,因为

$$f'(x) = (x^5 + x - 1)' = 5x^4 + 1 > 0,$$

所以,函数 $f(x)$ 严格单调上升,而且 $f(0)f(1) = -1 < 0$,故方程 $x^5 = 1-x$ 在 $[0,1]$ 上有唯一的实数解.在 MATLAB 软件命令行窗口中逐行输入下面的命令:

```
f=inline('x^5');
fplot(f,[0,1])
hold on
g=inline('1-x');
fplot(g,[0,1])
grid
```

运行后显示图 11.1,画出两条曲线在坐标面上的图形.

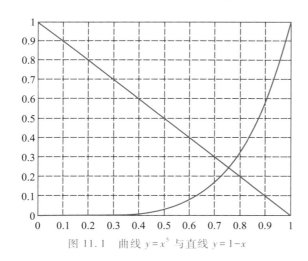

图 11.1 曲线 $y = x^5$ 与直线 $y = 1-x$

从图 11.1 可以清楚地看出:两条线在区间 $[0,1]$ 上有一个交点.下面用 MATLAB 软件求方程 $x^5 + x - 1 = 0$ 在区间 $[0,1]$ 上的解.在 MATLAB 命令行窗口中输入:

```
f=inline('x^5+x-1');       % 建立函数 f(x)=x^5+x-1
c=fzero(f,[0,1])           % 返回函数 f(x)在[0,1]上的零点 c
```

运行后显示:

```
c=0.754 9
```

显然,在 $[0,1]$ 上找到了函数 $f(x) = x^5 + x - 1$ 的零点为 $x = 0.754\ 9$.

或输入:

```
c=fzero(f,1)                          % 返回函数 f(x)在 x=1 附近的零点 c
```

运行结果为:

```
c=0.754 9
```

也可用 roots 命令求解 $x^5+x-1=0$ 的解. 在 MATLAB 命令行窗口中输入:

```
c=roots([1,0,0,0,1,-1])
```

运行后显示:

```
c =
   -0.8774 + 0.7449i
   -0.8774 - 0.7449i
    0.5000 + 0.8660i
    0.5000 - 0.8660i
    0.7549 + 0.0000i
```

理论上五次方程有五个解,其中一个实数解 0.7549 与前面用 fzero 命令解出的结果相同.

fzero 命令虽然运用简单,但从科学的态度出发,我们应该充分了解"隐藏"在该命令背后的原理、算法以及实现过程,因此,掌握求解一般非线性方程近似解的常用数值方法,熟悉相关原理等对从事科学研究是十分必要的.

练习 1

1. 求莱昂纳多方程 $x^3+2x^2+10x-20=0$ 的解.

2. 求方程 $e^x+10x-2=0$ 的解.

2. 二分法

若 $f(x)$ 在闭区间 $[a,b]$ 上连续,且 $f(a)\cdot f(b)<0$,则 $f(x)=0$ 在 (a,b) 内至少有一个实数解 ξ. "二分法" 求方程 $f(x)=0$ 近似解的基本思想是:首先选取区间 $[a,b]$ 的中点 $x_1=\dfrac{a+b}{2}$,保留有解的半个区间 $[a,x_1]$ 或 $[x_1,b]$;再选取新区间的中点,保留有解的半个区间,以此类推,直到区间长度减小至给定的精度,此时该区间内任意一点都可以作为方程解的近似值. 具体步骤如下:

(1) 取区间 $[a,b]$ 的中点 $x_1=\dfrac{a+b}{2}$,如果 $f(x_1)=0$,则 $\xi=x_1$ 为所求的解;

(2) 如果 $f(x_1)\neq 0$ 且 $f(x_1)\cdot f(b)<0$,则取 $a_1=x_1,b_1=b$;否则 $f(a)\cdot f(x_1)<0$,则取 $a_1=a,b_1=x_1$,从而得到新的有解区间 $[a_1,b_1]$,将它看作区间 $[a,b]$;

(3) 重复执行 (1),(2),直到区间长度不超过给定的误差界.

重复执行上述步骤,可得包含解 ξ 的区间序列(闭区间套) $\{[a_n,b_n]\}\big|_{n=1}^{+\infty}$,满足 $[a,b]\supset[a_1,b_1]\supset\cdots\supset[a_n,b_n]\supset\cdots$. 可以证明,它有唯一的收敛点 x^*,此收敛点 x^* 就是方

程的解 ξ.

若用 $x_n \in [a_n, b_n]$ 作为方程解 ξ 的近似值,则其误差满足

$$|\xi - x_n| < b_n - a_n = \frac{b-a}{2^n}.$$

若设定用 x_n 代替方程解 ξ 的绝对误差限为 ε,即 $|\xi - x_n| < \varepsilon$,则由

$$|\xi - x_n| < \frac{b-a}{2^n} < \varepsilon$$

得

$$n > [\ln(b-a) - \ln \varepsilon] / \ln 2,$$

即

$$N = [[\ln(b-a) - \ln \varepsilon] / \ln 2], \tag{11-2}$$

则得为满足精度而需实施等分区间的次数为 $N+1$.

示例 2 用二分法求方程 $x^5 + x - 1 = 0$ 的近似解(误差 $<10^{-5}$).

实验过程 由示例 1 知方程在 $[0,1]$ 上有且仅有一个实数解,下面是用"二分法"求解方程近似解的程序.

```
f = inline('x^5+x-1');
fplot(f,[0,1]);grid;
hold on;
a=0;b=1;dlt=1.0e-5;k=1;
while abs(b-a)>dlt
   c=(a+b)/2;
   plot(c,0,'*')                    % 画出每次二分区间的中点
   fprintf('k=%.0f,x=%.5f\n',k,c)   % 显示每次二分区间的中点
   if f(c)==0
      return;
   elseif f(c)*f(b)<0
      a=c;
   else
      b=c;
   end
   k=k+1;                           % 记录二分区间的次数
end
```

程序运行后显示图 11.2.

从图中可以看出,随着二分次数的增加,分点逐步逼近曲线与 x 轴的交点,直至达到精度要求,每次算得的近似解由表 11.1 给出.

当要求近似解的精度小于 10^{-5} 时,由公式(11-2)计算可知需要二分区间 17 次才能达到要求,此时,x=0.754 88.在上述迭代过程中,我们只是多次计算函数值,对函数其他方面的性态没有讨论,这是二分法的优势.细心的同学从表 11.1 中不难发现,迭代到第 10 次时解的近似值和最后的结果相同或非常接近,为什么?事实上,当迭

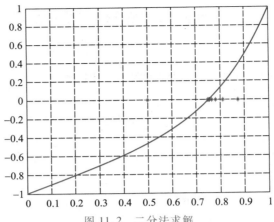

图 11.2　二分法求解

表 11.1　二分法算得方程解的近似值

二分区间次数	解的近似值	二分区间次数	解的近似值
k=1	x=0.50000	k=10	x=0.75488
k=2	x=0.75000	k=11	x=0.75439
k=3	x=0.87500	k=12	x=0.75464
k=4	x=0.81250	k=13	x=0.75476
k=5	x=0.78125	k=14	x=0.75482
k=6	x=0.76563	k=15	x=0.75485
k=7	x=0.75781	k=16	x=0.75487
k=8	x=0.75391	k=17	x=0.75488
k=9	x=0.75586		

代到第 10 次时,取得区间中点的值已和方程的近似解非常接近,但此时区间长度还比较大(本算法采用区间长度来度量解的精度,而不是用 $|f(x)| < \varepsilon$ 来度量解的精度),未达到程序中设定的区间精度要求(abs(b-a)≤dlt),所以,还要继续二分迭代,请读者考虑如何修改算法和程序,避免这种情况.

练习 2

用"二分法"求解下列问题(要求精度达到 10^{-4}).

1. 求圆 $x^2+y^2=2$ 与曲线 $y=e^{-x}$ 的两个交点坐标.

2. 求方程 $3x^2-e^x=0$ 的最大正数解和最小负数解,并分别确定二分区间的次数.

3. 求方程 $1-x-\sin x=0$ 在 $[0,1]$ 内的正数解.

3. 迭代法

3.1　一般迭代法

在方程 $f(x)=0$ 有实数解的情况下,若能够将方程等价地转化为 $x=g(x)$ 的形式, 然后取一个初值 x_0 代入 $x=g(x)$ 的右端,算得 $x_1=g(x_0)$,再计算 $x_2=g(x_1)$,这样依次类推得到一个迭代序列 $\{x_k\}$:

$$x_{k+1}=g(x_k),\quad k=0,1,2,3,\cdots, \tag{11-3}$$

通常称 $g(x)$ 为迭代函数,x_0 为迭代初值.

如果迭代序列(11-3)收敛,即存在唯一确定的 x^*,使得 $\lim\limits_{k\to+\infty}x_k=x^*$.容易证明,此迭代序列的极限 x^* 就是方程 $f(x)=0$ 的实数解.x^* 也称为函数 $g(x)$ 的不动点,x_k 称为方程 $f(x)=0$ 的解的 k 次近似值.这种通过对方程 $f(x)=0$ 进行等价变形,构造迭代序列,从而达到求解方程近似解的方法,通常称为迭代法.

对于一个方程可以等价地构造出多种形如式(11-3)的迭代序列,但是如何从方程自身出发,构造一个收敛的迭代序列就成为利用迭代法求解方程近似解的关键.换句话说,如何选取迭代函数 $g(x)$,使得迭代序列(11-3)收敛,而且,在收敛的情况下又如何加快收敛速度是一个值得研究的问题.

示例 3　用一般迭代法求方程 $x^2+x-3=0$ 的近似解.

实验过程　若构造迭代格式 $x_{k+1}=3-x_k^2$,取初值 $x_0=0$,则得迭代序列

$$\{x_k\}=\{0,3,-6,-33,\cdots\},$$

显然该序列不收敛.事实上,对于任意的初值 x_0,该迭代序列都不收敛.

若构造迭代格式 $x_{k+1}=\sqrt{3-x_k}$,取初值 $x_0=0$,则容易验证,迭代序列 $\{x_k\}$ 收敛于该方程的一个正数解 $x_1=1.302\,775\,6$;同时,若构造迭代序列 $x_{k+1}=-\sqrt{3-x_k}$,取初值 $x_0=0$,也可以验证此迭代序列 $\{x_k\}$ 收敛于该方程的一个负数解 $x_2=-2.302\,775\,6$.

此例说明迭代函数对迭代序列的收敛与否有决定性的影响.一般情况下有下面的定理:

定理 1　设函数 $g(x)$ 在区间 $[a,b]$ 上连续,且满足以下条件:

(1) 对于任意的 $x\in[a,b]$,有 $g(x)\in[a,b]$;

(2) 在区间 (a,b) 内,函数 $g(x)$ 满足利普希茨(Lipschitz)条件,即存在常数 $L>0$,使得对于任意的 $x,y\in(a,b)$ 都有

$$|g(x)-g(y)|\leqslant L|x-y|,$$

如果有 $L<1$,则迭代格式

$$x_{k+1}=g(x_k),\quad k=0,1,2,\cdots$$

对任意的迭代初值 $x_0\in[a,b]$ 均是收敛的,即迭代序列 $\{x_n\}_{n=1}^{+\infty}$ 收敛于方程 $x=g(x)$ 在区间 $[a,b]$ 上的解 x^*.

3.2　牛顿切线迭代法

若函数 $f(x)$ 在闭区间 $[a,b]$ 上有二阶导数,$f(a)\cdot f(b)<0$,且 $f'(x)$ 与 $f''(x)$ 在 $[a,b]$ 上不变号,则可以证明 $f(x)=0$ 在 $[a,b]$ 上有且仅有唯一的实数解 x^*.

牛顿切线迭代法的基本思想是:如图 11.3 所示,首先选取一个端点 x_0,作曲线 $f(x)$ 在点 $(x_0, f(x_0))$ 处的切线,此切线与 x 轴交于区间内一点 x_1;再作曲线 $f(x)$ 在点 $(x_1, f(x_1))$ 处的切线交 x 轴于区间内另一点 x_2;以此类推,切线与 x 轴的交点将快速逼近函数 $f(x)$ 的零点.此时,切线与 x 轴交点构成的序列 $\{x_k\}_{k=0}^{+\infty}$ 的极限就是方程的解,x_k 就是方程解的 k 次迭代近似值.这种方法通常称为牛顿切线迭代法.它是由英国天才数学家、物理学家牛顿(Newton)发现的.

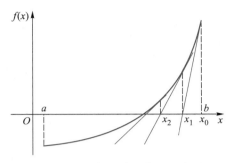

图 11.3 牛顿切线迭代法示意图

牛顿切线迭代法计算步骤如下:

(1) 在 $[a,b]$ 上选取迭代初值 x_0,要求 $f(x_0)$ 与 $f''(x_0)$ 同号.

(2) 过 $(x_0, f(x_0))$ 作曲线 $f(x)$ 的切线

$$y - f(x_0) = f'(x_0)(x - x_0),$$

计算切线与 x 轴的交点

$$x_1 = x_0 - \frac{f(x_0)}{f'(x_0)}.$$

(3) 再过点 $(x_1, f(x_1))$ 作曲线 $f(x)$ 的切线,得到切线与 x 轴交点

$$x_2 = x_1 - \frac{f(x_1)}{f'(x_1)}.$$

以此类推,可计算得第 $n+1$ 次切线与 x 轴的交点

$$x_{n+1} = x_n - \frac{f(x_n)}{f'(x_n)}, \quad n = 0,1,2,3,\cdots. \tag{11-4}$$

(4) 将 x_{n+1} 作为方程解的第 $n+1$ 次迭代近似值.

这就是牛顿切线迭代法的过程,式(11-4)叫作牛顿切线迭代法的迭代公式,$g(x) = x - \dfrac{f(x)}{f'(x)}$ 称为迭代函数.当 $f'(x) \neq 0$ 时,$f(x) = 0$ 在 $[a,b]$ 上的解 x^* 必是 $g(x)$ 的不动点.

从图 11.3 我们也可以看出,对满足条件的 $f(x)$,牛顿切线迭代法迭代产生的迭代序列 $\{x_n\}_{n=1}^{+\infty}$ 均在精确解 x^* 的一侧且是单调数列.我们也可根据泰勒定理做如下推理:设方程解的第 k 次近似值 $x_k \in [a,b]$ 已知,则 $f(x)$ 在 x_k 处带有拉格朗日余项的泰勒展开式为

$$f(x) = f(x_k) + f'(x_k)(x - x_k) + \frac{1}{2}f''(\xi_k)(x - x_k)^2,$$

当 x 在 x^* 附近且 x_k 也离 x^* 很近时,有

$$f(x) \approx f(x_k) + f'(x_k)(x - x_k),$$

此时方程 $f(x) = 0$ 的解近似为方程

$$f(x_k) + f'(x_k)(x - x_k) = 0$$

的解,并将其作为第 $k+1$ 次近似值就得牛顿切线迭代法的迭代格式

$$x_{k+1}=x_k-\frac{f(x_k)}{f'(x_k)},\quad k=0,1,2,3,\cdots.$$

关于牛顿切线迭代法有下面的收敛性定理.

定理 2　设函数 $f(x)$ 在 $[a,b]$ 上有二阶导数,且满足

(1) $f(a)\cdot f(b)<0$;

(2) $f'(x),f''(x)$ 在 $[a,b]$ 上连续且不变号,

则当迭代初值 $x_0\in[a,b]$,且 $f(x_0)$ 与 $f''(x_0)$ 同号时,牛顿切线迭代序列(11-4)收敛于方程 $f(x)=0$ 在 $[a,b]$ 上的唯一实数解 x^*.

值得注意的是:符合牛顿切线迭代法收敛条件的函数形状除图 11.3 所示之外还有下面三种情形,如图 11.4 的(a),(b),(c)所示. 在使用牛顿切线迭代法时,初始点的选取要求函数值与函数在该点的二阶导数值同号,否则,切线与 x 轴的交点可能会超出函数有解区间之外.

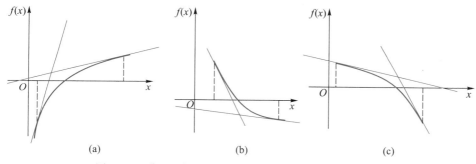

图 11.4　满足牛顿切线迭代法收敛的另外三种函数图形

关于牛顿切线迭代法的误差问题,我们可做如下简单分析:设精确解为 x^*,于是,

$$f(x_n)=f(x_n)-f(x^*)=f'(\eta_n)(x_n-x^*),$$

η_n 介于 x_n 与 x^* 之间,所以,

$$|x_n-x^*|=\frac{|f(x_n)|}{|f'(\eta_n)|},\quad \eta_n\in(a,b).$$

取 $m=\min\{|f'(a)|,|f'(b)|\}$,由 $f'(x)$ 是单调的,得 $|f'(\eta_n)|\geq m$,所以

$$|x_n-x^*|\leqslant\frac{|f(x_n)|}{m},$$

因此为使 $|x_n-x^*|<\varepsilon$,只需 $|f(x_n)|<m\varepsilon$ 即可.

示例 4　用牛顿切线迭代法求方程 $x^5+x-1=0$ 的近似解(误差 $<10^{-5}$).

实验过程　容易验证函数 $f(x)=x^5+x-1$ 满足定理 2 的条件. 编写下面的 MATLAB 程序:

```
f = inline('x^5+x-1');
df = inline('5*x^4+1');
```

```
d2f=inline('20*x^3');
a=0;b=1;dlt=1.0e-5;                   % 设定精度
if f(a)*d2f(a)>0                      % 该 if-end 块确定迭代初值
    x0=a;
else
    x0=b;
end
m=min(abs(df(a)),abs(df(b)));
k=1;
while abs(f(x0))>m*dlt
    x1=x0-f(x0)/df(x0);
    x0=x1;
    fprintf('k=%d,x=%.5f\n',k,x0);
    k=k+1;
end
```

程序运行结果如下(其中 k 表示迭代次数):

```
k=1,x=0.83333
k=2,x=0.76438
k=3,x=0.75502
k=4,x=0.75488
```

从计算结果可以看出:牛顿切线迭代法只需迭代 4 次就达到了二分法用 17 次才能得到的结果,明显比二分法收敛快.读者可自己画图查看迭代逼近过程.当然,牛顿切线迭代法对函数本身的性态要求较高,每次都要计算导数,且要求初值离 x^* 较近.

3.3 弦截法

牛顿切线迭代法的每一步不但要计算函数值,而且还要计算导数值.如果导数的计算比较困难,那么牛顿切线迭代法就不太理想.下面介绍的弦截法可以避免求函数的导数值.

(1) 单点弦截法

设方程 $f(x)=0$ 在 (a,b) 内有一个单根 x^*,曲线 $f(x)$ 在 (a,b) 内凹向不变,如图 11.5 所示,弦截法的计算步骤如下:

1)取定一端点 $(b,f(b))$,连接它与另一端点作弦交 x 轴于

$$x_1=b-\frac{b-a}{f(b)-f(a)}f(b).$$

2)以 $(x_1,f(x_1))$ 作为新端点,并连接端点 $(b,f(b))$ 作弦交 x 轴于

$$x_2=b-\frac{b-x_1}{f(b)-f(x_1)}f(b).$$

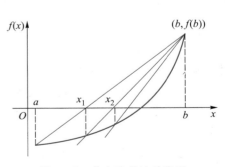

图 11.5 单点弦截法示意图

3)以此类推,可以得到第 $n+1$ 次作弦与 x 轴交点

$$x_{n+1} = b - \frac{b-x_n}{f(b)-f(x_n)}f(b), \quad n=0,1,2,\cdots (x_0=a). \tag{11-5}$$

在定理2的条件下,弦截法得到的迭代序列(11-5)也是收敛的,它的极限就是方程 $f(x)=0$ 的解.与牛顿切线迭代法相比,弦截法是用 $\dfrac{f(b)-f(x_n)}{b-x_n}$ (差商)代替导数 $f'(x_n)$ 的结果.

（2）双点弦截法

设方程 $f(x)=0$ 在 (a,b) 内有一个单根 x^*,$f''(x)$ 在 (a,b) 上不变号,如图 11.6 所示,双点弦截法的计算步骤如下:

1）连接两端点 $(a,f(a))$ 与 $(b,f(b))$,作弦

$$y=f(a)+\frac{f(b)-f(a)}{b-a}(x-a),$$

此弦与 x 轴交点的横坐标设为 x_1,则

$$x_1 = a - \frac{f(a)}{f(b)-f(a)}(b-a).$$

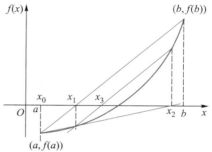

图 11.6 双点弦截法示意图

2）如果 $f(x_1)=0$,则 $x^*=x_1$ 即为所求解,否则连接两端点 $(x_1,f(x_1))$ 与 $(a,f(a))$（并改记为 $(x_0,f(x_0))$）,作弦

$$y=f(x_1)+\frac{f(x_1)-f(x_0)}{x_1-x_0}(x-x_1),$$

此弦与 x 轴交点的横坐标设为

$$x_2 = x_1 - \frac{f(x_1)}{f(x_1)-f(x_0)}(x_1-x_0).$$

3）以此类推,可得双点弦截法（也称快速弦截法）:

$$x_{n+1} = x_n - \frac{f(x_n)}{f(x_n)-f(x_{n-1})}(x_n-x_{n-1}), \quad n=0,1,2,\cdots.$$

示例 5 分别用单点弦截法和双点弦截法求方程 $x^5+x-1=0$ 的近似解（误差 $<10^{-5}$）.

实验过程 （1）用单点弦截法编写程序如下:

```
f=@(x)x^5+x-1;
a=0;b=1;
error=1.0e-5;
x0=a;t=b-a;
k=1;
while abs(t)>error
    x1=b-(b-x0)/(f(b)-f(x0))*f(b);
    fprintf('k=%.0f,x=%.5f \n',k,x1)
```

```
        if f(x1)==0
            return;
        end
        k=k+1;
        t=x1-x0;
        x0=x1;
    end
end
```

程序运行结果如下（其中 k 表示迭代次数）：

k=1,x=0.50000

k=2,x=0.65957

k=3,x=0.71995

k=4,x=0.74228

k=5,x=0.75036

k=6,x=0.75326

k=7,x=0.75430

k=8,x=0.75467

k=9,x=0.75480

k=10,x=0.75485

k=11,x=0.75487

k=12,x=0.75487

（2）用双点弦截法编写程序如下：

```
f=@(x)x^5+x-1;
a=0;b=1;
error=1.0e-5;
x0=a;
x1=x0-f(x0)/(f(b)-f(x0))*(b-x0);
k=1;
if f(x1)==0
    fprintf('k=%.0f,x=%.5f\n',k,x1)
    return;
else
    while abs(f(x1))>error
        fprintf('k=%.0f,x=%.5f\n',k,x1)
        x2=x1-f(x1)/(f(x1)-f(x0))*(x1-x0);
        x0=x1;
        x1=x2;
        k=k+1;
    end
end
```

程序运行结果如下：

k = 1,x = 0.50000

k = 2,x = 0.94118

k = 3,x = 0.68007

k = 4,x = 0.73340

k = 5,x = 0.75758

k = 6,x = 0.75478

请读者将这两个运行结果与二分法、牛顿切线迭代法的运行结果进行比较.

练习3

1. 方程 $f(x) = x^2 + x - 4 = 0$ 在 $(0,4)$ 内有唯一的实数解,现构造以下三种迭代函数：

（1）$g_1(x) = 4 - x^2$,迭代初值 $x_0 = 4$；

（2）$g_2(x) = \dfrac{4}{1+x}$,迭代初值 $x_0 = 4$；

（3）$g_3(x) = x - \dfrac{x^2 + x - 4}{2x + 1}$,迭代初值 $x_0 = 4$,

分别用给出的 3 种迭代函数构造迭代序列 $x_{k+1} = g_i(x_k)$, $i = 1, 2, 3$,观察这些迭代序列是否收敛,若收敛能否收敛到方程 $f(x) = 0$ 的解？除此之外,你还能构造出其他收敛的迭代序列吗？

2. 用单点弦截法求示例 3 中方程解的近似值（误差 $< 10^{-5}$）.

3. 用双点弦截法求方程 $2^x - x^2 - 1 = 0$ 的解（误差 $< 10^{-5}$）.

4. 用牛顿切线迭代法求方程 $x^2 - 2xe^x + e^{-x} = 0$ 的解. 你能否构造出其他形式的迭代序列,使其收敛到该方程的一个解？

4. 分叉与混沌

从前面的讨论知道,如果迭代序列不收敛,那么迭代序列就没有极限. 但当迭代序列中含有参数时,随着参数的取值不同所产生的迭代序列的发展趋势又会如何呢？

下面我们通过实验来观察一个带有参数的简单迭代序列（逻辑斯谛（logistic）模型）

$$x_{n+1} = rx_n(1 - x_n), \quad n = 0, 1, 2, \cdots, \tag{11-6}$$

其中参数 r 为非负实数,迭代初值 $x_0 = 0.1$.

对于每一个给定的参数 r,迭代所产生的序列 $\{x_k\}_{k=1}^{+\infty}$, $k = 0, 1, 2, \cdots$ 称为一个轨道. 我们知道,如果 $\lim\limits_{k \to +\infty} x_k = x^*$,则 x^* 是迭代函数 $g(x) = rx(1-x)$ 的不动点,此时,迭代序列从某一项开始的各项值凝聚在不动点 x^* 附近. 但随着参数取值的变化,相应的迭代序列的收敛情况会发生明显变化,极限可能不存在. 这时迭代序列的发展变化可能会发生非常复杂的行为,几何上也会呈现出复杂的变化特征. 下面实验中出现的这种现象被称为分叉与混沌现象. 这种现象已经受到普遍关注. 我们通过下面的实验来认识分叉与混沌现象.

示例 6 分别取不同的参数值 r,作迭代序列（11-6）,观察分叉与混沌现象.

实验过程 请读者自己编程按以下步骤上机实践.

步骤 1 首先,分别取参数 r 为 $0, 0.3, 0.6, 0.9, 1.2, 1.5, 1.8, 2.1, 2.4, 2.7, 3, 3.3,$

3.6,3.9 共 14 个值,按迭代序列(11-6)迭代 150 步,分别产生 14 个迭代序列 $\{x_k\}$,$k=0,1,\cdots,150$;其次,分别取这 14 个迭代序列的后 50 个迭代值($x_{101},x_{102},\cdots,x_{150}$),画在以 r 为横坐标的同一坐标面 rOx 上,每一个 r 取值对应的迭代值点为一列.

程序如下:

```
clear;clc;
hold on
axis([0,4,0,1]);grid
for r = 0:0.3:3.9
    x = [0.1];
    for k = 2:150
        x(k)=r*x(k-1)*(1-x(k-1));
    end
    pause(0.5)
    for k = 101:150
        plot(r,x(k),'r.','markersize',20);
    end
    text(r-0.1,max(x(101:150))+0.05,['\it{r}=',num2str(r)])
end
```

程序运行结果如图 11.7 所示.

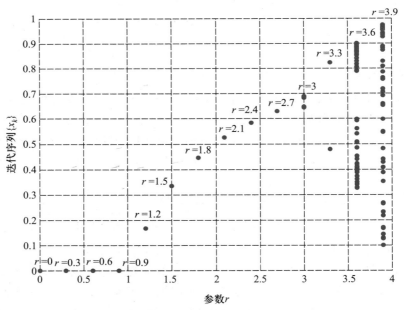

图 11.7 14 个 r 值对应的迭代序列

步骤 2 对图 11.7 进行观察分析,容易发现:

(1) 当 r 为 0,0.3,0.6,0.9,1.2,1.5,1.8,2.1,2.4,2.7 时,每个 r 对应的后 50 个迭代值凝聚在一点,这说明对这些 r 的取值所产生的迭代序列是收敛的.

（2）当r为$3,3.3$时,对应的后50个迭代值凝聚在两个点,这说明这些r值所对应的迭代序列不收敛,但凝聚在两个点附近;同时也说明当r取值由2.7到3时,对应的迭代序列由收敛到不收敛,轨道由一支分为两支,开始出现分叉现象.

（3）当r由3.3到3.6再到3.9越来越大时,对应的后50个迭代值凝聚的点也越来越多,这说明r值所对应的迭代序列变化情况逐渐复杂,轨道分叉也越来越多.会不会还是按一支分为两支的变化规律来变化的呢?

步骤3　为了进一步研究上面所提到的问题,现在对r在2.7到3.9之间按步长0.005取值迭代并作图,如图11.8所示.

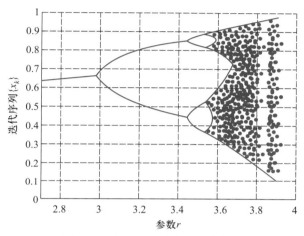

图11.8　加密r值对应的迭代序列

从图11.8可以看出,当r取值在3附近时,轨道由一支分为两支;当r取值在3.45附近时,轨道由两支分为四支;当r取值在3.55附近时,轨道再进一步分叉.请读者通过再次加密r取值进行实验回答下面的问题:

（1）是否由四支分为八支,并以此类推呢?

（2）这些分叉点处的r取值是否有规律?

特别地,轨道由1条分为2条、由2条分为4条、再由4条分为8条等,这种现象称为倍周期现象.参数变化导致迭代序列发生巨大变化的这种现象称作混沌现象,感兴趣的读者可参阅相关专业书籍.

步骤4　为了进一步研究迭代序列对初值的依赖性,取$r=4$,

初值分别取为$0.1,0.100001,0.100002$,迭代20次,可得迭代序列,见表11.2.

表11.2　不同初值下的迭代序列

迭代次数	初值与迭代值		
0	0.1	0.100001	0.100002
1	0.3600000000	0.3600032000	0.3600064000
2	0.9216000000	0.9216035840	0.9216071678
3	0.2890137600	0.2890016720	0.2889895842
4	0.8219392261	0.8219188223	0.8218984177

续表

迭代次数	初值与迭代值		
5	0.5854205387	0.5854730874	0.5855256348
6	0.9708133262	0.9707774053	0.9707414631
7	0.1133392473	0.1134745385	0.1136098995
8	0.4019738493	0.4023922705	0.4028107610
9	0.9615634951	0.9618909246	0.9622170073
10	0.1478365599	0.1466270951	0.1454217527
11	0.5039236459	0.5005103603	0.4970970661
12	0.9999384200	0.9999989581	0.9999662919
13	0.0002463048	0.0000041675	0.0001348279
14	0.0009849765	0.0000166698	0.0005392387
15	0.0039360251	0.0000666783	0.0021557917
16	0.0156821314	0.0002666952	0.0086045772
17	0.0617448085	0.0010664964	0.0341221539
18	0.2317295484	0.0042614361	0.1318313299
19	0.7121238592	0.0169731052	0.4578073214
20	0.8200138734	0.0667400756	0.9928791115

从表 11.2 可以看出,取不同的迭代初值,迭代序列在 12 次以内差别不大,但是随着迭代次数的增加,在 13 或 14 次时迭代序列有很大的变化,初值为 0.1 的迭代值是初值为 0.100001 的迭代值的 59 倍,初值为 0.100002 的迭代值与 0.1 的反而差别没那么大.这说明该系统对初值的敏感依赖性.

练习 4

1. 费根鲍姆(Feigenbaum)对超越函数 $y = \lambda \sin(\pi x)$(λ 为非负实数)进行了分叉与混沌的研究,试利用迭代格式 $x_{k+1} = \lambda \sin(\pi x_k)$,做出相应的费根鲍姆图.

2. 令 $x_{n+1} = a x_n e^{-bx_n}$,$a$ 分别取 $5, 11, 15$,$b > 0$(任意),初值 $x_0 = 1$.参照示例 6,观察分叉与混沌现象.

3. 对帐篷映射

$$x_{n+1} = \alpha \left(1 - 2 \left| x_n - \frac{1}{2} \right| \right), \quad \alpha \in (0, 1],$$

先取 $\alpha \in \left(0, \frac{1}{2}\right)$,然后由 $\frac{1}{2}$ 开始逐渐慢慢地增加 α 的值,用数值方法考察由初值 x_0 出发的轨道 $\{x_n\}$,能否看到倍周期的分叉现象?

4. 作出映射 $x_{n+1} = 1 - \mu x_n^2$($\mu \in (0, 2)$,$x \in [-1, 1]$)的分支混沌图.

5. 非线性方程组求解

对于非线性方程的求解前面已经介绍了几种常用方法,那么对于非线性方程组的求解又如何进行呢？下面简要地介绍 MATLAB 软件解非线性方程组的指令,供感兴趣的读者参考.

考虑非线性方程组

$$\begin{cases} f_1(x_1,x_2,\cdots,x_n)=0, \\ f_2(x_1,x_2,\cdots,x_n)=0, \\ \qquad\cdots\cdots\cdots\cdots \\ f_n(x_1,x_2,\cdots,x_n)=0, \end{cases} \tag{11-7}$$

它的向量形式为

$$f(\boldsymbol{x})=\boldsymbol{0}, \tag{11-8}$$

其中 $\boldsymbol{x}=(x_1,x_2,\cdots,x_n)$, $f(\boldsymbol{x})=(f_1(\boldsymbol{x}),f_2(\boldsymbol{x}),\cdots,f_n(\boldsymbol{x}))^{\mathrm{T}}$ 是 n 个变量的向量值函数. 由于方程组(11-7)的向量形式(11-8)同前面提到的非线性方程 $f(x)=0$ 在形式上完全相同,只不过自变量和函数值都是向量,因此,可以考虑将解一元方程的迭代方法推广到方程组的情形. 通常采用的迭代法有简单迭代法、牛顿迭代法和最小二乘迭代法等. 本次实验主要介绍如何用 MATLAB 软件求解非线性方程组,而不涉及理论分析,感兴趣的读者可参考相关专业书籍.

MATLAB 软件求非线性方程组(11-7)的数值解命令是

`[x,fval]=fsolve(fun,x0)`

该指令是将方程组(11-7)转化为非线性最小二乘问题来求解. 其中 `fun` 是 `f(x)` 的 M 文件或内联函数, `x0` 为迭代初值, `x,fval` 分别是返回的解向量和解向量处所对应的函数值向量 `f(x)`. `fsolve` 所求得的解是最接近初值的解.

示例 7　求方程组 $\begin{cases} \sin x_1+x_2+x_3^2\mathrm{e}^{x_1}-4=0, \\ x_1+x_2x_3=0, \\ x_1x_2x_3=0 \end{cases}$ 的近似解.

实验过程　在 MATLAB 软件编辑器窗口中编写下面的函数文件:

```
function f=group1(x)
f=[sin(x(1))+x(2)+x(3)^2*exp(x(1))-4;x(1)+x(2)*x(3);
x(1)*x(2)*x(3)]
```

并保存为文件 group1.m,即建立了方程组对应的左端向量值函数(右端均为 0). 选取迭代初值为 [1,1,1],在 MATLAB 软件命令行窗口中使用求解命令 `fsolve`,

`[x,fval]=fsolve('group1',[1,1,1])`

运行结果为:

```
x =
    0.0005   -0.0002    1.9995
fval =
  1.0e-06 *
  -0.2636
   0.1200
```

       -0.2131

x 是方程组的近似解,fval 是在近似解处方程组左边三个函数的函数值,显然与 0 充分接近.

示例 8　求方程组 $\begin{cases} 4x_1^2+9x_2^2-16x_1-54x_2+61=0, \\ x_1x_2-2x_1+1=0 \end{cases}$ 的近似解.

实验过程　在 MATLAB 软件编辑器窗口中编写下面的函数文件:

```
function f=group2(x)
f=[4*x(1)^2+9*x(2)^2-16*x(1)-54*x(2)+61;x(1)*x(2)-2*x(1)+1]
```

并保存为文件 group2.m,即建立了方程组对应的左端的向量值函数. 选取迭代初值为 [0,0],在 MATLAB 软件命令行窗口中使用求解命令:

```
[x,fval]=fsolve(@ group2,[0,0])
```

运行结果为

```
x =    1.1012    1.0919
fval =
     1.0e-09 *
        0.1496
        0.0093
```

若取初值为 [-2,2],执行

```
[x,fval]=fsolve(@ group2,[-2,2])
```

运行结果为

```
x =   -1.0000    3.0000
fval =
     1.0e-07 *
        0.2068
        0.0105
```

说明该方程组至少有两组解,fsolve 所求得的解是最接近初值的解.

练习 5

1. 求下列非线性方程组的解:

(1) $\begin{cases} x-0.7\sin x-0.2\cos y=0, \\ y-0.7\cos x+0.2\sin y=0, \end{cases}$ 初值为 $(0,0)$;

(2) $\begin{cases} 2x_1^2-x_1x_2-5x_1+1=0, \\ x_1+3\lg x_1-x_2^2=0, \end{cases}$ 初值为(a) [1.4,-1.5]; (b) [3.7,2.7].

2. 为了在海岛 I 与某城市 C 之间铺设一条地下光缆,如图 11.9 所示,每千米光缆铺设成本在水下部分是 C_1,在地下部分是 C_2,为使得铺设光缆的总成本最低,光缆的转折点 P(海岸线上)应该取在何处? 如果实际测得海岛 I 与城市 C 之间水平距离 $AB=30\,km$,海岛距海岸线 $h_1=15\,km$,城市距海岸线 $h_2=10\,km$,$C_1=3\,000$ 万元/km,$C_2=1\,500$ 万元/km,求 P 点坐标(误差 $<10^{-3}\,km$).

3. 有一艘宽为 5 m 的长方形驳船欲驶过某河道的直角湾,经测量知河道的宽度为 10 m 和 12 m,如图 11.10 所示.试问,要驶过该直角湾,驳船的长度不能超过多少 m?(误差 $<10^{-3}$ m)

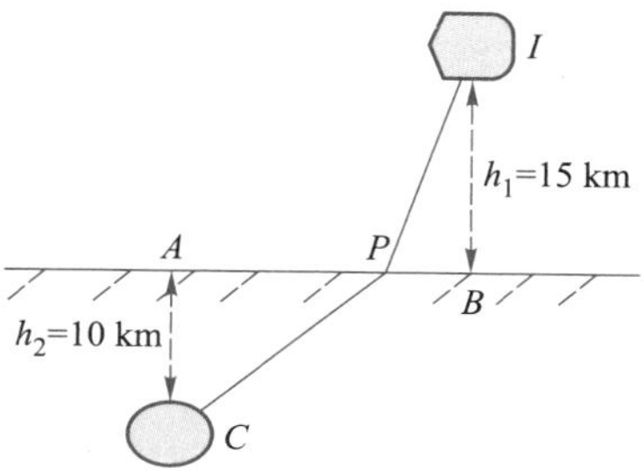

4. 一个对称的地下油库,内部设计如图 11.11 所示:横截面为圆,中心位置处的截面半径为 3 m,上下底处的半径为 2 m,高为 12 m,纵截面的两侧是顶点在中心位置的抛物线,试求:

(1) 油库内油面的深度为 h(从底部算起)时,库内油量的容积 $V(h)$.

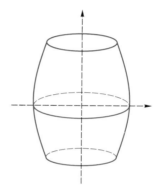

图 11.9　海岛 I 与城市 C 示意图

(2) 设计测量油库油量的标尺.即当油量容积 V 已知时,算出油的深度 h,刻出油量大小.试给出当 $V=10$ m³,20 m³,30 m³,…时油的深度.

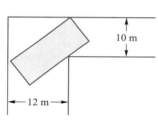

图 11.10　河道直角湾示意

图 11.11　地下油库示意图

简单建模实验篇

实验十二　微分方程模型

实验目的

1. 学会用 MATLAB 软件求解微分方程的初值问题.
2. 了解微分方程数值解思想,掌握两种简单的微分方程数值解方法.
3. 学会根据实际问题建立简单微分方程数学模型.
4. 了解计算机数据仿真、数据模拟的基本方法.

理论知识

1. 微分方程及其解析解

称含有未知函数导数(或者微分)的方程为微分方程.称所含未知函数导数的最高阶数为微分方程的阶数. n 阶常微分方程的一般形式为

$$f(x,y,y',y'',\cdots,y^{(n)})=0. \tag{12-1}$$

若存在 n 阶可导函数 $y=y(x)$,使得将 $y=y(x)$ 以及它的各阶导数代入式(12-1)后变为恒等式

$$f(x,y(x),y'(x),y''(x),\cdots,y^{(n)}(x))\equiv 0,$$

则称函数 $y=y(x)$ 为微分方程(12-1)的解(解析解),若微分方程的解中所含相互独立的任意常数的个数等于微分方程的阶数,则称其解为微分方程的通解,不含任意常数的解称为特解.满足初值条件

$$y(x_0)=y_0,y'(x_0)=y_1,y''(x_0)=y_2,\cdots,y^{(n-1)}(x_0)=y_{n-1} \tag{12-2}$$

的解称为初值解.式(12-2)是微分方程(12-1)的初值条件.

2. 微分方程的数值解

对于一些较为复杂的微分方程,有时尽管方程是一阶的,但也很难求解,有些微分方程甚至只能求出其隐式解.在这种情况下我们一般转向去求微分方程的数值解.

设一阶常微分方程的初值问题为

$$\begin{cases} y'=f(x,y), \\ y(x_0)=y_0, \end{cases} \tag{12-3}$$

求微分方程(12-3)的数值解就是求其解析解 $y=y(x)$ 在一系列离散结点

$$x_1<x_2<\cdots<x_n<x_{n+1}<\cdots$$

处的近似值 $y_1,y_2,\cdots,y_{n+1},\cdots$.通常称两个相邻结点之间的距离 $h_n=x_{n+1}-x_n$ 为步长.特别地,如果步长 h_n 为常数,那么结点可表示为 $x_n=x_0+nh,n=0,1,2,\cdots$.

众所周知,对于初值问题(12-3),有下面著名的解存在唯一性定理:

定理 1　对于初值问题(12-3),若函数 $f(x,y)$ 在区间 $[a,b]$ 上关于 x 连续,且关于 y 满足利普希茨条件:对于任意的 $x\in[a,b],y,\bar{y}\in(-\infty,+\infty)$,存在常数 $L>0$,使得

$$|f(x,y)-f(x,\bar{y})|\leqslant L|y-\bar{y}|,$$

则初值问题(12-3)在区间$[a,b]$上存在唯一解$y=y(x)$.

本次实验仅介绍几种经典的常微分方程数值解方法,对每一种方法,只注重介绍思想,阐述应用,而不追求详细的理论推导,感兴趣的读者可参考有关专业书籍.

（1）欧拉方法

由初值问题(12-3)可知,解$y=y(x)$曲线上每一点(x,y)处的切线斜率等于函数$f(x,y)$在该点的函数值.欧拉方法的基本思想是:过初始点$P_0(x_0,y_0)$,以$f(x_0,y_0)$为斜率作切线

$$y=y_0+f(x_0,y_0)(x-x_0),$$

用该切线跟直线$x=x_1$交点的纵坐标$y_1=y_0+f(x_0,y_0)(x_1-x_0)$近似代替初值问题(12-3)的解$y=y(x)$在$x=x_1$处的函数值$y(x_1)$,即

$$y(x_1)\approx y_1=y_0+f(x_0,y_0)(x_1-x_0),$$

然后再过点(x_1,y_1),以$f(x_1,y_1)$为斜率作直线

$$y=y_1+f(x_1,y_1)(x-x_1),$$

用该直线跟直线$x=x_2$交点的纵坐标$y_2=y_1+f(x_1,y_1)(x_2-x_1)$近似代替初值问题(12-3)的解$y=y(x)$在$x=x_2$处的函数值$y(x_2)$,即

$$y(x_2)\approx y_2=y_1+f(x_1,y_1)(x_2-x_1),$$

以此类推得到初值问题(12-3)的解在$x=x_{n+1}$处函数值的近似计算公式为

$$y(x_{n+1})\approx y_{n+1}=y_n+f(x_n,y_n)(x_{n+1}-x_n).\tag{12-4}$$

整个过程可用图12.1表示.

特别地,如果结点之间是等距的,以h表示相邻的结点距,则有

$$y(x_{n+1})\approx y_{n+1}=y_n+hf(x_n,y_n),\tag{12-5}$$

这就是著名的欧拉公式.

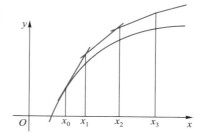

图 12.1　欧拉方法的几何描述

在初值条件$y(x_0)=y_0$已知的情况下,依公式(12-5)可逐步算出初值问题(12-3)的解$y=y(x)$在$x=x_n$处函数值$y(x_n)$的近似值y_n.从几何的角度来说,相当于找到了曲线$y=y(x)$的一条近似折线.

微分方程的本质特征就是含有未知函数的导数,这也正是它难以求解的关键所在.不难发现,公式(12-5)实际上就是用函数$y(x)$在x_n处的向前差商代替了函数$y(x)$在x_n处的导数,从而将微分方程离散化的结果.同样地,在结点等分的情况下,如果用函数$y(x)$在x_{n+1}处的向后差商代替函数$y(x)$在x_{n+1}处的导数,将微分方程离散化后就得后退的欧拉公式

$$\frac{y(x_{n+1})-y(x_n)}{h}\approx f(x_{n+1},y(x_{n+1})),$$

若用y_n近似代替$y(x_n)$,后退的欧拉公式就变为

$$y_{n+1}=y_n+hf(x_{n+1},y_{n+1}).\tag{12-6}$$

公式(12-5)和公式(12-6)虽然都是用差商代替了导数的结果,并且具有相同的精度,但又有本质的区别.公式(12-5)是计算y_{n+1}的显式公式,而公式(12-6)则是计算

y_{n+1} 的隐式公式.

若将公式(12-5)和公式(12-6)作算术平均即得梯形公式

$$y_{n+1}=y_n+\frac{h}{2}[f(x_n,y_n)+f(x_{n+1},y_{n+1})]. \qquad (12-7)$$

梯形公式同后退的欧拉公式一样是隐式的,可采用迭代法求解.通常先用欧拉公式(12-5)提供一个 y_n 附近的迭代初值 $y_{n+1}^{(0)}=y_n+hf(x_n,y_n)$,然后再作迭代

$$y_{n+1}^{(k+1)}=y_n+\frac{h}{2}[f(x_n,y_n)+f(x_{n+1},y_{n+1}^{(k)})], \ k=0,1,\cdots. \qquad (12-8)$$

如果迭代过程收敛,则 $y(x_{n+1})\approx y_{n+1}=\lim\limits_{k\to+\infty}y_{n+1}^{(k)}$.读者可通过查阅有关数值分析方面的专业书籍得知:迭代公式(12-8)是收敛的.

由于两式(12-5)和(12-6)的算术平均消去了各自误差的主要部分,因此梯形公式较欧拉公式和后退的欧拉公式具有更高的精度.

(2)欧拉两步法

用函数 $y(x)$ 在 x_n 处中心差商 $\dfrac{y(x_{n+1})-y(x_{n-1})}{2h}$ 代替初值问题(12-3)中的导数项可得

$$\frac{y(x_{n+1})-y(x_{n-1})}{2h}=f(x_n,y(x_n)),$$

在假设 $y_n=y(x_n)$,$y_{n-1}=y(x_{n-1})$ 的前提下,

$$y_{n+1}=y_{n-1}+2hf(x_n,y_n), \qquad (12-9)$$

这就是欧拉两步法公式.该公式在计算 y_{n+1} 时不但用到了前一步的 y_n,而且还用到了更前一步的 y_{n-1},它比欧拉公式、后退的欧拉公式具有更高的精度.

(3)改进的欧拉方法

欧拉方法虽然简单,但其误差较大.梯形公式虽然较欧拉公式提高了精度,但因其是隐式的,所以计算麻烦,每次都要反复若干次计算,工作量较大.通常将这两种方法结合,得到改进的欧拉公式,具体过程如下:

第一步:先由欧拉公式(12-5)得到 $y(x_{n+1})$ 的一个初始近似值 $\bar{y}_{n+1}$(称为预测值)

$$\bar{y}_{n+1}=y_n+hf(x_n,y_n),$$

第二步:对预测值 $\bar{y}_{n+1}$ 再用梯形公式(12-7)校正一次得 y_{n+1}(称为校正值)

$$y_{n+1}=y_n+\frac{h}{2}[f(x_n,y_n)+f(x_{n+1},\bar{y}_{n+1})],$$

整个过程(称为预测-校正系统)可以表示成

$$y_{n+1}=y_n+\frac{h}{2}[f(x_n,y_n)+f(x_n+h,y_n+hf(x_n,y_n))], \qquad (12-10)$$

这就是改进的欧拉公式.

如果我们把欧拉两步法跟梯形法结合也可得到一种精度较高的预测-校正系统:

$$\begin{cases}\text{预测}:\bar{y}_{n+1}=y_{n-1}+2hf(x_n,y_n), \\ \text{校正}:y_{n+1}=y_n+\frac{h}{2}[f(x_n,y_n)+f(x_{n+1},\bar{y}_{n+1})].\end{cases}$$

它的基本思想是:在 $y_n = y(x_n)$, $y_{n-1} = y(x_{n-1})$ 的假设下,先用欧拉两步法得到 y_{n+1} 的一个初始近似值 $\bar{y}_{n+1}$,然后再用梯形公式校正一次,得到 $y(x_{n+1})$ 的近似值 y_{n+1}.

用泰勒展开式可以推得上面预测过程的局部截断误差为

$$y(x_{n+1}) - \bar{y}_{n+1} \approx \frac{h^3}{3} y'''(x_n),$$

若再假设 $\bar{y}_{n+1} = y(x_{n+1})$,同样用泰勒展开式可得上面校正过程的局部截断误差为

$$y(x_{n+1}) - y_{n+1} \approx -\frac{h^3}{12} y'''(x_n),$$

由此可见校正过程的局部截断误差大约只有预测过程局部截断误差的 1/4.

（4）微分方程几种数值解方法的再解释

在函数 $y(x)$ 可微的条件假设下,由微分中值定理知,存在 $\theta(0 < \theta < 1)$,使得

$$\frac{y(x_{n+1}) - y(x_n)}{h} = y'(x_n + \theta h),$$

称 $\dfrac{y(x_{n+1}) - y(x_n)}{h}$ 为函数 $y(x)$ 在区间 $[x_n, x_{n+1}]$ 上的平均斜率,由初值问题（12-3）得

$$y(x_{n+1}) = y(x_n) + hf(x_n + \theta h, y(x_n + \theta h)).$$

欧拉公式（12-5）可以理解为:用函数 $y(x)$ 在区间 $[x_n, x_{n+1}]$ 上的平均斜率代替了曲线在点 x_n 的斜率(也就是导数值).对于这种代替,精度的高低自然与曲线 $y(x)$ 在区间 $[x_n, x_{n+1}]$ 上的光滑程度以及区间 $[x_n, x_{n+1}]$ 的长度有关.

改进的欧拉公式可以理解为:在 $y_n = y(x_n)$ 的假设下,先用欧拉公式预测曲线在 x_{n+1} 处的函数值 $\bar{y}_{n+1}$,从而得到曲线在点 x_{n+1} 处的斜率预测值 $f(x_{n+1}, \bar{y}_{n+1})$,然后用曲线在 x_n 处的斜率 $f(x_n, y_n)$ 与 x_{n+1} 处的预测斜率 $f(x_{n+1}, \bar{y}_{n+1})$ 的平均值 $\dfrac{f(x_n, y_n) + f(x_{n+1}, \bar{y}_{n+1})}{2}$ 代替曲线在区间 $[x_n, x_{n+1}]$ 上的平均斜率 $\dfrac{y(x_{n+1}) - y(x_n)}{h}$,即

$$\frac{y(x_{n+1}) - y(x_n)}{h} = \frac{f(x_n, y_n) + f(x_{n+1}, \bar{y}_{n+1})}{2}.$$

欧拉两步法可以理解为:在条件 $y_{n-1} = y(x_{n-1})$, $y_n = y(x_n)$ 的假设下,用曲线 $y(x)$ 在区间 $[x_n, x_{n+1}]$ 上的平均斜率 $\dfrac{y(x_{n+1}) - y(x_n)}{h}$ 与曲线 $y(x)$ 在区间 $[x_{n-1}, x_n]$ 上的平均斜率 $\dfrac{y(x_n) - y(x_{n-1})}{h}$ 的算术平均值 $\dfrac{y(x_{n+1}) - y(x_{n-1})}{2h}$ 代替曲线在 x_n 处的斜率 $y'(x_n)$,即

$$\frac{y(x_{n+1}) - y(x_{n-1})}{2h} = y'(x_n) = f(x_n, y_n).$$

从前面的解释过程可以得到一种启发:只要对曲线在区间 $[x_n, x_{n+1}]$ 上的平均斜率提供一种算法,就可得到一种计算 y_{n+1} 的公式.如果设法在区间 $[x_n, x_{n+1}]$ 内多预测几个点的斜率值,然后将这些点处斜率值的加权平均值作为曲线在区间 $[x_n, x_{n+1}]$ 上的平均斜率,由此可构造出由 y_n 计算 y_{n+1} 的精度更高的计算公式,这就是龙格-库塔（Runge-Kutta）方法的基本思想.关于解微分方程的龙格-库塔方法是一个很专业的问题,这里不

做介绍,有兴趣的读者可参考有关专业书籍.

实验内容

1. 用 MATLAB 软件求微分方程的解析解

MATLAB 软件求常微分方程解析解的指令是 dsolve,完整的使用格式为

dsolve('eqn1','eqn2',…)

其中'eqn1','eqn2',…是方程输入项,每项包括三部分:微分方程、初值条件、指定变量.若不指定变量,则默认小写字母 t 为独立变量.在输入微分方程时,若 y 是因变量,则用 Dny 表示 y 的 n 阶导数.

示例 1　用 MATLAB 软件求微分方程 $y''=e^x$ 的通解和满足初值条件 $y(0)=1,y'(0)=2$ 的初值解.

实验过程　在 MATLAB 软件命令行窗口中执行

dsolve('D2y=exp(x)','x')

得微分方程 $y''=e^x$ 的通解为

ans=C2+exp(x)+C1*x

其中 C1 和 C2 为两个相互独立的任意常数.若执行命令

dsolve('D2y=exp(x)')

得结果

ans=(exp(x)*t^2)/2+C1*t+C2

即:在没有指明变量的前提下,将小写的字母 t 作为自变量算得微分方程的通解.

在 MATLAB 软件命令行窗口中执行命令

dsolve('D2y=exp(x)','y(0)=1,Dy(0)=2','x')

得满足初值条件 $y(0)=1$, $y'(0)=2$ 的初值解为

ans=x+exp(x)

练习 1

1. 用 MATLAB 软件求下列微分方程的通解或者初值解:

(1) $xy'+2y=1-\dfrac{1}{x},x>0$.

(2) $y'+y\tan x=\cos^2 x,-\dfrac{\pi}{2}<x<\dfrac{\pi}{2}$.

(3) $y''=\sin 2x-y,y(0)=0,y'(0)=1$.

(4) $xy'-2y=x^3\tan x\sec x,y\left(\dfrac{\pi}{3}\right)=2$.

2. 高为 16 m,半径为 5 m 的正圆柱形容器装满水,在该容器的侧面底部装有一个半径为 0.02 m 的圆形排水孔.已知物理学中的托里拆利(Torricelli)定理:从小孔流出液体的流速正比于水面高度的平方根.完成下面的实验任务:

(1) 容器内水面高度与时间 t 的函数关系是什么? 多长时间容器内的水可以完全排空?

（2）画出水面高度与时间的关系曲线.

2. 编程计算微分方程的数值解

示例 2　已知初值问题

$$\begin{cases} y' = \dfrac{3}{x} y + x^3 (e^x + \cos x) - 2x, \\ y \mid_{x=\pi} = \left(e^\pi + \dfrac{2}{\pi} \right) \pi^3, \end{cases} \qquad \pi \leqslant x \leqslant 2\pi. \qquad (12-11)$$

（1）用 MATLAB 软件求解析解,算出解析解在结点 x=pi:0.1:2*pi 处的纵坐标;

（2）取步长 0.1,用欧拉公式求其数值解;

（3）取步长 0.1,用改进的欧拉公式求其数值解;

（4）比较数值解和解析解,并画出数值解和解析解曲线.

实验过程　（1）显然,初值问题(12-11)是一阶线性非齐次方程,在 MATLAB 软件命令行窗口中执行命令

```
dsolve('Dy=3/x*y+x^3*(exp(x)+cos(x))-2*x','y(pi)=(exp
(pi)+2/pi)*pi^3','x')
```

算得(12-11)的解析解为

```
ans=x^3*(exp(x)+sin(x)+2/x)
```

编写程序算出初值问题(12-11)的解析解在结点 x=pi:0.1:2*pi 处相应的纵坐标(存放在数组 jxy 中).

```
x=pi:0.1:2*pi;
jxy=x.^3.*(exp(x)+sin(x)+2./x)
```

执行得

```
jxy=1.0e+05*
    0.0074  0.0089  0.0107  0.0128  0.0154  0.0185  0.0221
    0.0263  0.0314  0.0374  0.0444  0.0527  0.0625  0.0740
    0.0874  0.1031  0.1216  0.1431  0.1682  0.1976  0.2317
    0.2714  0.3176  0.3713  0.4336  0.5058  0.5894  0.6862
    0.7982  0.9276  1.0771  1.2497
```

（2）取步长 h=0.1,编写下面的 MATLAB 软件程序,用欧拉方法算出初值问题(12-11)在结点 x=pi:0.1:2*pi 处的数值解(存放在数组 szy_eu 中).

```
y=(exp(pi)+2/pi)*pi^3;
szy_eu=[y];
for x=pi:0.1:(2*pi-0.1)
    y=y+0.1*(3/x*y+x^3*(exp(x)+cos(x))-2*x);
    szy_eu=[szy_eu,y]
end
szy_eu
```

执行后显示结点 x=pi:0.1:2*pi 处相应的数值解:

```
szy_eu = 1.0e+05 *
    0.0074    0.0088    0.0104    0.0123    0.0146    0.0174    0.0206
    0.0244    0.0289    0.0342    0.0405    0.0478    0.0564    0.0666
    0.0785    0.0925    0.1088    0.1279    0.1502    0.1762    0.2066
    0.2419    0.2830    0.3308    0.3863    0.4508    0.5255    0.6121
    0.7123    0.8283    0.9624    1.1173
```

同(1)中算得的 jxy 相比还是较为接近的.

（3）取步长 h=0.1,编写下面的 MATLAB 软件程序,用改进的欧拉方法算出初值问题(12-11)在结点 x=pi:0.1:2*pi 处的数值解(存放在数组szy_imeu 中).

```
x = pi:0.1:2*pi;
h = 0.1;
y = (exp(pi)+2/pi)*pi^3;
szy_imeu = [y];
for i = 1:1:length(x)-1
    jzj = y+h*(3/x(i)*y+x(i)^3*(exp(x(i))+cos(x(i)))-2*x
    (i));
    yy = y+h/2*(3/x(i)*y+x(i)^3*(exp(x(i))+cos(x(i)))-2*
    x(i)+3/x(i+1)*jzj+x(i+1)^3*(exp(x(i+1))+cos(x(i+1)))
    -2*x(i+1));
    szy_imeu = [szy_imeu,yy];
    y = yy;
end
szy_imeu
```

执行后显示用改进的欧拉方法计算出结点 x=pi:0.1:2*pi 处的数值解:

```
szy_imeu = 1.0e+05 *
    0.0074    0.0089    0.0107    0.0128    0.0154    0.0184    0.0220
    0.0263    0.0314    0.0373    0.0444    0.0527    0.0624    0.0739
    0.0873    0.1030    0.1214    0.1430    0.1681    0.1974    0.2315
    0.2712    0.3174    0.3710    0.4333    0.5054    0.5890    0.6858
    0.7978    0.9272    1.0767    1.2492
```

同(1)中算出的解析解和(2)中算出的数值解相比,改进的欧拉方法明显地比欧拉方法逼近效果好.

（4）在前面变量存储仍然有效的情况下,执行命令

```
plot(x,jxy,'r*-',x,szy_eu,'ko-',x,szy_imeu,'b<-')
legend('解析解','欧拉方法数值解','改进的欧拉方法数值解')
```

就可绘出初值问题(12-11)的解析解、欧拉方法数值解和改进的欧拉方法数值解曲线图 12.2. 从图 12.2 中可以发现:改进的欧拉方法得到的数值解曲线同解析解曲线吻合得很好,图中曲线几乎重合,只有通过局部放大后才可以看出二者之间的差别. 而欧拉方法得到的数值解曲线同解析解曲线还是有一定的"差距".

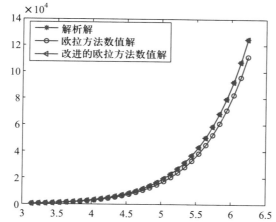

图 12.2　初值问题(12-11)的解析解、欧拉方法数值解和
改进的欧拉方法数值解曲线

练习2

1. 利用示例 2 中算得的数据,编程分别计算初值问题(12-11)的两种数值解与解析解在结点 $x=pi:0.1:2*pi$ 处的距离和,看看与理论分析是否一致.

2. 分别用欧拉方法、欧拉两步法和改进的欧拉方法求下面初值问题的数值解.

$$\cos y \cdot y' + \sin y = x, \quad x \in \left[0, \frac{3}{2}\right], \quad y(0) = \frac{\pi}{4}.$$

3. 求下面方程的数值解,并画出数值解曲线.

$$\begin{cases} (1+x^2)y'' = 2xy', \\ y(0) = 1, y'(0) = 3, \end{cases} \quad x \in [0, 2].$$

3. 用 MATLAB 软件求微分方程数值解

MATLAB 软件求常微分方程数值解的常用指令有 ode23,ode23t 和 ode45,分别表示二三阶龙格-库塔法,二三阶龙格-库塔梯形法和四五阶龙格-库塔法.

最简单的使用格式为

```
ode23('fname',[xs,xe],sv)
```

其中用单引号括起的是存储微分方程的函数文件名,xs 表示自变量的初值,xe 表示自变量的终值,sv 表示初始函数向量值.该命令执行后自动画出微分方程数值解曲线.

若执行命令

```
[xb,yb]=ode23('fname',[xs,xe],sv)
```

则返回求数值解过程中采用结点处的横坐标 xb 和纵坐标 yb(以向量形式存放).命令 ode23t 和 ode45 的用法跟 ode23 的用法相同.更为详细的使用格式因涉及微分方程数值解的详细理论,这里不做介绍,读者若感兴趣可自己用 help 命令获得.

这里需要注意几点:

(1)使用该命令时必须为其指定初值,即上面的 sv.

（2）命令 ode 求解的是形如 $y'=f(t,y)$ 的微分方程, 我们称它为一阶导数可解出的微分方程. 而对于一阶导数解不出的形如 $f(t,y,y')=0$ 的微分方程, 可以用命令 ode15i 求解, 有兴趣的读者可以用 help 命令获得.

（3）ode 只能直接求解一阶微分方程, 高阶微分方程必须等价地转化成一阶微分方程组, 才能用 ode 命令求解. 比如 $y'''=f(t,y,y',y'')$, 将 y,y',y'' 分别设为 y_1,y_2,y_3, 那么如上的三阶微分方程就可以表示为如下方程组

$$\begin{cases} y_1'=y_2, \\ y_2'=y_3, \\ y_3'=f(t,y_1,y_2,y_3). \end{cases}$$

示例 3　已知初值问题

$$\begin{cases} y'=2y+x+2, \\ y(0)=1. \end{cases} \tag{12-12}$$

（1）求解析解, 并画出相应的解曲线;

（2）用 ode23 等命令求数值解, 并画出数值解曲线, 同解析解曲线比较.

实验过程　（1）在 MATLAB 软件命令行窗口中执行命令

```
dsolve('Dy=2*y+x+2','y(0)=1','x')
```

算得初值问题（12-12）的解析解为

```
ans=(9*exp(2*x))/4-x/2-5/4
```

执行下面的程序, 画出解析解曲线, 并算出曲线上结点 x=0:0.05:1 处的纵坐标.

```
x=0:0.05:1
y=(9*exp(2*x))/4-x/2-5/4
plot(x,y)
```

执行后显示曲线上结点的横、纵坐标分别为

```
x=0       0.0500   0.1000   0.1500   0.2000   0.2500   0.3000
  0.3500  0.4000   0.4500   0.5000   0.5500   0.6000   0.6500
  0.7000  0.7500   0.8000   0.8500   0.9000   0.9500   1.0000
y=1.0000  1.2116   1.4482   1.7122   2.0066   2.3346   2.6998
  3.1059  3.5575   4.0591   4.6161   5.2344   5.9203   6.6809
  7.5242  8.4588   9.4943   10.6414  11.9117  13.3183  14.8754
```

图 12.3 是初值问题（12-12）的解析解曲线.

（2）编写函数文件, 并保存为 fc.m.

```
function f=fc(x,y)
f=2*y+x+2;
```

在 MATLAB 命令行窗口中执行命令

```
ode23('fc',[0,1],1)
```

得初值问题（12-12）的数值解曲线如图 12.4, 图中圆圈表示计算过程中选取的结点. 或者直接执行命令

```
ode23(@(x,y)2*y+x+2,[0,1],1)
```

也可得图 12.4.

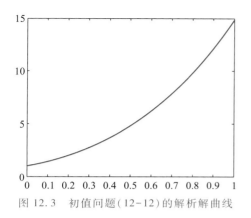

图 12.3 初值问题(12-12)的解析解曲线

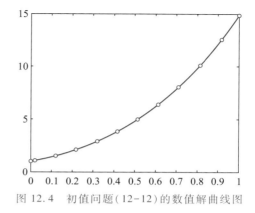

图 12.4 初值问题(12-12)的数值解曲线图

若在 **MATLAB** 软件命令行窗口中执行命令

`[xb,yb]=ode23('fc',[0,1],1)`

则显示结点处的坐标

```
xb = 0
    0.0200
    0.1200
    0.2200
    0.3200
    0.4200
    0.5200
    0.6200
    0.7200
    0.8200
    0.9200
    1.0000
yb = 1.0000
    1.0818
    1.5501
    2.1332
    2.8564
    3.7506
    4.8539
    6.2125
    7.8828
    9.9339
    12.4500
    14.8665
```

继续执行命令

```
jxy=(9*exp(2*xb))/4-xb/2-5/4
```

计算出结点 xb 处解析解相应的纵坐标为

```
jxy = 1.0000
       1.0818
       1.5503
       2.1336
       2.8571
       3.7518
       4.8557
       6.2151
       7.8866
       9.9391
      12.4572
      14.8754
```

同数值解纵坐标 yb 相比,相差很小. 执行命令

```
plot(xb,yb,xb,jxy)
```

画出数值解曲线和解析解曲线,你会发现两种曲线充分吻合. 图 12.5 给出的是部分曲线局部放大后的结果.

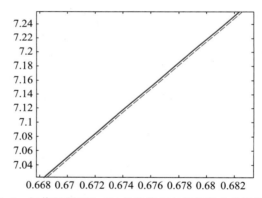

图 12.5 初值问题(12-12)的数值解与解析解曲线局部放大

示例 4 已知范德波尔(van der Pol)初值问题:

$$\begin{cases} \dfrac{d^2x}{dt^2}-1\,000(1-x^2)\dfrac{dx}{dt}+x=0, \\ x(0)=2,x'(0)=0, \end{cases} \tag{12-13}$$

求其数值解,并画出数值解曲线.

实验过程 令 $y(1)=x,y(2)=y'(1)$,则微分方程等价于下面的一阶微分方程组:

$$\begin{cases} y'(1)=y(2), \\ y'(2)=1\,000(1-y(1)^2)y(2)-y(1), \\ y(1)\mid_{t=0}=2,y(2)\mid_{t=0}=0. \end{cases}$$

建立 M 文件 erjie.m:

```
function f=erjie(t,y)
f=[y(2);1000*(1-y(1)^2)*y(2)-y(1)];
```

在新的命令行窗口中执行如下命令：

```
[t,y]=ode15s('erjie',[0,3000],[2,0]);
plot(t,y(:,1),'-')
```

执行结果如图 12.6.

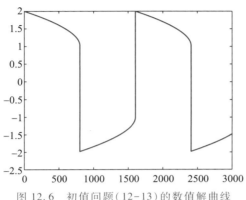

图 12.6　初值问题(12-13)的数值解曲线

或直接执行命令

```
[t,y]=ode15s(@(t,y)[y(2);1000*(1-y(1)^2)*y(2)-y(1)],[0,
3000],[2,0])
plot(t,y(:,1),'-')
```

也可得图 12.6.

练习 3

1. 分别用数值解命令 ode23t 和 ode45 计算示例 3 中微分方程的数值解,同用命令 ode23 算得的数值解以及解析解比较,哪种方法精度较高? 你用什么方法比较它们之间的精度?

2. 分别用命令 ode23,ode23t 和 ode45 求贝塞尔方程的数值解,并作出数值解曲线.

$$\begin{cases} x^2 y'' + xy' + (x^2 - 0.025)y = 0, \\ y\left(\dfrac{\pi}{2}\right) = 2, y'\left(\dfrac{\pi}{2}\right) = \dfrac{2}{\pi}. \end{cases}$$

3. 17 世纪末至 18 世纪初,牛顿发现在较小的温度范围内,物体冷却速率正比于该物体与环境温度的差值,因而得冷却模型

$$\begin{cases} \dfrac{\mathrm{d}T}{\mathrm{d}t} = -k(T-C), \\ T(0) = T_0, \end{cases}$$

式中 $T(t)$ 为物体 t 时刻的温度,C 是环境温度,k 为正的常数,T_0 为物体在 $t=0$ 时刻的温度,其解为

$$T(t) = (T_0 - C)\mathrm{e}^{-kt} + C,$$

根据该冷却模型,完成下面的实验任务：

(1) 某天晚上 23:00 时,在一住宅内发现一受害者的尸体,法医于 23:35 赶到现场,立即测量死者

体温是 30.8 ℃,一小时后再次测量体温为 29.1 ℃,法医还注意到当时室温是 28 ℃,试估计受害者的死亡时间.

（2）一个煮熟的鸡蛋在温度为 98 ℃时放入温度为 18 ℃的水中,5 min 后鸡蛋的温度是 38 ℃,假设水的温度几乎没有升高,需要多长时间鸡蛋的温度可以达到 20 ℃?

4. 承接此次实验中练习 1 的第 2 题,如图 12.7 所示.图中,两个容器完全相同,容器 1 排水孔的半径为 0.02 m,容器 2 排水孔的半径为 0.01 m,假如容器 1 装满水,容器 2 内水面的高度是 1 m,同时开启排水孔,完成下面的实验任务:

（1）经多长时间两个容器水面高度相同?

（2）求出容器 2 水面的高度与时间的函数关系,并求经多长时间容器 2 可以排空?

（3）在同一坐标系上画出两个容器内水面高度与时间的函数曲线进行比较.

（4）自己设定排水孔的半径与各容器的初始水位,将该容器排供水问题推广到 n 个容器的一般情况,建立一个简单的数学模型并求相关解.

图 12.7　两个容器供排水示意图

4. 微分方程模型实验:缉私艇追赶走私船

实验问题　海上边防缉私艇发现 c km 处有一走私船正以匀速 a km/min 沿直线行驶,此刻走私船行驶方向与两船连线垂直,缉私艇立即以最大速度 b km/min 追赶,在雷达的引导下,缉私艇的方向始终指向走私船.问缉私艇何时追赶上走私船?并求出缉私艇追赶路线的方程.

4.1　建立模型

选取坐标系如图 12.8 所示,假设走私船初始位置在点 $O(0,0)$,行驶方向为 y 轴正方向,缉私艇的初始位置在点 $(c,0)$,设缉私艇行驶的路程为 s.

因为缉私艇、走私船的大小相比它们的运动范围很小,所以可将它们视为两个运动的质点.从缉私艇发现走私船起,在时刻 t 时,走私船到达 $R(0,at)$ 点,缉私艇到达 $D(x,y)$ 点.因缉私艇在追赶过程中方向始终指向走私船,所以有

图 12.8　缉私艇追赶走私船

$$\frac{\mathrm{d}y}{\mathrm{d}x}=\frac{y-at}{x-0},\qquad(12-14)$$

$$\frac{\mathrm{d}s}{\mathrm{d}t}=b.$$

对式（12-14）两边关于 x 求导得

$$x\frac{\mathrm{d}^2y}{\mathrm{d}x^2}=-a\frac{\mathrm{d}t}{\mathrm{d}x},\qquad(12-15)$$

将

$$\frac{\mathrm{d}t}{\mathrm{d}x}=\frac{\mathrm{d}t}{\mathrm{d}s}\frac{\mathrm{d}s}{\mathrm{d}x}=-\frac{1}{b}\sqrt{1+\left(\frac{\mathrm{d}y}{\mathrm{d}x}\right)^2}$$

（式中负号表示 s 随 x 的减小而增大）代入式（12-15）得二阶微分方程的初值问题

$$\begin{cases} x\dfrac{\mathrm{d}^2 y}{\mathrm{d}x^2} = r\sqrt{1+\left(\dfrac{\mathrm{d}y}{\mathrm{d}x}\right)^2}, \\ y(c)=0, y'(c)=0, \end{cases} \qquad (12-16)$$

其中 $r=a/b$，这就是缉私艇追击走私船过程的数学模型.

4.2 模型求解

将采用四种方法对模型（12-16）求解.

（1）求解析解　由于方程（12-16）不显含变量 y，属可降阶方程，所以令 $\dfrac{\mathrm{d}y}{\mathrm{d}x}=p, \dfrac{\mathrm{d}^2 y}{\mathrm{d}x^2}=\dfrac{\mathrm{d}p}{\mathrm{d}x}$，方程（12-16）就化为

$$\begin{cases} \dfrac{\mathrm{d}p}{\sqrt{1+p^2}} = r\dfrac{\mathrm{d}x}{x}, \\ p(c)=0. \end{cases}$$

用分离变量法解该微分方程得

$$p+\sqrt{1+p^2}=\left(\dfrac{x}{c}\right)^r,$$

等价地亦可转换为

$$p-\sqrt{1+p^2}=-\left(\dfrac{c}{x}\right)^r,$$

两式相加可得

$$\begin{cases} \dfrac{\mathrm{d}y}{\mathrm{d}x}=\dfrac{1}{2}\left[\left(\dfrac{x}{c}\right)^r-\left(\dfrac{c}{x}\right)^r\right], \\ y(c)=0. \end{cases} \qquad (12-17)$$

1）当 $r<1$（即走私船的速度 a 小于缉私艇的速度 b）时，方程（12-17）的解为

$$y=\dfrac{c}{2}\left[\dfrac{1}{1+r}\left(\dfrac{x}{c}\right)^{1+r}-\dfrac{1}{1-r}\left(\dfrac{x}{c}\right)^{1-r}\right]+\dfrac{cr}{1-r^2}, \qquad (12-18)$$

此为缉私艇追赶走私船的路线函数.当 $x=0$ 时，缉私艇追上走私船，走私船跑过的距离为

$$y=\dfrac{cr}{1-r^2},$$

因此追赶的时间为

$$t=\dfrac{y}{a}=\dfrac{cr}{a(1-r^2)}=\dfrac{bc}{b^2-a^2}.$$

若取 $c=3\text{ km}, a=0.4\text{ km/min}, b=0.8\text{ km/min}$，则可算得缉私艇的追赶时间为 5 min.

2）当 $r=1$（即走私船的速度 a 等于缉私艇的速度 b）时，方程（12-17）的解为

$$y=\dfrac{1}{2}\left(\dfrac{x^2-c^2}{2c}-c\ln\dfrac{x}{c}\right),$$

当 $x \to 0$ 时, $y \to +\infty$,表明缉私艇不可能追赶上走私船,与实际情况相符.

3）当 $r>1$（即走私船的速度 a 大于缉私艇的速度 b 时),方程(12-17)的解为

$$y = \frac{c}{2}\left[\frac{1}{1+r}\left(\frac{x}{c}\right)^{1+r} + \frac{1}{r-1}\left(\frac{c}{x}\right)^{r-1}\right] - \frac{cr}{r^2-1},$$

当 $x \to 0$ 时, $y \to +\infty$,表明缉私艇不可能追赶上走私船,与实际情况相符合.

（2）用 MATLAB 软件求解析解   在 MATLAB 软件命令行窗口中执行命令

```
dsolve('Dy=1/2*((x/c)^r-(c/x)^r)','y(c)=0','x')
```

得方程(12-17)的解析解

```
ans=(x*x^r)/(2*c^r*r+2*c^r)-(c*r)/(r^2-1)+(c^r*
x)/(x^r*(2*r-2))
```

与前面算得的结果是一致的.

（3）用 MATLAB 软件求数值解   不妨设 $c=3$ km, $a=0.4$ km/min, $b=0.8$ km/min, $r=a/b=0.5$.首先生成初值问题(12-17)的函数文件(注意:方程(12-17)中的变量 x 改用 t 表示).

```
function  y=zx(t,y)
y=0.5*((t/3)^0.5-(3/t)^0.5)
```

保存为 zx.m,然后在 MATLAB 软件命令行窗口中用二三阶龙格-库塔算法计算初值问题(12-17)的数值解.

执行命令

```
ode23('zx',[3,0.0005],0)        % 命令中终值0.0005是可选择的
```

或执行命令

```
ode23(@(t,y)0.5*((t/3)^0.5-(3/t)^0.5),[3,0.0005],0)
```

显示图 12.9.

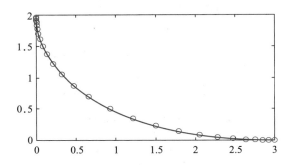

图 12.9   缉私艇追赶走私船路线的数值解曲线(二三阶龙格-库塔法)

执行命令

```
[t,y]=ode23('zx',[3,0.0005],0)
```

显示图 12.9 中"○"点的坐标(t,y).(为节省篇幅,结果按行显示)

```
t'=3.0000  2.9250  2.8500  2.7583  2.6345  2.4756  2.2802
   2.0500  1.7896  1.5073  1.2146  0.9260  0.6572  0.4703
   0.3234  0.2144  0.1370  0.0846  0.0505  0.0292  0.0164
```

$$y' = 0 \begin{matrix} 0.0090 & 0.0048 & 0.0026 & 0.0011 & 0.0005 & & \\ & 0.0005 & 0.0019 & 0.0050 & 0.0116 & 0.0244 & 0.0472 \\ 0.0850 & 0.1437 & 0.2297 & 0.3487 & 0.5047 & 0.6982 & 0.8741 \\ 1.0501 & 1.2168 & 1.3682 & 1.5005 & 1.6125 & 1.7044 & 1.7780 \\ 1.8354 & 1.8793 & 1.9100 & 1.9421 & 1.9601 & & \end{matrix}$$

此时缉私艇的位置坐标是 $(0.0005, 1.9601)$. 若选用四五阶龙格-库塔算法解初值问题 (12-17),则执行命令

```
ode45('zx',[3,0.0005],0)
```

后显示图 12.10.

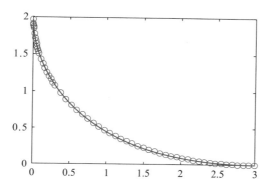

图 12.10 缉私艇追赶走私船路线的数值解曲线(四五阶龙格-库塔法)

同样,执行命令

```
[t,y]=ode45('zx',[3,0.0005],0)
```

显示图 12.10 中"〇"点的坐标,此处略去运行结果. 此时缉私艇的位置坐标是 $(0.0005, 1.9675)$.

思考 请读者依据算得的数据计算缉私艇追赶走私船所用的时间和走过的路程.

(4)**计算机仿真法** 当建立动态系统的数学模型时,可以用计算机仿真法对系统进行模拟、分析和研究. 所谓计算机仿真法,简单地说就是利用计算机,通过编程对实际动态系统的结构和行为进行模拟和计算,从而达到预测系统行为效果的目的. 下面将用计算机仿真法来模拟缉私艇追赶走私船的实际过程.

选取图 12.8 所示坐标系,设缉私艇初始位置在点 $(c, 0)$ 处,走私船初始位置在点 $O(0, 0)$ 处,走私船的行驶方向为 y 轴正方向. 在 $t = t_k$ 时刻缉私艇的位置坐标是 (x_k, y_k),走私船的位置坐标是 $(\tilde{x}_k, \tilde{y}_k) = (0, at_k)$,追赶方向可用方向余弦表示为

$$\cos \alpha_k = \frac{0 - x_k}{\sqrt{(0 - x_k)^2 + (at_k - y_k)^2}},$$

$$\sin \alpha_k = \frac{at_k - y_k}{\sqrt{(0 - x_k)^2 + (at_k - y_k)^2}},$$

取时间步长为 Δt,则在时刻 $t_k + \Delta t$ 时,缉私艇的位置 (x_{k+1}, y_{k+1}) 可表示为

$$x_{k+1} - x_k = \Delta x_k \approx b \Delta t \cos \alpha_k,$$

$$y_{k+1} - y_k = \Delta y_k \approx b \Delta t \sin \alpha_k.$$

仿真算法

第一步:设置时间步长 Δt,速度 a,b 及初始位置 $x_0=c,y_0=0$;

第二步:由 t_k 时刻缉私艇与走私船的位置坐标计算缉私艇和走私船在 $t_{k+1}=t_k+\Delta t$ 时的坐标 (x_{k+1},y_{k+1}) 和 $(\tilde{x}_{k+1},\tilde{y}_{k+1})$:

$$x_{k+1}=x_k+b\Delta t\frac{-x_k}{\sqrt{x_k^2+(at_k-y_k)^2}},\quad y_{k+1}=y_k+b\Delta t\frac{at-y_k}{\sqrt{x_k^2+(at_k-y_k)^2}},$$

$$\tilde{x}_{k+1}=0,\quad \tilde{y}_{k+1}=a(t_k+\Delta t),$$

第三步:计算缉私艇与走私船之间的距离

$$d_k=\sqrt{(x_{k+1}-\tilde{x}_{k+1})^2+(y_{k+1}-\tilde{y}_{k+1})^2},\qquad(12-19)$$

如果 d_k 小于事先设定的距离(缉私艇追上走私船时二者之间的距离),则退出循环,否则让时间产生一个步长,返回到第二步继续进入下一次循环.

第四步:当循环成功退出后,说明点 (x_{k+1},y_{k+1}) 与 $(\tilde{x}_{k+1},\tilde{y}_{k+1})$ 之间的距离小于设定的缉私艇追上走私船的距离,循环终止时的时间 t_k 即为缉私艇追击走私船所用的时间.

思考　条件(12-19)可用 $d_k=|x_{k+1}|$ 或者 $d_k=|y_{k+1}-\tilde{y}_{k+1}|$ 代替,为什么?

设定 $c=3$ km,$a=0.4$ km/min,$b=0.8$ km/min,$r=a/b=0.5$,根据上面的计算机仿真法,编写下面的程序来模拟缉私艇追赶走私船的过程.为了使初学者容易读懂该程序,所以在编写程序时没有考虑程序优化问题,纯粹按照算法计算顺序编写.程序中变量 jstxb,jstyb,zscxb 和 zscyb 分别存储缉私艇和走私船走过路线的横坐标和纵坐标.

```
c=3;
a=0.4/60;
b=0.8/60;
jstxb=[];jstyb=[];zscxb=[];zscyb=[];
d=0.01;                % 设定缉私艇"追上"走私船的距离条件
dt=2;                  % 设置时间步长
t=0;
jstx=c;jsty=0;zscx=0;zscy=0;
while(sqrt((jstx-zscx)^2+(jsty-zscy)^2)>d)
   t=t+dt;
   jstx=jstx-b*dt*jstx/sqrt(jstx^2+(a*t-jsty)^2);
   jstxb=[jstxb,jstx];
   jsty=jsty+b*dt*(a*t-jsty)/sqrt(jstx^2+(a*t-jsty)^2);
   jstyb=[jstyb,jsty];
   zscy=a*t;
   zscyb=[zscyb,zscy];
end
jstxb
jstyb
```

```
zscyb
zscxb=zeros(length(zscyb));
plot(jstxb,jstyb,zscxb,zscyb,'*')
```

程序运行后显示图形 12.11 以及模拟过程中缉私艇与走私船在各个时刻的位置坐标.

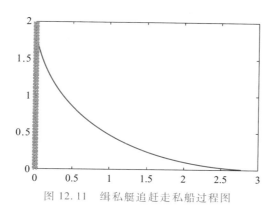

图 12.11　缉私艇追赶走私船过程图

此处略去程序执行后要显示的三个变量 jstxb,jstyb 和 zscyb 的值,读者可自己执行程序查看. 在设定"追上"的条件假设下,程序执行结果是:整个追赶过程历时 296 s,约为 4.933 3 min,与解析解(12-18)算得的结果 5 min 很接近. 此时,缉私艇与走私船的位置分别为 $(0.000\ 041, 1.971\ 502)$ 和 $(0, 1.973\ 333)$,二者之间的距离为 $0.001\ 832$ km.

读者可以自己尝试在程序中加入暂停控制命令 pause 或者将程序中的 plot 命令行做相应地修改后放入循环体内,这样可将整个模拟追赶的过程动态化.

4.3　结果分析

我们用四种方法解初值问题(12-17)都得到了符合实际情况的解. 解析解是最为精确的;数值解是近似解,精度依赖于数值解方法、迭代步长以及迭代终值的选择,适当地减小迭代步长可提高计算精度;用计算机仿真法模拟的结果与解析解、数值解也较为相近,它同样依赖于迭代步长的选取和程序终止条件的设定.

练习 4

1. 如图 12.12 所示,有一只猎狗在 B 点位置发现了一只兔子在正东北方距离它 200 m 的地方 O 处,此时兔子开始以 8 m/s 的速度向正西北方距离为 120 m 的洞口 A 全速跑去,假设猎狗在追赶兔子的时候始终朝着兔子的方向全速奔跑,按要求完成下面的实验:

（1）问猎狗能追上兔子的最小速度是多少?

（2）选取猎狗的速度分别为 15 m/s,18 m/s,计算猎狗追赶兔子时跑过的路程.

（3）画出猎狗追赶兔子奔跑的曲线图.

（4）假设在追逐过程中,当猎狗与兔子之间的距离为 30 m 时,兔子由于害怕,随后奔跑的速度每秒减半,而猎狗却由于兴奋随后奔跑的速度每秒增加 0.1 倍,再按(1)—(3)完成实验任务.

2. 使用多种方法求解下述问题:在边长为 a 的正方形的四个顶点上各有一人,如图 12.13 所示,在某一时刻,四人同时出发以匀速 v 按顺时针方向追赶下一个人,如果他们始终保持对准目标,试确定每个人的行进路线,计算每人跑过的路程和经历的时间.

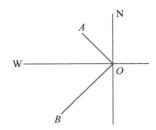

图 12.12　猎狗与兔子位置示意图

图 12.13　四人初始位置示意图

3. 有一段时间,某国原子能委员会是这样处理放射性废物的:他们把这些废物装入密封性能很好的圆桶中,然后扔到水深 300 ft(1 ft = 0.304 8 m,约 91.44 m)的海里.这种做法是否会造成放射性废物泄露污染,自然引起了许多生态学家及社会各界的关注.当时该国原子能委员会认为,用来封装放射性废物的圆桶非常坚固,投放到水深 300 ft 的海里决不会破损而泄露放射性废物,因此总是认为这种做法是绝对安全的.但是一些工程技术人员却对此表示怀疑,他们认为圆桶在和海底相撞时有可能发生破裂.于是,在当时引起了一场争论.

已知当时该国封装放射性废物使用的是 55 gal(1 gal = 3.785 L)的圆桶,装满核放射性废物后的重量为 527.436 lb(1 lb = 0.453 6 kg,约 239.245 0 kg),经过多次实验测得圆桶在下沉时所受的浮力为 f = 2 090.735 N,阻力系数为 c = 0.08,圆桶碰撞发生破裂的直线极限速度是 40 ft/s(约 12.192 m/s).现在,在约定圆桶以直线方向往下沉的情况下,请你回答这种处理方法可靠吗?

4. 如图 12.14,有一半径为 $4a$ 的大圆,里面有一个半径为 a 的小圆,现在,大圆固定而小圆在大圆内相切滚动,设起点 M 的坐标为 $(4a,0)$,确定小圆上一点 M 的轨迹曲线,并动态模拟内切小圆的滚动轨迹.

5. 一个人在平面上沿着曲线 $x^2 + y^2 = 25$ 以恒定的速率 v 跑步,起点在 $(5,0)$ 处,方向为逆时针.这时,他养的狗在坐标原点处以速率 w 跑向主人,狗的运动方向始终指向主人.选取不同的 v 和 w,动态演示这个追逐过程.

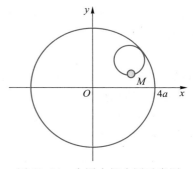

图 12.14　大圆内切小圆示意图

实验十三　数据拟合与数据插值

实验目的

1. 学会用 MATLAB 软件进行数据拟合和数据插值.
2. 了解使用最小二乘法进行数据拟合的基本思想,掌握用数据拟合法寻找最佳拟合曲线的方法.
3. 了解数据插值的基本思想,初步掌握几种常用的数据插值方法.
4. 通过对实际问题进行分析研究,初步掌握建立数据拟合和数据插值数学模型的方法.

理论知识

1. 数据拟合

（1）数据拟合的基本思想

已知关于自变量和因变量之间的一组数据 $(x_1,y_1),(x_2,y_2),\cdots,(x_n,y_n)$,寻找一个合适类型的函数 $y=f(x)$（如线性函数 $y=ax+b$,或多项式函数 $y=a_nx^n+a_{n-1}x^{n-1}+\cdots+a_1x+a_0$,或指数函数 $y=e^{a+bx}$ 等）,使它在观测点 $x_1,x_2,\cdots,x_n$ 处所取的值 $f(x_1),f(x_2),\cdots,f(x_n)$ 分别与观测值 $y_1,y_2,\cdots,y_n$ 在某种标准下充分接近,从而,用 $y=f(x)$ 作为观测点所反映规律的近似表达式,这一问题被称为最佳曲线拟合问题.

从几何意义上讲,最佳曲线拟合问题等价于确定一条曲线（类型给定）,使它和实验数据点"最接近".这里并不要求曲线严格通过已知点,但要求曲线在各数据点处的取值与已知数据点之间的总体误差尽可能小,这种求解过程通常称为数据拟合.数据拟合问题可归结为多元函数的极值问题.

（2）最小二乘拟合

对于已知的一组数据 $(x_1,y_1),(x_2,y_2),\cdots,(x_n,y_n)$,设定某一类型的函数 $y=f(x)$,确定函数中的参数,使得在各点处偏差

$$r_i=f(x_i)-y_i,\quad i=1,2,\cdots,n$$

的平方和 $\sum\limits_{i=1}^n r_i^2$ 最小.这种根据偏差平方和最小的条件确定参数的方法叫作最小二乘法.工程技术和科学实验中有许多利用最小二乘法建立起的经验公式.

在最小二乘问题中,函数 $f(x)$ 的选取非常重要,但同时又比较困难,通常根据经验来选取.对某些实际问题往往要对问题进行具体分析,研究问题变化的总体特征,确定自变量和因变量之间的函数类型,再进行数据拟合,以期达到较好的预测效果.

通常选取一组线性无关的简单函数类 $\varphi_1(x),\varphi_2(x),\cdots,\varphi_m(x)$ 为拟合基函数,用拟合基函数的线性组合

$$f(x) = a_1\varphi_1(x) + a_2\varphi_2(x) + \cdots + a_m\varphi_m(x)$$

作为拟合函数,通过最小二乘法求出待定常数 $a_i, i=1, 2, \cdots, m$. 特别地,当拟合基函数选取为幂函数类 $1, x, x^2, \cdots, x^m$ 时,相应的拟合称为多项式拟合;当拟合基函数选取为指数函数类 $e^{\lambda_1 x}, e^{\lambda_2 x}, \cdots, e^{\lambda_m x}$ 时,相应的拟合称为指数函数拟合;当拟合基函数选取为三角函数类 $\sin x, \cos x, \sin 2x, \cos 2x, \cdots, \sin mx, \cos mx$ 时,相应的拟合称为三角函数拟合.

拟合函数选定之后,最小二乘拟合问题就转化为最小值问题:

$$\min_{a_1, a_2, \cdots, a_m \in \mathbf{R}} \sum_{k=1}^{n} \left[a_1\varphi_1(x_k) + a_2\varphi_2(x_k) + \cdots + a_m\varphi_m(x_k) - y_k \right]^2.$$

根据多元函数取得极值的必要条件,得到方程组(又称为法方程组)

$$\begin{cases} \sum_{k=1}^{n} \varphi_1(x_k) \left[a_1\varphi_1(x_k) + a_2\varphi_2(x_k) + \cdots + a_m\varphi_m(x_k) - y_k \right] = 0, \\ \sum_{k=1}^{n} \varphi_2(x_k) \left[a_1\varphi_1(x_k) + a_2\varphi_2(x_k) + \cdots + a_m\varphi_m(x_k) - y_k \right] = 0, \\ \qquad\qquad\cdots\cdots\cdots\cdots \\ \sum_{k=1}^{n} \varphi_m(x_k) \left[a_1\varphi_1(x_k) + a_2\varphi_2(x_k) + \cdots + a_m\varphi_m(x_k) - y_k \right] = 0. \end{cases} \quad (13\text{-}1)$$

若记

$$\boldsymbol{G} = \begin{pmatrix} \varphi_1(x_1) & \varphi_1(x_2) & \cdots & \varphi_1(x_n) \\ \varphi_2(x_1) & \varphi_2(x_2) & \cdots & \varphi_2(x_n) \\ \vdots & \vdots & & \vdots \\ \varphi_m(x_1) & \varphi_m(x_2) & \cdots & \varphi_m(x_n) \end{pmatrix}, \quad \boldsymbol{X} = \begin{pmatrix} a_1 \\ a_2 \\ \vdots \\ a_m \end{pmatrix}, \quad \boldsymbol{Y} = \begin{pmatrix} y_1 \\ y_2 \\ \vdots \\ y_n \end{pmatrix},$$

则法方程组(13-1)可以表示成矩阵形式

$$\boldsymbol{G}\boldsymbol{G}^{\mathrm{T}}\boldsymbol{X} = \boldsymbol{G}\boldsymbol{Y}, \quad (13\text{-}2)$$

且当拟合基函数 $\varphi_1(x), \varphi_2(x), \cdots, \varphi_m(x)$ 线性无关时,方程组(13-2)中系数矩阵 $\boldsymbol{G}\boldsymbol{G}^{\mathrm{T}}$ 可逆,从而方程组(13-2)有唯一解

$$\boldsymbol{X} = (\boldsymbol{G}\boldsymbol{G}^{\mathrm{T}})^{-1}\boldsymbol{G}\boldsymbol{Y},$$

进而求得最小二乘拟合函数为

$$f(x) = a_1\varphi_1(x) + a_2\varphi_2(x) + \cdots + a_m\varphi_m(x).$$

(3) 多项式拟合

对于已知数据点 $(x_0, y_0), (x_1, y_1), \cdots, (x_n, y_n)$,如果选用拟合基函数为幂函数类中的 $1, x, x^2, \cdots, x^m$,则拟合函数为一个次数不高于 m 的多项式函数

$$y = f(x) = a_m x^m + a_{m-1} x^{m-1} + \cdots + a_1 x + a_0,$$

根据最小二乘法拟合思想,问题归结为求 $m+1$ 元函数

$$Q(a_0, a_1, \cdots, a_m) = \sum_{i=0}^{n} \left(a_m x_i^m + a_{m-1} x_i^{m-1} + \cdots + a_1 x_i + a_0 - y_i \right)^2$$

的最小值问题. 同样地,利用多元可微函数取得极值的必要条件

$$\frac{\partial Q(a_0, a_1, \cdots, a_m)}{\partial a_k} = 0, \quad k = 0, 1, \cdots, m,$$

得到法方程组

$$\begin{cases} \sum_{i=0}^{n} (a_m x_i^m + a_{m-1} x_i^{m-1} + \cdots + a_1 x_i + a_0 - y_i) = 0, \\ \sum_{i=0}^{n} (a_m x_i^m + a_{m-1} x_i^{m-1} + \cdots + a_1 x_i + a_0 - y_i) x_i = 0, \\ \sum_{i=0}^{n} (a_m x_i^m + a_{m-1} x_i^{m-1} + \cdots + a_1 x_i + a_0 - y_i) x_i^2 = 0, \\ \qquad\qquad \cdots\cdots\cdots\cdots \\ \sum_{i=0}^{n} (a_m x_i^m + a_{m-1} x_i^{m-1} + \cdots + a_1 x_i + a_0 - y_i) x_i^m = 0. \end{cases}$$

此时,相应于方程组(13-2)中的矩阵 $\boldsymbol{G}$ 为一个范德蒙德矩阵,解此方程组可以求得多项式系数 $\boldsymbol{a} = (a_m, a_{m-1}, \cdots, a_0)^{\mathrm{T}}$.

常用的拟合函数还有 $y = \sum_{n=0}^{m} (a_n \cos nx + b_n \sin nx)$,$y = \sum_{n=0}^{m} c_n \mathrm{e}^{\lambda_n x}$ 等.

2. 数据插值

假设函数 $f(x)$ 在区间 $[a,b]$ 上有定义,并且已知函数 $f(x)$ 在区间 $[a,b]$ 上 $n+1$ 个互不相同点 $x_0, x_1, \cdots, x_n$ 处的函数值 $y_i = f(x_i)$,$i = 0, 1, 2, \cdots, n$. 试求一个较为简单的函数 $P(x)$,使得 $P(x)$ 满足条件

$$y_i = f(x_i) = P(x_i), \quad i = 0, 1, 2, \cdots, n,$$

这样在区间 $[a,b]$ 上可用 $P(x)$ 作为 $f(x)$ 的近似函数,称 $P(x)$ 为 $f(x)$ 在区间 $[a,b]$ 上的插值函数,$f(x)$ 为被插函数,$\left[\min\limits_{0 \leqslant i \leqslant n} \{x_i\}, \max\limits_{0 \leqslant i \leqslant n} \{x_i\}\right]$ 称为插值区间,x_i,$i = 0, 1, 2, \cdots, n$ 称为插值结点.

根据 $P(x)$ 选取不同类型的函数,可得不同类型的插值函数. 例如:多项式插值(亦称代数插值)、三角函数插值、有理函数插值等.

（1）拉格朗日多项式插值法

已知 $f(x)$ 在区间 $[a,b]$ 上两个不同结点 x_0, x_1 处的函数值

x	x_0	x_1
$f(x)$	$f(x_0)$	$f(x_1)$

求一次多项式 $P_1(x) = a_0 + a_1 x$,使其满足条件

$$P_1(x_i) = f(x_i), \quad i = 0, 1,$$

这种方法称为线性插值方法(也称两点插值).

由于线性方程组

$$\begin{cases} a_0 + a_1 x_0 = f(x_0), \\ a_0 + a_1 x_1 = f(x_1), \end{cases}$$

的系数行列式

$$\begin{vmatrix} 1 & x_0 \\ 1 & x_1 \end{vmatrix} = x_1 - x_0 \neq 0,$$

所以,必存在唯一的、符合条件的一次多项式

$$P_1(x) = \frac{x - x_1}{x_0 - x_1} f(x_0) + \frac{x - x_0}{x_1 - x_0} f(x_1).$$

再进一步,若已知 $f(x)$ 在区间 $[a,b]$ 上三个不同结点 x_0, x_1, x_2 处的函数值

x	x_0	x_1	x_2
$f(x)$	$f(x_0)$	$f(x_1)$	$f(x_2)$

求二次多项式 $P_2(x) = a_0 + a_1 x + a_2 x^2$,满足条件

$$P_2(x_i) = f(x_i), \quad i = 0, 1, 2,$$

这种方法称为抛物线插值法,$P_2(x)$ 称为 $f(x)$ 的抛物线插值多项式.

同样地,由于线性方程组

$$\begin{cases} a_0 + a_1 x_0 + a_2 x_0^2 = f(x_0), \\ a_0 + a_1 x_1 + a_2 x_1^2 = f(x_1), \\ a_0 + a_1 x_2 + a_2 x_2^2 = f(x_2) \end{cases}$$

的系数行列式

$$\begin{vmatrix} 1 & x_0 & x_0^2 \\ 1 & x_1 & x_1^2 \\ 1 & x_2 & x_2^2 \end{vmatrix} \neq 0,$$

所以,必存在唯一的、符合条件的二次多项式

$$P_2(x) = \frac{(x - x_1)(x - x_2)}{(x_0 - x_1)(x_0 - x_2)} f(x_0) + \frac{(x - x_0)(x - x_2)}{(x_1 - x_0)(x_1 - x_2)} f(x_1) + \frac{(x - x_0)(x - x_1)}{(x_2 - x_0)(x_2 - x_1)} f(x_2).$$

类似地,我们可以证明:若已知函数 $f(x)$ 在区间 $[a,b]$ 上 $n+1$ 个不同结点 $x_0, x_1, \cdots, x_n$ 以及它们的函数值 $f(x_i), i = 0, 1, 2, \cdots, n$,则必存在唯一的满足条件

$$P_n(x_i) = f(x_i), \quad i = 0, 1, 2, \cdots, n, \tag{13-3}$$

且次数不超过 n 的多项式 $P_n(x) = a_0 + a_1 x + a_2 x^2 + \cdots + a_n x^n$. 这种方法称为 n 次多项式插值(或称代数插值),$P_n(x)$ 称为 $f(x)$ 的 n 次插值多项式.

既然满足条件的插值多项式是存在且唯一的,那么,如果我们可以构造一个次数不超过 n 的多项式,满足条件(13-3),则该多项式自然就是插值多项式.

受线性插值多项式和抛物线插值多项式的启发,对任意的 $k = 0, 1, 2, \cdots, n$,定义

$$\omega_n(x) = (x - x_0)(x - x_1)(x - x_2) \cdots (x - x_n) = \prod_{i=0}^{n} (x - x_i),$$

计算 $\omega_n(x)$ 在 $x = x_k$ 的一阶导数

$$\omega_n'(x_k) = (x_k - x_0)(x_k - x_1)(x_k - x_2) \cdots (x_k - x_{k-1})(x_k - x_{k+1}) \cdots (x_k - x_n),$$

若令

$$l_{k,n}(x) = \frac{\omega_n(x)}{(x - x_k)\omega_n'(x_k)}, \quad k = 0, 1, 2, \cdots, n,$$

则可以验证次数不超过 n 的多项式

$$P_n(x) = l_{0,n}(x)f(x_0) + l_{1,n}(x)f(x_1) + l_{2,n}(x)f(x_2) + \cdots + l_{n,n}(x)f(x_n) \quad (13-4)$$

就是满足条件(13-3)的插值多项式. 称多项式(13-4)为拉格朗日插值多项式, 称函数 $l_{k,n}(x)$, $k = 0, 1, 2, \cdots, n$ 为拉格朗日插值基函数, 且满足下面的性质:

(i) $l_{k,n}(x_i) = \delta_{ik} = \begin{cases} 1, & i = k, \\ 0, & i \neq k; \end{cases}$

(ii) $\sum\limits_{k=0}^{n} l_{k,n}(x_i) = 1, i = 0, 1, \cdots, n.$

在插值区间 $\left[\min\limits_{0 \leqslant i \leqslant n}\{x_i\}, \max\limits_{0 \leqslant i \leqslant n}\{x_i\}\right]$ 上, 插值多项式 $P_n(x)$ 只能近似地代替原来的被插函数 $f(x)$, 在插值结点处, 误差等于零, 而在非插值结点处, 其误差有下面的结论.

定理 1　若 $f(x)$ 在区间 $[a, b]$ 上有 $n+1$ 阶连续的导数, 则

$$R_n(x) = f(x) - P_n(x) = \frac{f^{(n+1)}(\xi)}{(n+1)!}\omega_n(x), \quad (13-5)$$

其中 ξ 介于 a 与 b 之间且依赖于 x, 并有误差估计式

$$|R_n(x)| = |f(x) - P_n(x)| \leqslant \max_{x \in [a,b]}\left\{\frac{|f^{(n+1)}(x)|}{(n+1)!}|\omega_n(x)|\right\},$$

称 $R_n(x)$ 为拉格朗日插值余项.

(2) 牛顿插值法

拉格朗日插值法的缺点在于当增加插值结点时, 需要重新计算式(13-4)中的插值基函数, 没有承接性, 而下面介绍的牛顿插值法就可以避免这个问题.

称 $f(x)$ 在区间 $[x_i, x_{i+1}]$ 上的平均变化率 $\dfrac{f(x_{i+1}) - f(x_i)}{x_{i+1} - x_i}$ 为 $f(x)$ 关于点 x_i, x_{i+1} 的一阶差商, 记为 $f[x_i, x_{i+1}]$. 特别地, 定义结点处的函数值 $f(x_0), f(x_1), \cdots, f(x_n)$ 为零阶差商.

称一阶差商的平均变化率 $\dfrac{f[x_{i+1}, x_{i+2}] - f[x_i, x_{i+1}]}{x_{i+2} - x_i}$ 为 $f(x)$ 关于点 x_i, x_{i+1}, x_{i+2} 的二阶差商, 记为 $f[x_i, x_{i+1}, x_{i+2}]$. 以此类推, 可定义 $f(x)$ 在点 $x_0, x_1, \cdots, x_m, x_{m+1}$ 处的 $m+1$ 阶差商

$$f[x_0, x_1, \cdots, x_m, x_{m+1}] = \frac{f[x_1, x_2, \cdots, x_m, x_{m+1}] - f[x_0, x_1, \cdots, x_m]}{x_{m+1} - x_0}.$$

差商具有如下性质:

(i) m 阶差商 $f[x_0, x_1, \cdots, x_m]$ 是零阶差商 $f(x_0), f(x_1), \cdots, f(x_m)$ 的线性组合, 即

$$f[x_0, x_1, \cdots, x_m] = \sum_{k=0}^{m} \frac{1}{\omega_m'(x_k)}f(x_k) = \sum_{k=0}^{m} \frac{1}{\prod\limits_{i=0, i \neq k}^{m}(x_k - x_i)}f(x_k).$$

（ii）差商与插值结点的次序没有关系.

（iii）若 $f(x)$ 是 m 次多项式，则 $f[x_0,x_1,\cdots,x_m]\equiv 0$.

依据差商公式

$$f[x_0,x]=\frac{f(x)-f(x_0)}{x-x_0}$$

可以得到

$$f(x)=f(x_0)+f[x_0,x](x-x_0).$$

同理，由二阶差商的定义可得

$$f[x_0,x]=f[x_0,x_1]+f[x_0,x_1,x](x-x_1),$$
$$f[x_0,x_1,x]=f[x_0,x_1,x_2]+f[x_0,x_1,x_2,x](x-x_2),$$

以此类推并逐次代入可得

$$\begin{aligned}f(x)=&f(x_0)+f[x_0,x_1](x-x_0)+f[x_0,x_1,x_2](x-x_0)(x-x_1)+\\&f[x_0,x_1,x_2,x_3](x-x_0)(x-x_1)(x-x_2)+\cdots+\\&f[x_0,x_1,\cdots,x_n](x-x_0)(x-x_1)\cdots(x-x_{n-1})+\\&f[x_0,x_1,\cdots,x_n,x](x-x_0)(x-x_1)\cdots(x-x_n).\end{aligned}\qquad(13-6)$$

公式（13-6）就是经典的牛顿插值公式，最后一项称为牛顿插值余项，记为 $R_n(x)$，余项前的多项式称为牛顿插值多项式.

牛顿插值多项式具有以下特点：

（i）在插值结点处与拉格朗日插值一样，误差为零.

（ii）多项式 k 次项的系数是 $f(x)$ 的 k 阶差商.

（iii）增加插值结点时，只增加最后一项，不必像拉格朗日插值公式那样需要重新计算系数.

关于牛顿插值法的余项可以这样理解：因为用 $n+1$ 个插值结点插值成的次数不超过 n 的多项式是唯一的，所以由式（13-5）和式（13-6）所示的拉格朗日插值公式余项和牛顿插值公式余项是一致的. 在做牛顿插值时，一般先做出差商表（表 13.1），然后再套用公式.

表 13.1　差　商　表

结点	零阶差商	一阶差商	二阶差商	三阶差商
x_0	$f(x_0)$			
x_1	$f(x_1)$	$f[x_0,x_1]$		
x_2	$f(x_2)$	$f[x_1,x_2]$	$f[x_0,x_1,x_2]$	
x_3	$f(x_3)$	$f[x_2,x_3]$	$f[x_1,x_2,x_3]$	$f[x_0,x_1,x_2,x_3]$
$\vdots$	$\vdots$	$\vdots$	$\vdots$	$\vdots$

在插值区间长度一定的情况下，增加插值结点的个数一般情况下可以改变插值精度，但对特殊的函数未必有效. 因为在插值多项式的次数逐渐升高时，插值多项式未必

就收敛到被插函数,典型的龙格现象(感兴趣的读者可参阅相关计算方法教材)就是如此.针对这种情况,在做插值计算时,常常采取分段插值的方法,即:将插值区间 $\left[\min\limits_{0\leqslant i\leqslant n}\{x_i\},\ \max\limits_{0\leqslant i\leqslant n}\{x_i\}\right]$ 分成若干个子区间,然后在每一个子区间上分别进行低次数多项式插值,这样整个插值区间上的插值函数就是一个分段多项式函数.当然也可以在不同的分段子区间上根据不同的情况采取不同的插值方法,从而获得不同的插值函数.较为实用的是下面要介绍的样条插值法.

（3）样条插值法

设 $a=x_0<x_1<\cdots<x_n=b$ 是区间 $[a,b]$ 的一个划分,如果函数 $S(x)$ 在区间 $[a,b]$ 上满足条件

（i） $S(x)$ 在每一个子区间 $[x_i,x_{i+1}]$ 上是 m 次多项式函数;

（ii） $S(x)\in C^{(m+1)}[a,b]$,

则称 $S(x)$ 是关于已知划分的 m 次样条函数;若同时对函数 $f(x)$ 在各个结点处的函数值 $f(x_i)$,有 $S(x_i)=f(x_i)$,则称 $S(x)$ 是 $f(x)$ 在区间 $[a,b]$ 上关于已知划分的 m 次样条插值函数.

特别地,如果 $m=1$,则称为分段线性插值,即在每一个子区间上 $S(x)$ 是线性函数,在整个区间上是分段线性函数.这种情况一般很难满足实际要求,除非被插对象的函数近似于一个分段线性函数.

通常使用最多的是三次样条插值函数,即 $S(x)$ 在每一个子区间 $[x_i,x_{i+1}]$ 上是 3 次多项式函数,而且,对于 $i=1,2,\cdots,n-1$,满足:

（a） $S(x_i+0)=S(x_i-0)$;

（b） $S'(x_i+0)=S'(x_i-0)$;

（c） $S''(x_i+0)=S''(x_i-0)$

和边界条件之一:

（d） $S'(x_0)=\alpha_1,S'(x_n)=\beta_1$(此处 α_1,β_1 一般是端点处的一阶导数值);

（e） $S''(x_0)=\alpha_2,S''(x_n)=\beta_2$(此处 α_2,β_2 一般是端点处的二阶导数值);

（f） $S''(x_0)=S''(x_n)$.

特别地, $S''(x_0)=S''(x_n)=0$ 称为自然边界条件; $S'(x_0)=f'(x_0),S'(x_n)=f'(x_n)$ 称为固定边界条件.

实际上,三次样条插值函数就是在所有结点处二阶连续可导的分段 3 次多项式函数,理论上可以证明:这样的多项式函数 $S(x)$ 存在并且唯一.

实验内容

1. 用 MATLAB 软件进行数据拟合

MATLAB 软件进行数据拟合的命令有 `lsqcurvefit`,`polyfit` 和 `nlinfit`,其中命令 `lsqcurvefit` 可以求解最小二乘意义上的非线性曲线拟合问题,命令 `polyfit` 可以按不同次数的多项式曲线对已给数据进行拟合,`nlinfit` 是非线性最小二乘拟合命令.

（1）lsqcurvefit 命令的使用格式

lsqcurvefit 命令的简单使用格式为

x＝lsqcurvefit（fun,x0,xdata,ydata）

[x,resnorm]＝lsqcurvefit（fun,x0,xdata,ydata）

其功能是根据给定的数据 xdata,ydata（对应点的横、纵坐标），按函数文件 fun 给定的函数，以 x0 为初值作最小二乘拟合，返回函数 fun 中的系数向量 x 和残差的平方和范数 resnorm.该命令的具体理论算法这里不做介绍，下面仅举一例说明其用法.

示例 1　已知观测数据点如表 13.2 所示，求三个参数 a,b,c 的值，使得曲线 $f(x)=ae^x+bx^2+cx^3$ 与已知数据点在最小二乘意义上充分接近.

表 13.2　观测数据点

x	0	0.1	0.2	0.3	0.4	0.5	0.6	0.7	0.8	0.9	1
$f(x)$	3.1	3.27	3.81	4.5	5.18	6	7.05	8.56	9.69	11.25	13.17

实验过程　首先编写存储拟合函数的函数文件：

```
function f ＝nihehanshu（x,xdata）
f＝x（1）* exp（xdata）+x（2）* xdata.^2+x（3）* xdata.^3;
```

保存为文件 nihehanshu.m,在新的编辑器窗口编写下面的程序调用拟合函数,

```
xdata＝0:0.1:1;
ydata＝[3.1,3.27,3.81,4.5,5.18,6,7.05,8.56,9.69,11.25,13.17];
x0＝[0,0,0];        % 初值选取
[x,resnorm]＝lsqcurvefit（@nihehanshu,x0,xdata,ydata）
g＝x（1）* exp（xdata）+x（2）* xdata.^2+x（3）* xdata.^3;
plot（xdata,ydata,'b.','markersize',10）
hold on
plot（xdata,g,'r-'）
```

程序运行后显示如下数据和图 13.1.

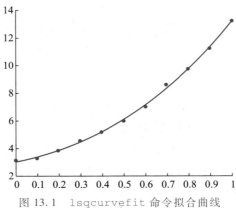

图 13.1　lsqcurvefit 命令拟合曲线

```
x=3.0022  4.0304  0.9404
resnorm=0.0912
```

说明：最小二乘意义下的最佳拟合函数为 $f(x)=3e^x+4.03x^2+0.94x^3$，此时的残差是 0.091 2. 图 13.1 给出的是已知数据点和拟合后生成的曲线.

也可以用 inline 定义拟合函数，编写程序如下：

```
x=0:0.1:1;
y=[3.1,3.27,3.81,4.5,5.18,6,7.05,8.56,9.69,11.25,13.17];
f=inline('a(1)*exp(x)+a(2)*x.^2+a(3)*x.^3','a','x');
a0=[0 0 0];
[a,resnorm]=lsqcurvefit(f,a0,x,y)
plot(x,y,'*')
hold on
g=a(1)*exp(x)+a(2)*x.^2+a(3)*x.^3;
plot(x,g,'r-')
```

请读者自行运行该程序并查看结果. 也可以用匿名函数定义拟合函数，编写程序如下，请读者自己运行，查看结果.

```
xdata=0:0.1:1;
ydata=[3.1,3.27,3.81,4.5,5.18,6,7.05,8.56,9.69,11.25,13.17];
x0=[0,0,0];              % 选取初值
[x,resnorm]=lsqcurvefit(@(x,xdata)x(1)*exp(xdata)+x(2)*
xdata.^2+x(3)*xdata.^3,x0,xdata,ydata)
g=x(1)*exp(xdata)+x(2)*xdata.^2+x(3)*xdata.^3;
plot(xdata,ydata,'b.','markersize',10)
hold on
plot(xdata,g,'r-')
```

（2）polyfit 命令的使用格式

polyfit 命令的简单使用格式为

```
p=polyfit(x,y,m)
```

其中 x,y 为已知数据点向量，分别表示横、纵坐标，m 为拟合多项式的次数，结果返回 m 次拟合多项式系数，从高次到低次存放在向量 p 中，用命令

```
y0=polyval(p,x0)
```

可以计算以向量 p 的分量为系数的多项式在 x0 处的值 y0. 由于高次多项式曲线变化不稳定，因此，在用多项式拟合时，多项式次数的选取不宜过高.

示例 2　已知观测数据点如表 13.3 所示，分别用 3 次和 6 次多项式曲线拟合这些数据点.

表 13.3　观测数据点

x	0	0.1	0.2	0.3	0.4	0.5	0.6	0.7	0.8	0.9	1
y	−0.447	1.978	3.28	6.16	7.08	7.34	7.66	9.56	9.48	9.3	11.2

实验过程 编写 MATLAB 程序如下：

```
x = 0:0.1:1;
y = [-0.447,1.978,3.28,6.16,7.08,7.34,7.66,9.56,9.48,9.3,11.2];
plot(x,y,'m.','markersize',25);
axis([0 1.3 -2 16]);
p3 = polyfit(x,y,3)          % 计算 3 次拟合多项式的系数
p6 = polyfit(x,y,6)          % 计算 6 次拟合多项式的系数
t = 0:0.1:1.2;
s3 = polyval(p3,t);
s6 = polyval(p6,t);
hold on
plot(t,s3,'m-','linewidth',2)
plot(t,s6,'m--','linewidth',2)
grid
legend('观测数据点','3 次多项式','6 次多项式')
```

程序运行后显示相应 3 次和 6 次拟合多项式的系数和图 13.2.

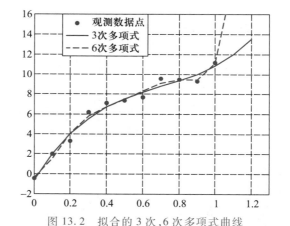

图 13.2 拟合的 3 次,6 次多项式曲线

```
p3 =
   16.0758  -33.9245  29.3246  -0.6104
p6 =
  1.0e+03 *

   0.6980  -2.0822  2.3469  -1.2208  0.2678  0.0018  -0.0004
```

示例 3 艾滋病的医学全名为"获得性免疫缺陷综合症"(简称 AIDS),是人体感染了人类免疫缺陷性病毒(简称 HIV)引起的.当 HIV 感染者的免疫功能受到病毒的严重破坏时,感染者便发展为 AIDS 患者.对于 HIV 感染者的治疗,现在以针对 HIV 的高效抗逆转录病毒疗法为主,病毒载量是评估治疗方案效果的最重要指标. HIV 浓度的测量成本很高,而 CD4 细胞数量的降低是免疫缺陷进展的直接标志, 被认为是最重要的预见 HIV 感染状态的参考,也是各类疗法的有效评价指标.

表 13.4 是某患者在服用某种药物后的 CD4 浓度,试用合适次数的多项式曲线拟合这些数据点.

表 13.4 CD4 浓度的观测数据点

测试 CD4 的时间/周	0	4	9	16	22	30	38
测得的 CD4 浓度/(0.2 mL^{-1})	53	187	285	240	200	223	248

实验过程 本题目是根据 2006 年全国大学生数学建模竞赛 B 题改编的. 这里,我们先编写 MATLAB 程序,画出数据点的散点图.

```
clc;
x=[0 4 9 16 22 30 38];
y=0.2*[53 187 285 240 200 223 248];
plot(x,y,'m*')
axis([-10 60 10 60])
```

程序运行结果如图 13.3. 在上面程序后面继续编写如下程序:

```
p2=polyfit(x,y,4)        % 用 4 次多项式拟合数据点
t=0:1:38;
s=polyval(p2,t);
hold on
plot(t,s)
```

运行结果为图 13.4.

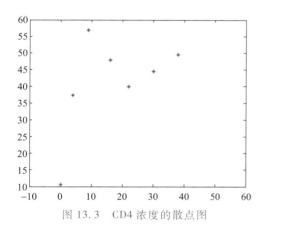

图 13.3 CD4 浓度的散点图

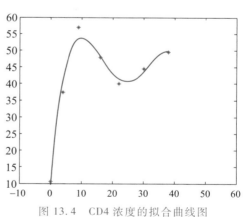

图 13.4 CD4 浓度的拟合曲线图

读者可以试着用其他次数多项式甚至其他的函数来拟合这些数据点,并比较这些方法的优劣.

示例 4 某一通信公司在一次施工中,需要在水面宽为 20 m 的河的沟底沿直线走向铺设一条沟底光缆. 在铺设光缆之前需要对沟底的地形做初步探测,从而估计所需光缆的长度,为工程预算提供依据. 已探测得一组等分点位置的深度数据如表 13.5 所示:

表 13.5　21 个等分点处的深度

分点	0	1	2	3	4	5	6	7	8	9	10
深度	9.01	8.96	7.96	7.97	8.02	9.05	10.13	11.18	12.26	13.28	13.32
分点	11	12	13	14	15	16	17	18	19	20	
深度	12.61	11.29	10.22	9.15	7.90	7.95	8.86	9.81	10.80	10.93	

（1）请用合适的曲线拟合所测数据点；

（2）预测所需光缆长度的近似值，并作出铺设河底光缆的曲线图．

实验过程　为了找到合适的曲线拟合这些数据，我们需要先画出散点图（在此略去），然后，尝试用不同次数的多项式曲线作拟合，观察用多少次多项式曲线拟合误差较小．下面，我们用 3 次、5 次、12 次和 15 次多项式拟合这些数据点．编写程序如下：

```
clc;clf;
format long
t=linspace(0,20,21);
x=linspace(0,20,100);
P=[9.01,8.96,7.96,7.97,8.02,9.05,10.13,11.18,12.26,13.28,
13.32,12.61,11.29,10.22,9.15,7.90,7.95,8.86,9.81,10.80,10.93];
p3=polyfit(t,P,3);
p5=polyfit(t,P,5);
p12=polyfit(t,P,12);
p15=polyfit(t,P,15);
s3=polyval(p3,x);
s5=polyval(p5,x);
s12=polyval(p12,x);
s15=polyval(p15,x);
plot(x,s3,'ms-',x,s5,'m--',x,s12,'m-',x,s15,'m-.','linewidth',2)
hold on
plot(t,P,'m*','markersize',10)
legend('3 次多项式','5 次多项式','12 次多项式','15 次多项式','观测点')
```

程序运行后显示河底"垂直截面"图形如图 13.5 所示．

从图 13.5 很容易看到，用 12 次多项式拟合这些数据点的效果较用 3 次、5 次、15 次多项式拟合的要好．因此在上面程序后面继续运行下列程序，用 12 次多项式曲线预测所需光缆长度．

```
L=0;
for i=2:100
    L=L+sqrt((x(i)-x(i-1))^2+(s12(i)-s12(i-1))^2);
end
disp('The length of the label is L=');
disp(L);
```

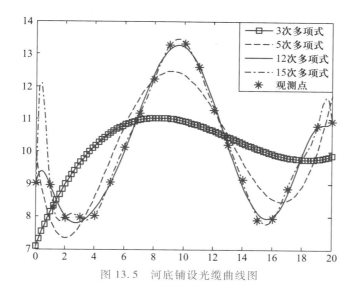

图 13.5 河底铺设光缆曲线图

程序运行后显示光缆的长度为

The length of the label is L= 26.38093818251304

注意 此处介绍的仅是一种预测光缆长度的思想和方法,在于启发读者如何用数学的观点思考问题,不考虑这种方法的精度.作为实践训练,读者也可以用其他拟合函数来预测光缆的长度.或者通过计算拟合函数相应曲线的弧长来预测光缆长度.

(3) nlinfit 命令的使用格式

MATLAB 软件还提供了一个非线性最小二乘拟合命令 nlinfit,使用格式为

beta=nlinfit(x,y,modelfun,b0)

其中,x 是给定数据点的横坐标向量,y 是给定数据点的纵坐标向量,modelfun 为拟合函数,b0 为拟合参数的初始近似值,返回结果 beta 是参数的估计值向量.

示例 5 用曲线 $y=ae^{bx}$ 拟合以下五个数据点:$(0,1.5),(1,2.5),(2,3.5),(3,5.0),(4,7.5)$.

实验过程 编写以下程序:

```
x=0:4;
y=[1.5,2.5,3.5,5,7.5];
a0=[0,0];
a=nlinfit(x,y,@(a,x)a(1)*exp(a(2).*x),a0)
plot(x,y,'*')
hold on
xx=0:0.1:4;
yy=a(1)*exp(a(2)*xx);
plot(xx,yy)
```

运行结果为

a=1.6109 0.3836

图 13.6 是给出的散点图和拟合后生成的曲线.

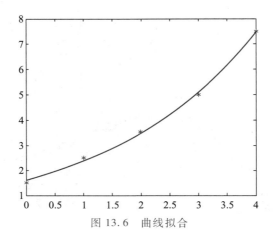

图 13.6　曲线拟合

练习 1

1. 采用不同的拟合函数拟合示例 4 中的数据点,然后利用弧长公式预测光缆长度,同正文中的结果进行比较.

2. 已知观测数据如下:

x	1.6	2.7	1.3	4.1	3.6	2.3	0.6	4.9	3	2.4
y	17.7	49	13.1	189.4	110.8	34.5	4	409.1	65	36.9

求 a, b, c 的值,使得曲线 $f(x) = ae^x + b\sin x + c\ln x$ 与已知数据点在最小二乘意义上充分接近,并求残差平方和.

3. 商品的需求量与其价格有一定的关系.现对一定时期内的商品价格 x 与需求量 y 进行观察,取得如下数据:

价格 x/元	2	3	4	5	6	7	8	9	10	11
需求量 y/kg	58	50	44	38	34	30	29	26	25	24

(1) 分别作出上述数据点的直线、抛物线、3 次多项式拟合,分别求出残差平方和,并比较优劣;

(2) 假设拟合函数为 $y = a + \dfrac{b}{x}$,试求 a, b.

2. 用 MATLAB 软件进行数据插值

MATLAB 软件进行插值计算的命令有 `interp1`(一维插值)、`interp2`(二维插值)、`interp3`(三维插值)、`interpn`(n 维插值)、`spline`(样条插值)和 `griddata`(曲面插值)等.

(1) 一维插值命令 `interp1` 的使用格式

`yb=interp1(x,y,xb,'method')`

命令中 x,y 是同维数据向量,分别表示插值结点的横、纵坐标,xb 是待求函数值的插值结点向量.'method'是可选项,说明插值使用的方法.对于一维插值 interp1,MATLAB 提供可选的方法有:nearest,linear,spline,cubic,它们分别表示最近插值,线性插值,三次样条插值和三次插值.命令返回值 yb 是插值曲线在结点向量 xb(横坐标)处的纵坐标向量.'method'缺省时采用线性插值.

（2）二维插值命令 interp2 的使用格式

zb=interp2(x,y,z,xb,yb,'method')

该命令的意思是根据同维数据 x,y,z(分别为横、纵、竖坐标),按'method'指定的方法来做插值运算,然后返回以 xb,yb(同维)分别为横、纵坐标时,插值函数的竖坐标 zb(插值函数的函数值).x,y,z 可以是向量,也可以是矩阵.method 是插值方法可选项,同一维插值方法的可选项相同.该命令还有以下几种省略格式,请读者自己用 help 命令学习.

zb=interp2(z,xb,yb)

zb=interp2(x,y,z,xb,yb)

zb=interp2(z,ntimes)

（3）三维插值命令 interp3 的使用格式

vb=interp3(x,y,z,v,xb,yb,zb,'method')

它的具体含义同前面的一、二维插值命令是相似的,在此不做解释,读者可在 MAT-LAB 软件命令窗中用 help interp3 命令获得解释.

（4）样条插值命令 spline 的使用格式

yb=spline(x,y,xb)

该命令等同于命令

yb=interp1(x,y,xb,'cubic')

（5）曲面插值命令 griddata 的使用格式

zb=griddata(x,y,z,xb,yb,'method')

其中 x,y,z 是同维数据向量,表示插值结点的横、纵、竖坐标.xb,yb 表示待求函数值的插值结点向量,通常由 meshgrid 生成.'method'是可选项,说明插值使用的方法.缺省时采用线性插值,也可选择 nearest,linear,cubic 和 v4 等方法.v4 没有具体的名字,原文称为"MATLAB 4 griddata method",是一种很光滑的插值算法,效果不错.命令返回值 zb 是插值曲面在(xb,yb)处的竖坐标值.

注意 interp2 和 griddata 都是二维插值命令,两者的区别是,interp2 的插值数据必须满足矩形区域,即已知数据点(x,y)组成规则的矩阵,或称之为栅格,可使用 meshgid 生成.而 griddata 函数不要求已知数据点(x,y)规则排列,特别是对试验中随机(没有规律)采取的数据进行插值具有很好的效果.

示例 6 在用外接电源给电容器充电时,电容器两端的电压 U 将会随着充电时间 t 发生变化.已知在某一次实验时,通过测量得到表 13.6 中数据.

表 13.6 电压随时间变化的观测值

t/s	1	2	3	4	6.5	9	12
U/V	6.2	7.3	8.2	9.0	9.6	10.1	10.4

分别用拉格朗日插值法、分段线性插值法、三次样条插值法画出电压 U 随着时间 t 变化的曲线图,并分别计算当时间 $t=7$ s 时,电容器两端电压的近似值.

实验过程   首先编写实现拉格朗日插值的函数文件,保存为 lglrcz. m.

```
function y=lglrcz(x0,y0,x)
n=length(x0);
m=length(x);
for i=1:m
    z=x(i);
    s=0.0;
    for k=1:n
        p=1.0;
        for j=1:n
                if   j~=k
                    p=p*(z-x0(j))/(x0(k)-x0(j));
                end
            end
        s=p*y0(k)+s;
    end
    y(i)=s;
end
```

下面的程序完成要求的三种插值运算.

```
format long
clc;clf;
t=[1,2,3,4,6.5,9,12];
u=[6.2,7.3,8.2,9.0,9.6,10.1,10.4];
t0=0.2:0.1:12.5;
lglr=lglrcz(t,u,t0);                    % 调用插值函数 lglrcz
laglr=lglrcz(t,u,7)
fdxx=interp1(t,u,t0);                   % 实现分段线性插值
fendxx=interp1(t,u,7)
scyt=interp1(t,u,t0,'spline');          % 实现三次样条插值
sancyt=interp1(t,u,7,'spline')
plot(t,u,'*',t0,lglr,'r',t0,fdxx,'g',t0,scyt,'b')
legend('观测点','拉格朗日插值曲线','分段线性插值曲线','三次样条插值曲线')
```

程序执行后显示结果

```
laglr = 9.529889807162537
fendxx = 9.699999999999999
sancyt = 9.671180393274437
```

分别表示当时间 $t=7\mathrm{s}$ 时,由拉格朗日插值法、分段线性插值法和三次样条插值法算得电容器两端电压的近似值.图 13.7 给出了三种插值曲线.

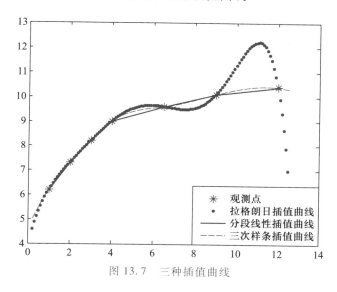

图 13.7　三种插值曲线

　　观察该图,可以发现三次样条插值曲线和分段线性插值曲线拟合效果比较好,而拉格朗日插值的六次多项式(已知数据点有七个)曲线当 $t<9$ 时有比较好的拟合效果,当 $t>9$ 时在数据点之间有很大的起伏波动,与数据点的变化趋势有明显的偏离.所以这时的插值曲线并不能很好地反映数据点的真正变化趋势.

　　德国数学家龙格在研究多项式插值时发现,在有些情况下,随着分点的增加,多项式出现大的起伏波动越来越明显,龙格给出的例子见练习 2 第 3 题.究其原因,是舍入误差造成的.这种振荡现象称为龙格现象.

　　针对高次多项式插值时容易发生"龙格现象",在实际插值时,常常采用分段低次插值方法,即在子区间上分别进行低次插值,这样,整个区间上的插值函数将是一个分段的多项式函数.

　　示例 7　仔细阅读下面的程序,领会二维插值命令 interp2 的用法.

　　实验过程　程序如下

```
x=-2:0.1:2;                  % 生成 x 坐标
y=-2:0.1:2;                  % 生成 y 坐标
[xb,yb]=meshgrid(x,y);       % 生成网格点矩阵,每点的坐标是(xb,
                             %   yb)形式
zb=xb.*yb.*sin(xb+yb);       % 计算函数 z=xysin(x+y)在各网格
                             %   点处的值(竖坐标)
figure(1)
mesh(xb,yb,zb)               % 画曲面 z=xysin(x+y)的网线图
xc=-2:0.02:2;                % 加细 x 坐标
yc=-2:0.02:2;                % 加细 y 坐标
[xcb,ycb]=meshgrid(xc,yc);   % 生成网格点矩阵
```

```
zcb=interp2(xb,yb,zb,xcb,ycb);    % 用插值法计算加密网格点处的竖坐标
figure(2)
mesh(xcb,ycb,zcb)                 % 画曲面 z=xysin(x+y)的精细网线图
```

此处略去程序执行后显示的图形,请读者自己上机查看,读者也可以自己编程尝试 `griddata` 命令的调用.

示例 8　为了绘制某山区的地形图,以某点为坐标原点,测得山区上一些地点的高度 z(单位:m)如表 13.7(平面区域 $0 \leqslant x \leqslant 4\,000, 0 \leqslant y \leqslant 4\,800$)所示:

表 13.7　山区上一些地点的高度　　　　　　　　　　　　单位:m

z		x										
		0	400	800	1 200	1 600	2 000	2 400	2 800	3 200	3 600	4 000
y	0	370	470	550	600	670	690	670	620	580	450	400
	400	510	620	730	800	850	870	850	780	720	650	500
	800	650	760	880	970	1 020	1 050	1 020	830	900	700	300
	1 200	740	880	1 080	1 130	1 250	1 280	1 230	1 040	900	500	700
	1 600	830	980	1 180	1 320	1 450	1 420	1 400	1 300	700	900	850
	2 000	880	1 060	1 230	1 390	1 500	1 500	1 400	900	1 100	1 060	950
	2 400	910	1 090	1 270	1 500	1 200	1 100	1 350	1 450	1 200	1 150	1 010
	2 800	950	1 190	1 370	1 500	1 200	1 100	1 550	1 600	1 550	1 380	1 070
	3 200	1 430	1 430	1 460	1 500	1 550	1 600	1 550	1 600	1 600	1 600	1 550
	3 600	1 420	1 430	1 450	1 480	1 500	1 550	1 510	1 430	1 300	1 200	980
	4 000	1 380	1 410	1 430	1 450	1 470	1 320	1 280	1 200	1 080	940	780
	4 400	1 370	1 390	1 410	1 430	1 440	1 140	1 110	1 050	950	820	690
	4 800	1 350	1 370	1 390	1 400	1 410	960	940	880	690	570	430

请作出该山区的地貌图和等高线图.

实验过程　由于该题数据比较多,需要先将数据录入到 Excel 中,然后再将其导入到 MATLAB 中参与矩阵运算.x, y 的取值很有规律,我们不用处理,只要将上面的高度 z 先存入 Excel 表格 shanqu. xlsx,然后用以下两个方法导入 MATLAB 中.

(1) 用 `xlsread` 命令.直接在命令行窗口中执行

`shanqu =xlsread('shanqu.xlsx')` % 在当前 MATLAB 工作文件夹下读取 Excel 文件 shanqu. xlsx,存入矩阵 shanqu 中,如果该文件不在 MATLAB 工作文件夹下,还需要加上完整路径.

这样就可以将 shanqu. xlsx 中的数据存为 MATLAB 中的矩阵 shanqu,便于后面应用.注意,运用此命令时不要打开所要操作的 Excel 文件,不然会报错.

(2) 用 import data 命令.在 MATLAB 菜单主页(HOME)中选择导入数据(Import Data),选择上面保存的数据文件 shanqu. xlsx,点击"打开",在数据导入窗口中选择数据范围,在窗口工具栏左侧导入选项中选择"数值矩阵(Matrix)",然后点击"导入所选内容(Import Selection)",导入数据.关闭导入窗口,回到 MATLAB 主程序,在工作区(Workspace)中可以看到刚刚导入的矩阵变量 shanqu.

编写程序如下:

```
x=0:400:4000;
```

```
y = 0:400:4800;
[xx,yy]=meshgrid(x,y);
zz = shanqu;                                    % 直接调用导入的数据,不需
                                                  要直接输入

figure(1)
mesh(xx,yy,zz)                                  % 画出山区表面网线图
figure(2)
xb = 0:50:4000;                                 % 细分点,进行插值
yb = 0:50:4800;
[xxb,yyb]=meshgrid(xb,yb);
zzb = interp2(xx,yy,zz,xxb,yyb,'cubic');        % 计算插值点对应的竖坐标值
mesh(xxb,yyb,zzb)                               % 绘制经插值后的山区表面
                                                  网线图

figure(3)
contour(xxb,yyb,zzb,10,'m')                     % 绘制山区表面等高线图
```
程序执行后的图形如图 13.8 所示.

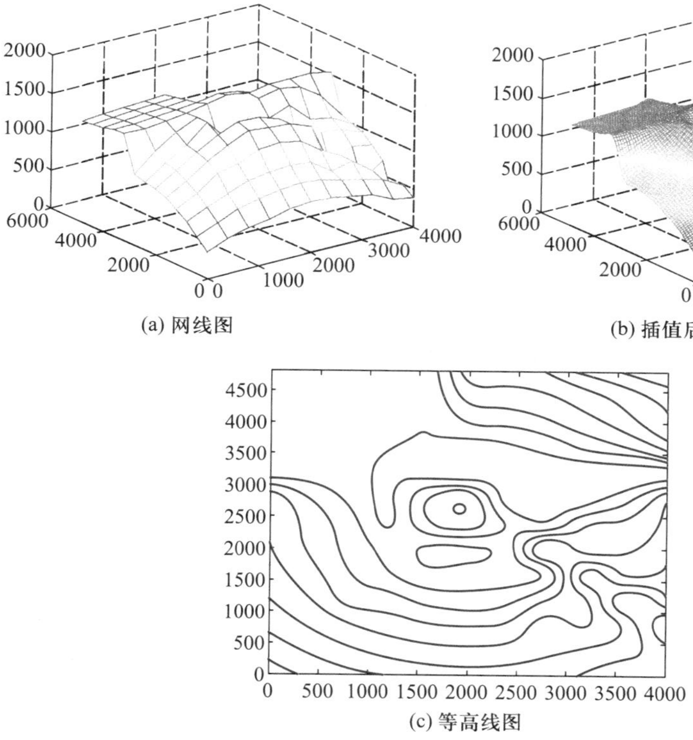

(a) 网线图　　(b) 插值后网线图　　(c) 等高线图

图 13.8　山区表面图

示例 9　用插值命令完成示例 4 的问题.
实验过程　编写程序如下:
```
format long
```

```
t=linspace(0,20,21);
x=linspace(0,20,100);
P=[9.01,8.96,7.96,7.97,8.02,9.05,10.13,11.18,12.26,13.28,
13.32,12.61,11.29,10.22,9.15,7.90,7.95,8.86,9.81,10.80,10.93];
y=interp1(t,P,x,'spline')                              % 用样条插值
plot(x,y,'m*--',t,P,'m+-');
L=0;
for i=2:100
    L=L+sqrt((x(i)-x(i-1))^2+(y(i)-y(i-1))^2); % 求河底铺设光
                                                     缆的长度
end
disp('The length of the label is L=')
disp(L)
```

运行程序可得光缆长度和河底铺设光缆的曲线如图 13.9 所示.

```
The length of the label is L=26.70060015283798
```

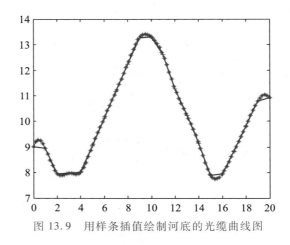

图 13.9　用样条插值绘制河底的光缆曲线图

读者可以将插值结点的个数取为 1 000,再计算光缆的长度和绘制河底铺设光缆的曲线图.

练习 2

1. 在飞机的机翼加工时,由于机翼的尺寸很大,所以通常在图纸上只能标出部分关键点的尺寸.某型号飞机的机翼上缘轮廓线的部分数据如下:

x	0	4.74	9.05	19	38	76	95	114	133	152	171	190
y	0	5.23	8.1	11.97	16.15	16.34	14.63	12.16	6.69	7.03	3.99	0

试用线性插值法、三次样条插值法分别绘制机翼上缘轮廓线的图形.

2. 对函数 $f(x) = \dfrac{1}{1+25x^2}$ 在区间 $[-10,10]$ 上做等距拉格朗日插值和分段线性插值,观察插值中出现的龙格现象. 要求:

（1）在区间 $[-10,10]$ 上取不同的插值结点数 n,做出函数 $f(x)$ 的拉格朗日插值多项式和分段插值多项式;

（2）将曲线 $f(x)$ 和拉格朗日插值多项式曲线以及分段插值多项式曲线绘在同一坐标系上进行比较,随着结点数 n 的不断增大,通过观察,你发现了什么?

3. 将区间 $[-5,5]$ 作 n 等分,对函数 $f(x) = \dfrac{x}{1+x^4}$ 做拉格朗日插值,观察龙格现象,问:能否取到 n 使得 $\max\limits_{-5 \leqslant x \leqslant 5} \{ |f(x) - p_n(x)| \} < 10^{-6}$?

4. 有一形状较为复杂,但表面很光滑的曲面工件. 通过科学手段,将其放置于某一空间坐标系下,测得曲面上若干个点的坐标如下:

z		y									
		-5	-4	-3	-2	-1	0	1	2	3	4	5
x	-5	13.6	-8.2	-14.8	-6.6	1.4	0	-3.8	1.4	13.6	16.8	0
	-4	-8.2	-15.8	-7.9	2.2	3.8	0	0.6	7.3	10.1	0	-16.8
	-3	-14.8	-7.9	2.5	5.8	2.3	0	2.7	5.1	0	-10.1	-13.7
	-2	-6.6	2.2	5.9	3.0	-0.3	0	1.9	0	-5.1	-7.3	-1.4
	-1	1.4	3.8	2.3	-0.3	-0.9	0	0	-1.7	-2.7	-0.6	3.8
	0	0	0	0	0	0	0	0	0	0	0	0
	1	-3.8	0.6	2.7	1.7	0	0	0.9	0.3	-2.3	-3.8	-1.4
	2	1.4	7.3	5.1	0	-1.7	0	0.3	-3.1	-5.8	-2.2	6.6
	3	13.6	10.1	0	-5.1	-2.7	0	-2.3	-5.8	-2.5	7.9	14.8
	4	16.8	0	-10.1	-7.3	-0.6	0	-3.8	-2.2	7.9	15.8	8.2
	5	0	16.3	-13.6	-1.4	3.8	0	-1.4	6.6	14.8	8.2	-13.6

要求:

（1）画出该曲面工件的图形;

（2）在已知相邻的横、纵坐标之间分别插入三个分点,用 interp2 命令计算出所有点处的竖坐标,画出相应的插值曲面;

（3）分别用不同的方法求出该曲面工件表面积的近似值.

3. 人口数预测模型

示例 10　由《2019 中国统计年鉴》查得 1971 年至 1990 年我国人口数的统计数据如表 13.8 所示.

表 13.8 1971 年至 1990 年我国人口数的统计数据

年份	1971	1972	1973	1974	1975	1976	1977	1978	1979	1980
人口数/亿	8.523	8.718	8.921	9.086	9.242	9.372	9.497	9.626	9.754	9.871
年份	1981	1982	1983	1984	1985	1986	1987	1988	1989	1990
人口数/亿	10.007	10.165	10.301	10.436	10.585	10.751	10.930	11.103	11.270	11.433

试根据以上数据,建立我国人口增长的近似曲线,预测 1995 年,2000 年,2005 年,2010年,2015 年的人口数,并与实际统计数据比较.

实验过程 图 13.10 给出 1971 年至 1990 年我国人口数散点图.

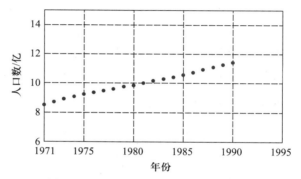

图 13.10 1971 年至 1990 年我国人口数

（1）问题分析

人口增长的预测问题可归属为生物种群繁殖问题,下面我们先介绍两种简单的生物种群繁殖模型.

马尔萨斯模型 1798 年,英国统计学家马尔萨斯（Malthus）提出了一种关于生物种群繁殖的模型:一种群中个体数量的增长率与该时刻种群的个体数量成正比.设从个体数量为 x_0 的时刻开始计时,t 时刻种群个体的数量为 $x(t)$,则有

$$\frac{\mathrm{d}x(t)}{\mathrm{d}t} = rx(t) \quad \text{或} \quad \frac{1}{x(t)}\frac{\mathrm{d}x(t)}{\mathrm{d}t} = r, \tag{13-7}$$

其中,相对增长率 r 是种群平均生育率和死亡率之差,通常情况下,$r>0$.

方程（13-7）是一个简单的可分离变量方程,解此方程得到生物种群繁殖的规律为

$$x(t) = x_0 \mathrm{e}^{rt}. \tag{13-8}$$

由此可见,生物种群个体数量是按指数方式增长的.经验表明,这一变化规律在短时期内比较符合实际情况,当时段较长时,式（13-8）就未必能准确地反映出种群个体数量的变化规律.很明显,如果人口的增长符合马尔萨斯模型,则意味着当 $t \to +\infty$ 时,$x(t) \to +\infty$,即最终导致地球上人口爆炸,这与客观实际是不相符的.

逻辑斯谛模型 1838 年,比利时生物学家韦吕勒（Verhulst）对马尔萨斯模型作了进一步分析后指出:导致上述不符合实际情况的主要原因是马尔萨斯模型未能考虑"密度

"制约"因素.事实上,种群生活在一定的环境中,在资源给定的情况下,个体数量越多,每个个体获得的资源就越少,这将抑制其生育率,增加死亡率.因此,相对增长率$\dfrac{1}{x(t)}\dfrac{\mathrm{d}x}{\mathrm{d}t}$不是一个常数$r$,而是$r$乘上一个"制约因子".这个因子是一个随$x(t)$增加而减小的函数,可设为$\left(1-\dfrac{x(t)}{k}\right)$,其中$k$为环境的容纳量.在此基础上,韦吕勒提出了逻辑斯谛(logistic)模型:

$$\frac{1}{x(t)}\frac{\mathrm{d}x}{\mathrm{d}t}=r\left(1-\frac{x(t)}{k}\right). \tag{13-9}$$

方程(13-9)是一个可分离变量方程,解此方程得

$$x(t)=\frac{kx_0}{(k-x_0)\mathrm{e}^{-rt}+x_0}. \tag{13-10}$$

显然,当$t\to+\infty$时,则有$x(t)\to k$.这说明随着时间的增长,此种群个体的数量将最终稳定于环境的容纳量k,这是符合实际情况的.

（2）问题求解

1）根据马尔萨斯模型(13-8)预测人口数

设人口数$N(t)$和时间t的关系为

$$N(t)=x_0\mathrm{e}^{rt}=\mathrm{e}^{a+bt},$$

为了便于计算,两边取对数得

$$\ln N(t)=a+bt,$$

按照最小二乘法,问题归结为求参数a和b,使得偏差平方和

$$Q(a,b)=\sum_{i=1}^{n}(a+bt_i-\ln N_i)^2$$

最小,其中t_i为年份,N_i为t_i年人口的统计数.利用极值的必要条件得

$$\begin{cases}\dfrac{\partial Q}{\partial a}=2\displaystyle\sum_{i=1}^{n}(a+bt_i-\ln N_i)=0,\\[2mm]\dfrac{\partial Q}{\partial b}=2\displaystyle\sum_{i=1}^{n}(a+bt_i-\ln N_i)t_i=0,\end{cases}$$

解此方程组得函数$Q(a,b)$的唯一驻点$a=-26.778\,305\,051\,964\,708$,$b=0.014\,680\,766\,434\,964$,从而得到我国人口数符合马尔萨斯模型的最佳拟合曲线为

$$N=\mathrm{e}^{-26.778\,305\,051\,964\,708+0.014\,680\,766\,434\,964t}. \tag{13-11}$$

图13.11中的曲线是我国人口数符合马尔萨斯模型的最佳拟合曲线,圆点表示自1971年至1990年我国人口数的统计数据,圆圈表示1995年,2000年,2005年,2010年,2015年的我国实际统计人口数,见表13.9.从图中可以看出,在1971年至1990年之间二者较为吻合.

表13.10给出了由式(13-11)预测出相应年份的人口数.

2）根据逻辑斯谛模型(13-10)预测人口数

假设我国可容纳的人口总数为$k=18$亿,逻辑斯谛模型(13-10)变形后得

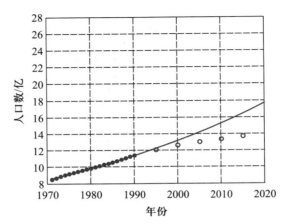

图 13.11　符合马尔萨斯模型的人口数拟合曲线

表 13.9　实际统计人口数

年　份	1995	2000	2005	2010	2015
人口数/亿	12.112 1	12.764 3	13.075 6	13.409 1	13.746 2

表 13.10　马尔萨斯模型预测的人口数

年　份	1995	2000	2005	2010	2015	2020
人口数/亿	12.302 8	13.239 8	14.248 2	15.333 4	16.501 3	17.758 1

$$\frac{1}{x(t)} - \frac{1}{k} = \left(\frac{1}{x_0} - \frac{1}{k}\right) e^{-rt} \Rightarrow \frac{1}{N(t)} - \frac{1}{k} = e^{-a-bt},$$

$$N(t) = \frac{1}{k^{-1} + e^{-a-bt}}.$$

同 1)的处理方法一样,求得我国人口数符合逻辑斯谛模型的最佳拟合曲线为

$$N(t) = \frac{1}{18^{-1} + e^{62.334\,522\,581\,910\,818 - 0.033\,044\,915\,670\,364t}}. \tag{13-12}$$

图 13.12 中的曲线是我国人口数符合逻辑斯谛模型增长的最佳拟合曲线,圆点表示自 1971 年至 1990 年我国人口数的统计数据,圆圈表示 1995 年,2000 年,2005年,2010 年,2015 年的我国实际统计人口数. 从图中可以看出,在 1971 年至 1990 年之间二者较为吻合.

表 13.11 给出了由式(13-12)预测出的人口数.

3) 我们用数据插值来预测人口数. 图 13.13 是用数据插值方法得到的人口数曲线.

表 13.12 给出了数据插值方法预测的人口数.

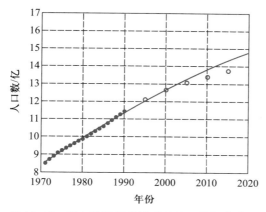

图 13.12　符合逻辑斯谛模型的人口数拟合曲线

表 13.11　逻辑斯谛模型预测人口数

年份	1995	2000	2005	2010	2015	2020
人口数/亿	12.026 2	12.666 4	13.265 0	13.818 7	14.325 5	14.785 1

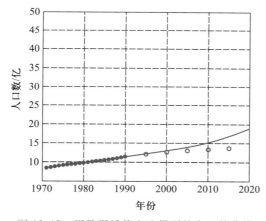

图 13.13　用数据插值方法得到的人口数曲线

表 13.12　数据插值预测人口数

年份	1995	2000	2005	2010	2015	2020
人口数/亿	12.219 9	13.043 7	14.018 4	15.258 0	16.876 6	18.988 2

　　4）读者可以结合表 13.9 比较马尔萨斯模型与逻辑斯谛模型的优劣性. 马尔萨斯模型与逻辑斯谛模型采用的都是数据拟合方法, 而 3）采用的是数据插值方法. 对比前面实验结果, 发现这两个方法的共同点都是根据已知数据点构造函数, 再使用得到的函数计算未知点的函数值. 但是这两个方法也有本质的区别: 数据插值要求所求得的函数曲线必须过已知数据点, 而数据拟合得到的函数不要求过已知数据点. 这样, 数据拟合得到的函数在已知数据点处有拟合误差, 而数据插值得到的函数在已知数据点处没有误差. 一般情况下, 很难说哪种方法较好, 只能根据具体问题具体分析.

练习 3

1. 对示例 10 中给出的人口统计数据,用不同次数的多项式拟合,预测相应 5 个年份的人口数,你会发现什么?

2. 1790 年到 1980 年间美国人口数的统计数据如表 13.13 所示.

表 13.13　美国人口统计数据

年份	1790	1800	1810	1820	1830	1840	1850	1860	1870	1880
人口数/百万	3.9	5.3	7.2	9.6	12.9	17.1	23.2	31.4	38.6	50.2

年份	1890	1900	1910	1920	1930	1940	1950	1960	1970	1980
人口数/百万	62.9	76	92.0	105.7	122.8	131.7	150.7	179.3	203.2	226.5

（1）根据表 13.13 中的数据,分别用不同次数多项式拟合美国人口数增长的近似曲线;

（2）根据表 13.13 中的数据,建立符合马尔萨斯模型的美国人口数增长模型;

（3）设美国人口总体容纳量为 4.5 亿,试用逻辑斯谛模型建立美国人口增长模型;

（4）分别用上述三种方法预测 2000 年,2005 年,2010 年,2015 年,2020 年美国的人口数,并对不同方法的预测结果进行比较分析.

3. 由于地球围绕太阳公转,所以气温具有周期性.某地气象台测得当地月平均气温如表 13.14 所示,

表 13.14　某地全年月平均气温数据

月份	1	2	3	4	5	6	7	8	9	10	11	12
平均气温/℃	3.1	3.8	6.9	12.7	16.8	20.5	24.5	25.9	22	16.1	10.7	5.4

试建立该地全年温度与时间的经验公式.　（提示:可考虑用傅里叶级数.）

4. 1601 年,德国天文学家开普勒(kepler)发表了行星运行第三定律:$T = Cx^{3/2}$,其中 T 为行星绕太阳旋转一周的时间(单位:天),x 表示行星到太阳的平均距离(单位:10^6 km),并测得水星、金星、地球、火星的 (x, T) 数据分别为 $(58, 88)$,$(108, 225)$,$(150, 365)$,$(228, 687)$.

（1）用最小二乘法估计 C 的值;

（2）分别作出上述数据点的直线、抛物线、3 次多项式、4 次多项式拟合,求出残差平方和,并比较优劣;

（3）用函数 $y = ae^x + bx + c$ 对数据点进行曲线拟合,并求出残差平方和.

实验十四　水塔水流量估计模型

实验目的

1. 学会用数据插值、数据拟合方法建立数学模型并求解.
2. 初步掌握用数学建模方法解决实际问题的过程.

实验内容

建模案例:水塔水流量估计

某一地区的用水管理机构要求各社区提供每小时的用水量以及每天所用水的总量.许多社区没有测量流入或流出水塔的水量装置,他们只能通过测量水塔每小时的水位高度来代替,其误差不超过0.05.但是,当水塔中的水位下降到最低水位 L 时水泵就自动启动向水塔供水直到最高水位 H,期间无法测量水泵的供水量.这样,当水泵正在供水时就不容易建立水塔中水位和用水量之间的关系.水泵每天供水一次或两次,每次约 2 h.当水位降至约 27.00 ft 时,水泵开始启动向水塔供水,当水位升到 35.50 ft 时,水泵自动停止工作.

已知某一小镇的水塔是一高为 40 ft,直径为 57 ft 的正圆柱,表 14.1 记录的是某一天水塔水位的真实数据.

表 14.1　某一天对某小镇水塔水位采集数据表

时间/s	水位/(0.01 ft)	时间/s	水位/(0.01 ft)
0	3 175	46 636	3 350
3 316	3 110	49 953	3 260
6 635	3 054	53 936	3 167
10 619	2 994	57 254	3 087
13 937	2 947	60 574	3 012
17 921	2 892	64 554	2 927
21 240	2 850	68 535	2 842
25 223	2 795	71 854	2 767
28 543	2 752	75 021	2 697
32 284	2 697	79 254	水泵开动
35 932	水泵开动	82 649	水泵开动
39 332	水泵开动	85 968	3 475
39 435	3 550	89 953	3 397
43 318	3 445	93 270	3 340

试估计任何时刻(包括水泵正在供水时刻)从水塔流出的水流量和一天的用水总量.

1. 问题分析

流量是单位时间内流出水的体积，由于水塔是正圆柱形，横截面积是常数，所以在水泵未供水时段，流量很容易根据水位相对于时间的变化率算出.问题的难点在于如何估计水泵供水时段的流量.

水泵供水时段的流量只能依据供水时段前后的流量经插值或拟合得到.作为用于插值或拟合的原始数据，我们希望水泵未供水时段的流量越准确越好.事实上，水泵未供水时段的用水量可以由测量记录直接得到，由表 14.1 中记录的下降水位乘以水塔的横截面积就是该时段的用水量.这个数值可以用来检验数据插值或拟合的结果.

为了表示方便，我们将表 14.1 中的数据全部化为国际标准单位(见表 14.2)，时间用 h(小时)，高度用 m(米).

表 14.2　一天内水塔水位记录

时间/h	水位/m	时间/h	水位/m
0	9.68	12.95	10.21
0.92	9.48	13.88	9.94
1.84	9.31	14.98	9.65
2.95	9.13	15.90	9.41
3.87	8.98	16.83	9.18
4.98	8.81	17.93	8.92
5.90	8.69	19.04	8.66
7.01	8.52	19.96	8.43
7.93	8.39	20.84	8.22
8.97	8.22	22.02	水泵开动
9.98	水泵开动	22.96	水泵开动
10.93	水泵开动	23.88	10.59
10.95	10.82	24.99	10.35
12.03	10.50	25.91	10.18

2. 模型假设

(1) 流量只取决于水位差，与水位本身无关.因为水塔的最低和最高水位分别是 8.229 6 m(27×0.304 8)和 10.820 4 m(35.50×0.304 8)(设出口的水位为零)，而且 $\sqrt{10.820\ 4/8.229\ 6} \approx 1.146\ 7$，约为 1，所以依据物理学中托里拆利定律：从小孔流出液体的流速正比于水面高度的平方根，可忽略水位对流速的影响.

(2) 将流量看作是时间的连续函数.为计算简单，不妨将流量定义成单位时间流出水的高度，即水位对时间变化率的绝对值(水位是下降的)，得到结果后再乘以水塔横截面积 S 即可.

(3) 水塔横截面积为 $S = (57 \times 0.304\ 8)^2 \times \dfrac{\pi}{4} \approx 237.1\ (\mathrm{m}^2)$.

3. 流量估计方法

首先根据表 14.2 的数据，用 MATLAB 软件作出水位–时间散点图 14.1.

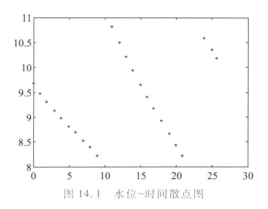

图 14.1　水位-时间散点图

下面计算流量与时间的关系. 根据数据散点图 14.1, 一种简单的处理方法是先将表 14.2 中的数据分为 3 段, 然后对每一段的数据做如下处理: 设某段数据为 $\{(x_0,y_0),(x_1,y_1),\cdots,(x_n,y_n)\}$, 相邻数据的中点的平均流速采用公式

流速 = (左端点的水位-右端点的水位)/区间长度,

即

$$v\left(\frac{x_{i+1}+x_i}{2}\right)=(y_i-y_{i+1})/(x_{i+1}-x_i).$$

每段数据首尾点的流速采用下面的公式计算:

$$v(x_0)=(3y_0-4y_1+y_2)/(x_2-x_0),$$
$$v(x_n)=(-3y_n+4y_{n-1}-y_{n-2})/(x_n-x_{n-2}).$$

用以上公式算得流速与时间之间的数据表 14.3 如下.

表 14.3　流速与时间关系数据表

时间/h	流速/$(cm \cdot h^{-1})$	时间/h	流速/$(cm \cdot h^{-1})$
0	23.37	13.415	29.03
0.46	21.74	14.43	26.36
1.38	18.48	15.44	26.09
2.395	16.22	16.365	24.73
3.41	16.30	17.38	23.64
4.425	15.32	18.485	23.42
5.44	13.04	19.50	25.00
6.455	15.32	20.40	23.86
7.47	14.13	20.84	22.22
8.45	16.35	22.02	水泵开动
8.97	19.39	22.96	水泵开动
9.98	水泵开动	23.88	27.09
10.93	水泵开动	24.435	21.62
10.95	33.50	25.45	18.48
11.49	29.63	25.91	13.30
12.49	31.52		

由数据表 14.3 作出流速-时间散点图 14.2.

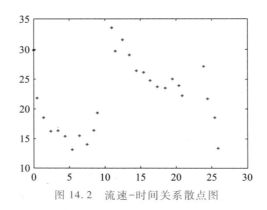

图 14.2   流速-时间关系散点图

下面分别用数据插值和数据拟合两种方法来估计水塔的水流量.

（1）数据插值法

由表 14.3,对水泵未供水时段 1 和水泵未供水时段 2 采用插值方法,可以得到任意时刻的流速,从而可以知道任意时刻的流量.对于水泵供水时段 1 应用前后时期的流速进行插值.由于最后一段水泵未供水时段数据太少,我们将它与水泵供水时段 2 合并一同进行插值处理(该段以下简称混合时段).这样,总共需要对四段数据(第 1,2 未供水时段,第 1 供水时段,混合时段)进行插值处理.下面以第 1 未供水时段数据为例,分别用拉格朗日插值、分段线性插值及三次样条插值三种方法算出流量函数和用水量(用水高度).以表 14.3 数据为例,编写 MATLAB 程序.

```
t = [0,0.46,1.38,2.395,3.41,4.425,5.44,6.455,7.47,8.45,8.97];
v = [23.37,21.74,18.48,16.22,16.30,15.32,13.04,15.32,14.13,
16.35,19.39];
t0 = 0:0.1:8.97;
lglr = lglrcz(t,v,t0);       % lglrcz 函数见实验十三示例 6 中的 lglrcz.m
lglrjf = 0.1 * trapz(lglr)
fdxx = interp1(t,v,t0);
fdxxjf = 0.1 * trapz(fdxx)
scyt = interp1(t,v,t0,'spline');
sancytjf = 0.1 * trapz(scyt)
plot(t,v,'*',t0,lglr,'m',t0,fdxx,'m',t0,scyt,'m')
gtext('lglr')
gtext('fdxx')
gtext('scyt')
```

程序执行后显示结果:

```
lglrjf = 144.8085
fdxxjf = 145.6629
sancytjf = 144.9371
```

　　分别表示用拉格朗日插值法、分段线性插值法和三次样条插值法算得的第 1 未供水时段的用水高度,同实际值 146(=968-822)相比都比较接近.

　　图 14.3 中曲线 lglr,fdxx 和 scyt 分别表示用拉格朗日插值法、分段线性插值法和三次样条插值法对第 1 未供水时段数据插值得到的流速曲线.

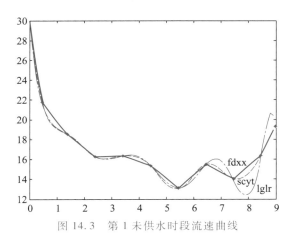

图 14.3　第 1 未供水时段流速曲线

　　其他三段的处理方法与第 1 未供水时段的处理方法类似,这里不再详细叙述,只给出数值结果,见表 14.4.这里要注意,原始数据中给出的时间跨度将近 26 h,为了估算全天(24 h)的用水量,我们将混合时段重新设置为 20.84—24.00,计算混合时段的用水量及全天的用水总量.

表 14.4　插值法算得各时段及全天的用水总量(以高度计)

用水高度/cm		时段					
		第 1 未供水时段	第 2 未供水时段	第 1 供水时段	混合时段	混合时段(20.84—24.00)	全天
方法	拉格朗日插值法	144.808 5	258.843 1	53.121 9	122.656 8	84.473 3	541.246 8
	分段线性插值法	145.662 9	258.961 0	49.839 3	115.154 0	76.545 1	531.003 8
	三次样条插值法	144.937 1	258.636 7	53.121 9	120.125 6	81.498 3	538.194

　　图 14.4 中有用分段线性插值方法与三次样条插值方法算得全天水塔水流速与时间的关系曲线,曲线 fdxx 表示分段线性插值曲线,曲线 scyt 表示三次样条插值曲线.

　　表 14.5 给出的是分别用三种方法算得任意选定四个时刻 6.88,10.88,15.88,22.88 的水流速度(请读者注意这四个时刻所在的时间段).

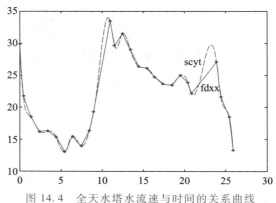

图 14.4   全天水塔水流速与时间的关系曲线

表 14.5   任意选定四个时刻的水流速度

水流速度/(cm·h⁻¹)		时间/h			
		6.88	10.88	15.88	22.88
方法	拉格朗日插值法	15.914 3	33.593 6	25.560 5	31.503 2
	分段线性插值法	14.821 7	33.001 2	25.443 1	25.488 0
	三次样条插值法	15.046 2	33.593 6	25.543 7	29.301 9

（2）数据拟合法

1）拟合水位-时间函数

根据表 14.2 中的数据,分别对第 1,2 未供水时段的测量数据直接作 3 次多项式拟合,得到水位与时间的关系函数.下面的程序是对第 1 未供水时段的数据进行拟合.

```
t = [0,0.92,1.84,2.95,3.87,4.98,5.90,7.01,7.93,8.97,10.95,12.03,
12.95,13.88,14.98,15.90,16.83,17.93,19.04,19.96,20.84,23.88,24.99,
25.91]
h = [9.68,9.48,9.31,9.13,8.98,8.81,8.69,8.52,8.39,8.22,10.82,
10.50,10.21,9.94,9.65,9.41,9.18,8.92,8.66,8.43,8.22,10.59, 10.35,
10.18];
c1 = polyfit(t(1:10),h(1:10),3);      % 输入项 3 表示拟合多项式的次数
tp1 = 0:0.1:8.9;
x1 = polyval(c1,tp1);
plot(tp1,x1)
```

程序中,变量 x1 存放了以 0.1 h 为时间步长第 1 未供水时段各个时刻的水位高度.图 14.5 绘出的是第 1 未供水时段水位与时间的 3 次多项式拟合曲线.

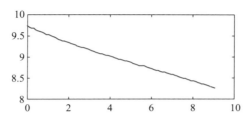

图 14.5　第 1 未供水时段水位与时间的 3 次多项式拟合曲线

读者可在前面程序执行结束后继续执行下面的程序查看第 2 未供水时段水位与时间的 3 次多项式拟合曲线.

```
c2 = polyfit ( t ( 11:21 ),h ( 11:21 ),3 );
tp2 = 10.9:0.1:20.9;
x2 =-polyval ( c2,tp2 );
plot ( tp2,x2 )
```

2）确定流量-时间函数

对第 1,2 未供水时段的水位求导可得流量,用 3 次多项式拟合第 1,2 未供水时段的流速与时间关系曲线.程序如下:

```
c1 = polyfit ( t ( 1:10 ),h ( 1:10 ),3 );          % 用 3 次多项式拟合
c2 = polyfit ( t ( 11:21 ),h ( 11:21 ),3 );
a1 = polyder ( c1 );
a2 = polyder ( c2 );
tp1 = 0:0.01:8.97;
tp2 = 10.95:0.01:20.84;
x13 =-polyval ( a1,tp1 );
x113 =-polyval ( a1,[ 0:0.01:8.97 ]);
wgsysl1 = 100 * trapz ( tp1,x113 );              % 计算第 1 未供水时段的总
                                                 用水量
x14 =-polyval ( a1,[ 7.93,8.97 ]);               % 为后面的程序准备数据
x23 =-polyval ( a2,tp2 );
x114 =-polyval ( a2,[ 10.95:0.01:20.84 ]);
wgsysl2 = 100 * trapz ( tp2,x114 );              % 计算第 2 未供水时段的总
                                                 用水量
x24 =-polyval ( a2,[ 10.95,12.03 ]);             % 为后面的程序准备数据
x25 =-polyval ( a2,[ 19.96,20.84 ]);             % 为后面的程序准备数据
subplot ( 1,2,1 )
plot ( tp1,x13 * 100 )
subplot ( 1,2,2 )
plot ( tp2,x23 * 100 )
```

程序执行后绘出第 1,2 未供水时段流速与时间关系曲线图 14.6.

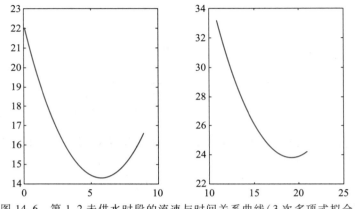

图 14.6　第 1,2 未供水时段的流速与时间关系曲线(3 次多项式拟合)

与图 14.4 中相应部分时段对比发现,用 3 次多项式拟合效果不是很好,若改用 5 次多项式拟合,则得效果较好的第 1,2 未供水时段的流速与时间关系曲线,见图 14.7.

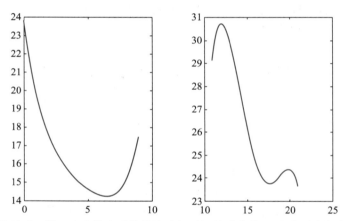

图 14.7　第 1,2 未供水时段的流速与时间关系曲线(5 次多项式拟合)

第 1 供水时段的流速则可用前后时刻的流速拟合得到. 为使流速函数在 $t=9$ 和 $t=11$ 处连续,只取 4 个点,用 3 次多项式拟合得第 1 供水时段流速与时间关系曲线图 14.8,同数据插值法得到的曲线图 14.4 中相应部分时段较为吻合. 程序如下:

```
dygsdsj = [7.93,8.97,10.95,12.03];
dygsdls = [x14,x24];
nhjg = polyfit(dygsdsj,dygsdls,3)
nhsj = 7.93:0.1:12.03;
nhlsjg = polyval(nhjg,nhsj)
gssj1 = 8.97:0.01:10.95;
gs1 = polyval(nhjg,[8.97:0.01:10.95])
gsysl1 = 100 * trapz(gssj1,gs1)          % 计算第 1 供水时段的用水总量
plot(nhsj,100 * nhlsjg)
```

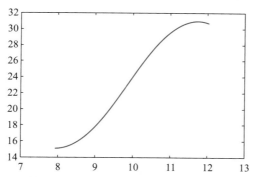

图 14.8　第 1 供水时段流速与时间的 3 次多项式拟合曲线

对于混合时段,在第 2 供水时段之前取 t = 19.96,20.84 两点的流速,用第 3 未供水时段的 3 个记录作差分得到两个流速数据 21.62,18.48,然后用这 4 个数据作 3 次多项式拟合得到混合时段的流速与时间的关系曲线如图 14.9 所示,同数据插值法得到的曲线图 14.4 中相应曲线段较为吻合.程序如下:

```
t3 = [ 19.96,20.84,t ( 22 ),t ( 23 ) ];
ls3 = [ x25 * 100,21.62,18.48 ];
nhhddxsxs = polyfit ( t3,ls3,3 );
tp3 = 19.96:0.01:25.91;
xx3 = polyval ( nhhddxsxs,tp3 );
gssj2 = 20.84:0.01:24;
gs2 = polyval ( nhhddxsxs,[ 20.84:0.01:24 ] );
gsysl2 = trapz ( gssj2,gs2 )          % 计算总用水量
plot ( tp3,xx3 )
```

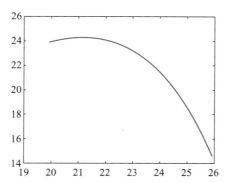

图 14.9　混合时段流速与时间的 3 次多项式拟合曲线

3) 估计一天的用水总量

分别对供水的两个时段和不供水的两个时段积分(流量对时间积分)并求和得到一天的用水总量约为 525.493 8(此数据是用水总高度,单位:cm).表 14.6 列出各时段用水量,与数据插值法算得的表 14.4 数据相比,较为吻合.

表 14.6　数据拟合法算得各个时段的用水高度(一)

时段	第 1 未供水时段	第 2 未供水时段	第 1 供水时段	混合时段	全天
用水高度/cm	145.970 1	260.145 0	46.707 2	72.671 5	525.493 8

4) 流量及用水总量的检验

计算出各时刻的流量可以用水位记录数据的数值微分来检验,各时段的用水高度可以用实际记录的水位下降高度来检验.例如,算得第 1 未供水时段的用水高度是 145.67,而实际记录的水位下降高度为 968−822＝146,两者是吻合的;同样地,算得第 2 未供水时段的用水高度是 260.66,而实际记录的水位下降高度为 1 082−822＝260,两者也是吻合的.

从算法设计和分析可知,计算结果与各时段所用的拟合多项式的次数有关.表 14.7 给出的是对第 1,2 未供水时段分别用 5,6 次多项式拟合后得到的用水高度.

表 14.7　数据拟合法算得各个时段的用水高度(二)

时段	第 1 未供水时段	第 2 未供水时段	第 1 供水时段	混合时段	全天
用水高度/cm	145.963 2	260.160 3	45.094 8	75.377 0	526.595 3

4. 结果分析

(1) 对于数据插值法,由表 14.4 可以看出,使用三次样条插值法得到的第 1,2 未供水时段的用水高度结果 144.937 1 和 258.636 7 与表 14.2 中记录的下降高度 146 和 260 相差不大,说明插值结果与原始数据比较吻合.

(2) 用三次样条插值法估计出全天的用水量约为 538.194×237.1×10≈1 276 057.97(L).

(3) 对于数据拟合法,由表 14.7 可得全天的用水总量约为 526.595 3×237.1×10≈1 248 557.46(L),同数据插值法得到的结果很接近.

5. 实验小结

本次实验主要进行水塔水流量的估算.第一种估算方法为数据插值方法,我们用了三种不同的插值法进行估计.在求解的过程中,可以熟悉数据插值的理论和方法.第二种估算方法为数据拟合法,用多项式进行拟合,得到水塔水流量的估计.

练习 1

1. 海水温度随着深度的变化而变化,海面温度较高,随着深度的增加,海水温度越来越低.通过实验观测得一组海水温度 t 与深度 h 的数据如下:

h/m	0	1.5	2.5	4.6	8.2	12.5	16.5	26.5
$t/℃$	23.5	22.9	20.1	19.1	15.4	11.5	9.5	8.2

要求：

（1）分别用多种数据插值方法找出温度 t 与深度 h 之间的近似函数关系；

（2）找出温度变化最快的深度位置. 通过查询相关资料, 了解这个特殊位置的实际应用价值.

2. 表 14.8 给出了在低潮时某一平面区域内若干点 (x, y) 处的水深 z 值（单位: ft）. 已知船的吃水深度为 5 ft. 试画出海底的地貌图, 并在平面矩形区域 $(80, 196) \times (-70, 145)$ 内标注哪些地方船要避免进入.

表 14.8 水域坐标数据   单位: ft

x	129.0	140.5	103.5	88.0	185.5	195.0	105.5	157.5	107.5	77.0	81.0	162.0	162.0	117.5
y	7.5	141.5	23.0	147.0	22.5	137.5	85.5	−6.5	−81.0	3.0	56.5	−66.5	84.0	−33.5
z	4	8	6	8	6	8	8	9	8	8	8	9	4	9

3. 估计煤矿的储量. 表 14.9 给出了某露天煤矿在平面矩形区域（1 100 m×700 m）内, 纵横均匀的网格交点处测得的煤层厚度（单位: m）. 由于客观原因, 有些点无法测量煤层厚度, 用一标出, 其中每一网格均为 100 m×100 m 的小矩形, 试根据这些数据, 用不同的方法估算该矩形区域煤矿的储藏量（体积）.

表 14.9 煤层厚度   单位: m

	A	B	C	D	E	F	G	H	I	J	K
1	—	—	12.5	13.5	17.2	—	8.8	14.7	8.0	13.0	—
2	—	—	—	15.6	18.2	13	6.4	8.9	9.2	11.7	—
3	—	12	13.5	13.5	17.8	16.9	13.2	—	—	—	—
4	7.5	12.6	14.9	18.7	17.7	17.5	14.7	13	—	—	6.5
5	8.9	7.8	12.4	13.5	15.7	17.6	11.7	9.6	9.2	9.5	8.6
6	—	—	—	13.7	13.6	16.5	12.5	8.7	9.7	—	—
7	—	—	8.6	11.8	12.5	11.3	13.4	—	—	—	—

主要参考文献

[1] 蔡大用. 数值分析与实验学习指导. 北京:清华大学出版社;柏林:施普林格出版社,2001.

[2] 李庆扬,王超能,易大义. 数值分析. 武汉:华中工学院出版社,1982.

[3] 萧树铁. 数学实验. 北京:高等教育出版社,1999.

[4] 周义仓,赫孝良. 数学建模实验. 西安:西安交通大学出版社,1999.

[5] 赵静,但琦. 数学建模与数学实验. 5 版. 北京:高等教育出版社,2020.

[6] Mount Holyoke College. 数学实验室. 白峰杉,蔡大用,译. 北京:高等教育出版社;柏林:施普林格出版社,1998.

[7] 张志涌,等. 精通 MATLAB:5.3 版. 北京:北京航空航天大学出版社,2000.

[8] 王正东. 数学软件与数学实验. 2 版. 北京:科学出版社,2016.

读者意见反馈

为收集对教材的意见建议，进一步完善教材编写并做好服务工作，读者可将对本教材的意见建议通过如下渠道反馈至我社。

咨询电话　400-810-0598

反馈邮箱　hepsci@pub.hep.cn

通信地址　北京市朝阳区惠新东街4号富盛大厦1座
　　　　　高等教育出版社理科事业部

邮政编码　100029

防伪查询说明

用户购书后刮开封底防伪涂层，使用手机微信等软件扫描二维码，会跳转至防伪查询网页，获得所购图书详细信息。

防伪客服电话　（010）58582300